油气井永久封堵和弃置导论

[德] 马哈茂德·哈利费　[德] 阿里尔德·萨森 ｜著
杨向同　胡守林　袁　亮　房烨欣 ｜等译

Introduction to
Permanent Plug and
Abandonment of Wells

石油工业出版社

内容提要

本书是关于永久封堵与弃置油气井的指南，特别关注了北海的海上作业。书中详细分析了通过建立永久性井屏障来封堵和弃置油气井的过程，包括井屏障的类型、功能和验证方法，并进一步探讨了封堵与弃置的方法和不同类型的永久性封堵材料，以及验证安装的永久屏障完整性和功能的测试；同时，介绍了一些颠覆性但仍在实验室或测试阶段的新技术。

本书可供从事石油工业油气井封堵与弃置和井完整性测试相关专业技术人员使用，也可作为石油有关专业的学生参考资料。

图书在版编目（CIP）数据

油气井永久封堵和弃置导论/（德）马哈茂德·哈利费，（德）阿里尔德·萨森著；杨向同等译. -- 北京：石油工业出版社，2024.6

ISBN 978-7-5183-6644-6

Ⅰ.①油… Ⅱ.①马… ②阿… ③杨… Ⅲ.①油气井—井封堵 Ⅳ.①TE256

中国国家版本馆 CIP 数据核字（2024）第 074509 号

Introduction to Permanent Plug and Abandonment of Wells
by Mahmoud Khalifeh, Arild Saasen
ISBN 978-3-030-39969-6
Originally published by Springer Nature Switzerland AG

© Mahmoud Khalifeh, Arild Saasen 2020. This book is an open access publication. Open Access This book is licensed under the terms of the Creative Commons Attribution 4.0 International License (http://creativecommons.org/licenses/by/4.0/), which permits use, sharing, adap- tation, distribution and reproduction in any medium or format, as long as you give appropriate credit to the original author(s) and the source, provide a link to the Creative Commons license and indicate if changes were made.

出版发行：石油工业出版社
（北京安定门外安华里 2 区 1 号　100011）
网　　址：www.petropub.com
编辑部：（010）64210387　　图书营销中心：（010）64523633
经　　销：全国新华书店
印　　刷：北京中石油彩色印刷有限责任公司

2024 年 6 月第 1 版　2024 年 6 月第 1 次印刷
787×1092 毫米　开本：1/16　印张：14
字数：360 千字

定价：80.00 元
（如出现印装质量问题，我社图书营销中心负责调换）
版权所有，翻印必究

《油气井永久封堵和弃置导论》

翻 译 组

组　　长：杨向同

副 组 长：胡守林　袁　亮　房烨欣

翻译人员：房烨欣　袁国海　穆凌雨　李会丽　宋志刚　高　翔　叶之琳

审定人员：胡守林　杨向同　王大利　张健涛　叶成林　刘　鹏　杨　超
　　　　　李　军　杨宏伟　王　典

作者简介

马哈茂德·哈利费（Mahmoud Khalifeh）是斯塔万格大学（UiS）的副教授。他拥有博士学位，专注于针对永久性封堵与弃置（P&A）优化的材料。他在 UiS 开发了永久性封堵与弃置（P&A）硕士项目，在科学期刊和会议上发表了多篇文章。自 2012 年以来，他作为观察员代表 UiS 参与挪威封堵与弃置论坛（PAF）。

阿里尔德·萨森 (Arild Saasen) 在斯塔万格大学担任兼职教授。同时，他还为包括他自己的公司 ALKAS Atlantic AS 在内的其他公司工作。他之前在 Det norske oljeselskap（现名 AkerBP）和 Statoil（现名 Equinor）担任钻井和井筒流体专家。更早之前，他在 Rogaland Research（现名 Norce）工作。他拥有挪威奥斯陆大学的流体力学硕士学位和丹麦技术大学的博士学位。在过去 30 年里，他发表了众多关于钻井和井筒流体的文章。2012 年获得了北欧流变学会的 Carl Clason 流变学奖，并在 2018 年获得了 SPE 北海区域钻井工程奖。

译者前言

随着一些油气资源开发期的逐渐结束，相关的油气井需要进行永久封堵和弃置处理，这成为油气行业需要面对的一个新课题。本书系统地介绍了油气井永久封堵和弃置的理论、技术和实践，内容丰富，具有较高的价值。

书中以北海海域为例，详细介绍了永久井筒屏障的建立、不同封堵材料的应用以及封堵质量的验证测试等内容，具有典型的工程案例指导意义。为读者提供了屏障类型、功能和验证等相关知识，讨论了封堵和弃置方法，分析了不同类型的永久堵塞材料，为国内封堵和弃置、油井完整性测试等提供了全面的参考指南。本书可以为油藏工程师、钻井工程师、完井工程师、设备设施工程师提供参考和指导。

本书的翻译和审定工作由中国石油集团工程技术研究院多年从事钻完井工作的技术人员和专家承担。参加本书翻译的人员有：第1章，李会丽翻译，宋志刚校译；第2章，房烨欣、穆凌雨翻译，穆凌雨、房烨欣校译；第3章，李会丽翻译，宋志刚校译；第4章，叶之琳翻译，高翔校译；第5章，高翔翻译，叶之琳校译；第6章，房烨欣翻译，穆凌雨校译；第7章，袁国海翻译，袁亮校译；第8章，袁亮翻译，袁国海校译；第9章，宋志刚翻译，李会丽校译。本书的审定人员有胡守林、杨向同、王大利、王永红等。

由于译者水平有限，书中难免会存在错误及遗漏之处，恳请读者指正。

译者
2024年1月

致 谢

本书是基于对油气井的永久封堵和弃置进行的研究和文献综述。特别感谢挪威石油及天然气封堵和弃置论坛（PAF）对本书的支持，并帮助作者将该书以开放获取的方式出版。我们也感谢几位同事帮助和鼓励我们继续工作并最终发表它。谨在此列出他们的名字，感谢他们：

Arne G. Larsen

Atle J. Sørhus

Dave Gardner

Egil Thorstensen

Farzad Shoghl

Helge Hodne

Ivar Blaauw

Lars Hovda

Martin K. Straume

Michael T. Skjold

Nils Opedal

Odd G. Taule

Øystein Arild

Rune Godøy

Steinar Strøm

Tove Rørhuus

Alex Osorio

Arild Rasmussen

Colin Beharie

C-S-H 水化硅酸钙

CSR 套管剪切闸板

DAS 分布式声波感测

DC 直流电

DEA 丹麦能源署

DHSV 井下安全阀

DNRM 澳大利亚自然资源与矿产部

DP 动态定位

DPR 尼日利亚石油资源部

DTS 分布式温度感测

ECD 等效循环密度

EMAT 电磁声学换能器

EOR 提高油气采收率

EPDM 乙烯丙烯二烯单体橡胶

ESP 电潜泵

FAB 储层作为隔层

FFKM 全氟弹性体

FKM 氟橡胶

FPSO 浮动生产储存卸载装置

FR 储层能量

HMV 液压主阀

HPHT 高压高温

HSE 健康、安全与环境

HSE 英国健康与安全执行署

HWU 液压修井单位

ICD 进流控制装置

IFT 界面张力

IOR 改进油气回收

KV 关闭阀

LPWH 低压井口套管

LVR 下可变闸板

LWIV 轻型井干预船

MMF 泥浆流动性因子

MMH 混合金属氢氧化物

MMV 机械主阀

MODU 流动式海上钻井装置

MPE 石油与能源部

MSD 最小设置深度

MVR 中间可变闸板

NA 不可用

NCS 挪威大陆架

NIOC 伊朗国家石油公司

NPD 挪威石油总署

NPT 非生产时间

NRC 美国核管理委员会

OBM 油基钻井液

OD 外径

P&A 封堵与弃置

PDF 概率分布函数

PE 脉冲回声

PEEK 聚醚醚酮

PMF 概率质量函数

PNGRB 印度石油和天然气监管委员会

POB 船上人员

PPS 聚苯硫醚

PSA 挪威石油安全局

PSD 粒径分布

PTFE 聚四氟乙烯

PUE 聚氨酯弹性体

PVDF 聚偏氟乙烯

PWC　打孔、洗井和封固

PWV　生产侧阀

RDT　径向温差

RIH　下入井

ROV　远程操控车

SCP　持续套管压力

SCSSV　地面控制井下安全阀

SEM　扫描电镜

sk　袋

SW　吸入阀

TLP　张力腿平台

TOC　水泥顶

TVD　真垂直深度

UNMIG　意大利国家矿业、石油和地热资源办公室

UVR　上可变闸板

VDL　变密度测井

WBAC　井障验收标准

WBE　井障元素

WBM　水基钻井液

WBS　井障示意图

XMT　采油树

YP　屈服点

目 录

第1章 概论 ... 1
1.1 废弃类型 ... 1
1.2 资产弃置义务 ... 2
1.3 永久封堵和弃置准备工作与面临的挑战 ... 2
1.4 挪威大陆架上的封堵和弃置井 ... 2
1.5 封堵和弃置的数字化 ... 3
1.6 监管机构 ... 4
1.7 封堵和弃置井屏障原理 ... 4
1.8 封堵和弃置的开始—退役 ... 5
参考文献 ... 5

第2章 井屏障的一般原理 ... 8
2.1 油气井环空 ... 8
2.2 井屏障结构 ... 9
2.3 井屏障元件 ... 10
2.4 桥塞 ... 11
2.5 井屏障图解 ... 12
2.6 油气井弃置设计的先决条件 ... 12
2.7 油气井弃置阶段 ... 19
2.8 采油树拆除与防喷器安装 ... 20
2.9 弃置设计中的特殊考虑 ... 34
2.10 设计永久性井屏障的要求 ... 46
参考文献 ... 49

第3章 永久封堵屏障材料性能要求 ················· 52

3.1 永久性屏障材料要求 ················· 52
3.2 永久性井屏障元件功能要求 ················· 52
3.3 新型封堵材料的鉴定 ················· 67
参考文献 ················· 68

第4章 永久性封堵材料 ················· 72

4.1 凝结材料——硅酸盐水泥 ················· 72
4.2 原位地层（地层作为屏障） ················· 78
4.3 非凝结（水泥浆）——未固结砂浆 ················· 84
4.4 热固性聚合物 ················· 87
4.5 金属 ················· 92
4.6 原位改性材料 ················· 94
参考文献 ················· 97

第5章 不同类型的钻井作业装置 ················· 103

5.1 陆上钻井装置 ················· 103
5.2 海上钻井装置 ················· 104
5.3 海上油井类型 ················· 108
5.4 海上生产设备类型 ················· 110
5.5 载人平台和无人平台 ················· 113
5.6 浮式单元的系泊系统 ················· 114
5.7 锚的类型 ················· 118
5.8 月池 ················· 119
参考文献 ················· 120

第6章 封堵和弃置代码系统与时间和成本估算 ················· 122

6.1 封堵和弃置代码系统 ················· 122
6.2 封堵和弃置作业的时间和成本估算 ················· 126
参考文献 ················· 134

第 7 章　打水泥塞的基本原理 …… 136

7.1　裸眼注水泥塞 …… 136
7.2　套管井筒注水泥塞 …… 139
7.3　注水泥塞技术 …… 140
7.4　注水泥时的钻井液顶替 …… 145
7.5　水泥塞的验证测试 …… 151
参考文献 …… 153

第 8 章　封堵和弃置的工具和技术 …… 158

8.1　管切割和拆除技术 …… 158
8.2　射孔、洗井和固井技术 …… 162
8.3　爆破建立环形屏障 …… 166
8.4　井下熔化完井 …… 166
8.5　基于等离子体的铣削 …… 166
8.6　井口切割和移除 …… 172
参考文献 …… 182

第 9 章　井屏障的验证 …… 185

9.1　环形井屏障的验证 …… 185
9.2　内部井屏障验证/裸眼或套管内的水泥塞 …… 197
9.3　钻杆下压重量的等效液压 …… 201
参考文献 …… 201

单位换算 …… 203

第1章 概 论

有开始就有结束，本书内容涉及油井整个生命周期。当一口井运行至生命周期终点，必须进行永久封堵和弃置。在挪威近海探井中，封堵和弃置作业成本占钻井成本的25%，甚至一些海上生产井的封堵和弃置作业成本和钻井成本持平。因此，在不影响井生产的情况下，采用经济高效的封堵和弃置技术是十分必要的。决定一口井寿命结束的依据可能是井完整性问题、油井故障、储层枯竭、水/气锥、负向流动或从勘探中收集的完井数据。当然，其他情况也可能导致井被永久封堵或弃置。比如，1989年12月，埃及苏伊士湾的一个平台被一艘货船撞上，产生了很大破坏，导致9口井被迫封堵和弃置，油田不得不重新开发[1]。封堵和弃置的目的是什么？为什么井没有被保存下来？封堵和弃置可以建立屏障，防止井内危险流体流向周围环境，这里的环境指的是海洋环境、地下水、地面或大气。封井和弃置作业的目的是恢复盖层功能，永久保证井的完整性，为确保作业成功，应利用相关设备在相应地层处设置适当的永久性井屏障以满足当地的要求。

封井弃置（P&A）作业的定义为把隔离并保护周围环境免受潜在流入源影响的一系列任务和措施的集合。潜在流入源是具有渗透性的地层，可能是含水层或含油气层。封堵和弃置在操作上略有不同，但无论是海上还是陆上油井，被永久或者暂时性废弃的目的都是保护所有可能发生泄漏的地层。下面从一些基本定义来讨论封堵和弃置。

1.1 废弃类型

一旦井下作业或生产停止，需要明确井的状态。通常，可以定义为三种状态：暂停作业、暂时性废弃和永久性废弃[2]。

当井进行施工或其他干涉作业时，可能需要在不拆除井控设备的情况下暂停作业。这种情况下，井的状态称为暂停作业。由于天气原因、等待其他井修井作业、等待设备、钻机在另一口井进行短期工作或批量钻井（仅井眼顶部），或在现场进行管道铺设活动等情况下，井作业都可能会暂停。

暂时性废弃指已经被废弃，井控设备已被移除，有可能以后重新入井，也有可能永久弃井。暂时性废弃的另一种说法是长期暂停。长时间关井、修井作业、油田开发与再开发等情况会导致油井暂时性废弃。暂时性废弃状态开始于主储层与井筒完全隔离时，持续时间可能是几天到几年。不同的监管机构对暂时性废弃的最长期限有各自的要求。暂时性废弃油井可选择性采用监控系统，这取决于监管机构的要求和井的位置。

永久性废弃是指油井或油井的某部分被永久封堵或弃井，且永远不再使用或重新进入。

1.2 资产弃置义务

资产弃置义务（ARO）涉及与长期资产未来弃置相关的法律义务和相关成本。按照资产弃置义务规定，运营商有义务证明已经分配了足够的资产来支付未来的封堵和弃置运营成本[3-4]。资产弃置义务包括井下弃井、地面弃井、设施现场弃井、基础设施拆除和现场停运[5]。实施资产弃置义务机制的主要原因是封堵和弃置失效会给环境和安全带来严重问题。干井、不当废弃的井或油田往往需要巨额公共资金进行善后，然而，这些本应该由运营商负责。但资产弃置义务并不适用于事故清理等计划外清理费用。

1.3 永久封堵和弃置准备工作与面临的挑战

当一口井运行至其生命周期的终点时，必须进行永久封堵和弃置。此外，还有其他情况会导致油井部分或者完全被封堵。安全生产作业主要是在井的整个生命周期内保持井的完整性和足够的屏障。通常会对所有油井进行风险评估，风险评估中，油井会被分配不同的颜色代码。根据颜色代码，当井的完整性无法保持或受到伤害时，应进行经济修复或永久封堵。通常情况下，如果某口井钻探未发现具有商业价值的油气，则需要进行封堵，这种类型的井被称为干井，尽管它们可能含有水。一般来说，大多数干井都是探井。不管勘探成功与否，探井通常都是在数据收集完成后被永久封堵和弃置。这是由于探井设计不适合生产，以及修改设计带来的成本和风险（例如，中间套管和生产套管密封能力的不确定性，未知的水泥顶和套管鞋附近可能存在的地层伤害）导致的。

有时侧钻需要绕过原始井眼的无法使用井段或探索附近地层的地质特征。这种侧钻开始之前，其下方的井眼应永久封堵。

井眼恢复、再开发和井筒完整性问题是导致油井被永久封堵和弃置的其他原因。井眼恢复是指恢复现有井眼以达到新目标的过程。由于钻机侧滑机构能力有限、井中有无法回收的落鱼、原始井眼偏离目标或者钻井平台及井筒数量有限，需要进行井眼恢复。

每口井都是独一无二的，它所面临的挑战也是独一无二的。与封堵和弃置相关的主要挑战包括高温、疏松地层、枯竭导致的地层强度变化、弃井后储层压力不确定性、地层渗透率、地层构造应力（如剪切应力和沉降）、持续套管压力（SCP）、老井数据缺乏、深层段铣削和验证技术套管柱后的套管水泥胶结程度。当然，这些不一定全部适用于特定的井。

1.4 挪威大陆架上的封堵和弃置井

自1966年首次发现挪威大陆架（NCS）到2015年6月，在此期间共钻探了近5600口井。其中，开发井4037口、探井1542口。探井中，1480口井被永久封堵和弃置；开发井中，约 1400 口被永久废弃，467 口处于暂时废弃状态。在不久的将来，估计还有 2637 口开发井会被封堵和弃置。此外，这些统计数据中还应加上未来将钻探的井数[6]。永久封堵和弃置数据库的可用性对行业、政府和纳税人都是有益的。这可以实现数据共享，优化规划，更好地理解与[7]封堵和弃置相关的策略和技术开发。图 1.1 概述了挪威大陆架挪威地区所有已钻井的状况。

1.5 封堵和弃置的数字化

数字化是将信息和知识转换为数字格式的过程[8]。通过这种方式，数据被组织成离散的数据单元，称为位（bit）。数字化已经在许多不同的行业实施，比如汽车行业。在油气行业，这也不是一个新概念，上游行业多年来一直依赖数字技术，比如 19 世纪 80 年代地震数据处理和 90 年代的关键生产过程监控和优化[9]。数字化具有一些核心优势，包括数据访问、数据管理、用最新理论和模型提高工程精确性、优化规划和操作、最小化人为错误或导致故障或事故的人为因素、将人类参与改为监督角色，最终实现钻井过程的自动化[10]。数字化不仅产生了大量数据，也带来了相关的挑战，包括数据采集、数据存储、数据分析、搜索、共享、传输、可视化、查询、更新和信息安全。在油气行业的数字化过程中，也需要考虑这些挑战。数字标准化也可以以这种方式考虑，比如将标准和法规集成到软件程序中，以"监督"计划和操作或将标准作为帮助文件[12]。

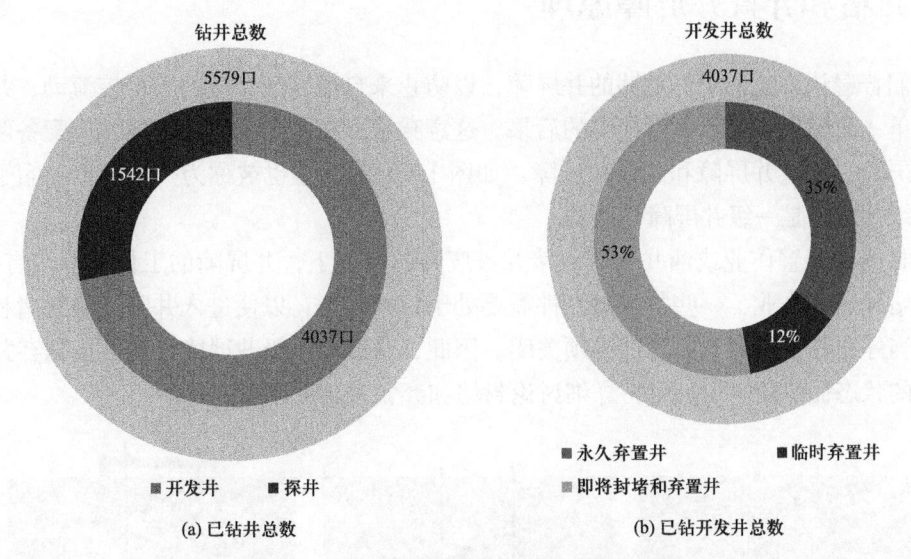

图 1.1 挪威大陆架挪威所有已钻井的概况
(a) 已钻井总数　(b) 已钻开发井总数

数字化在封堵和弃置中的应用应区分老井和新井。新井配备传感器以监测油井从设计、施工到废弃的全过程。老井数字化可能最具挑战性，但也可以记录井位置、井状态、井示意图、机械故障、HSE 问题、钻井轨迹，并将这些数据存档。数字化的好处之一是可以对油井数量及其状态更新。挪威石油理事会已经在挪威的石油和天然气部门适当地实施

— 3 —

了这一措施。

1.6 监管机构

无论废弃类型如何，作业公司都必须按照当地法规对井眼进行安全保护。不同监管机构都有自己的运行规则，作业者必须严格遵守当地的弃井规定。当地法规是最低的要求，并且为促进封堵和弃置安全作业，多年来相关法规也做出了很多调整。尽管如此，在监管机构未提供最低要求的情况下，作业者也应遵循自身的一些规则。

北海分为4个作业区域，分属英国、挪威、丹麦和荷兰。健康与安全执行局（HSE）是监督英国石油的部门。在丹麦，丹麦能源机构（DEA）是监管机构。荷兰矿业监管局和挪威石油理事会（NPD）分别是荷兰和挪威行业的监管机构。荷兰矿业监管局和挪威石油理事会是挪威大陆架的政府专家委员会和行政机构。荷兰矿业监管局和挪威石油理事会也是挪威石油和能源部（MPE）的顾问。在挪威海洋领域，有一个独立的政府监管机构，即挪威石油安全局（PSA），负责挪威石油工业的安全和应急准备。挪威石油安全局是封堵和弃置活动的立法机构，且负责审查挪威大陆架拟议的封堵和弃置计划，并负责监督封堵和弃置作业。

1.7 封堵和弃置井屏障原理

人们普遍认为应该配备足够的井屏障，以防止来自潜在液体源的不可控流动，井屏障组件的单一故障不会导致不可接受的后果。这意味着，在实际生产中，油井应配备两个独立的井屏障：一级井屏障和二级井屏障。如图1.2所示，这也被称为"帽子上的帽子"原理，二级井屏障是一级井屏障的备用。

在封堵和弃置作业或油井永久封堵并被废弃的情况下，井屏障的工作原理稍有差异。对于封堵和弃置作业，一些井屏障元件需要处于打开状态，以便进入井眼开展封堵和弃置作业。当停止作业时，这些元件必须关闭。因此，一级和二级井屏障元件会根据弃井前或弃井后的状态而变化。下一章将详细讨论封堵和弃置井屏障原理。

(a) 盖层承受压力　　(b) 井屏障支持　　(c) 二级井屏障是一级井屏障的备用

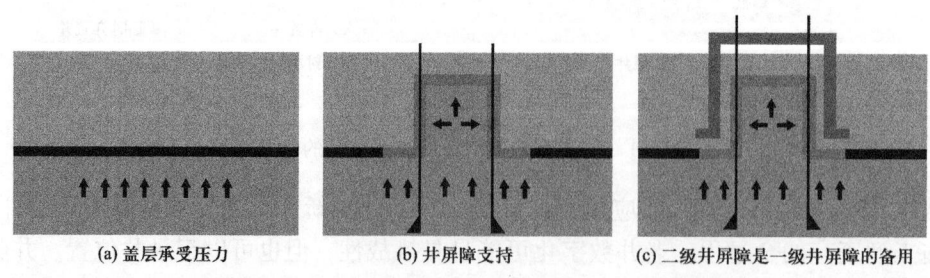

图1.2 使用"帽子上的帽子"表示法展示两道井屏障原理

1.8 封堵和弃置的开始—退役

关闭和停止使用设施而进行的所有活动都被定义为退役。设施的退役过程是非常复杂的，往往比最初的安装还要复杂。退役是一种通用的描述，适用于海上和陆上设施，它可以被视为设施生命周期结束的开始。海上设施的退役是具有挑战性的，尤其是深海区域。退役过程是复杂且影响深远的，需要专业人员详细考虑。石油作业平台何时以及如何退役，关系到环境保护、安全、技术可行性和相关成本问题。

在进行退役前，需要编制退役计划并提交主管机关。退役计划主要由以下两部分组成：处置计划和影响评估。影响评估概述了处置的预期后果，例如环境后果。根据1996年11月颁布的关于石油活动[14]的第72号挪威法令第29号，停止石油活动篇章第5.1节，"在预计永久停止使用设施之前应提交退役计划，退役计划提交时间最早应在退役前5年内，但最迟不晚于退役前两年"。

退役计划内容通常包括[15-16]：
（1）与设施设计、制造、安装、调试等相关的文件调查结果；
（2）设施拆除期间和之后可能存在的风险；
（3）退役期间使用的预期方法和策略，包括结构物的重新漂浮；
（4）计划开展时的预期分析；
（5）在拆除的情况下计划进行的操作；
（6）拆除对邻近油田和设施的可能影响；
（7）废弃物控制方法；
（8）设计监测系统，以确保该地区将来不受永久废弃井或受污染的岩屑沉积物的污染。

关于退役的其余问题是明确相关费用和责任主体；根据OSPAR公约❶，设施所有人对退役负有最终责任。

参 考 文 献

[1] El Laithy, W.F., and S.M. Ghzaly. 1998. Sidki well abandonment and platform removal case history in the Gulf of Suez. In *SPE international conference on health, safety, and environment in oil and gas exploration and production*. SPE-46589-MS, Caracas, Venezuela: Society of Petroleum Engineers. https://doi.org/10.2118/46589-MS.

[2] NORSOK Standard D-010. 2013. *Well integrity in drilling and well operations*. Standards Norway.

[3] Merryman, A. 2002. Fair value: What your accountant wants to know. In *SPE annual technical conference and exhibition*. SPE-77508-MS, San Antonio, Texas: Society of Petroleum Engineers. https://doi.

---

❶《保护东北大西洋海洋环境公约》(《OSPAR公约》)是规范东北大西洋海洋环境保护国际合作的现行立法文书，于1992年9月22日在法国巴黎举行的奥斯陆和巴黎委员会部长级会议上开放供签署。

org/10.2118/77508-MS.

[4] Zhao, L., J. Wells, and B. Dong, et al. 2013. Environmental liabilities in oil and gas industry and life-cycle management. In *International petroleum technology conference*. IPTC-16945-MS, Beijing, China: International Petroleum Technology Conference. https：//doi.org/10.2523/IPTC-16945-MS.

[5] Austin, D.G. 2007. Strategy for managing environmental liabilities in an onshore oil field. In *SPE Asia Pacific health, safety, and security environment conference and exhibition*. SPE-108784-MS, Bangkok, Thailand: Society of Petroleum Engineers. https：//doi.org/10.2118/108784-MS.

[6] Khalifeh, M. 2016. Materials for optimized P&A performance: Potential utilization of geopolymers. In *Faculty of science and technology*. University of Stavanger: Norway. http：//hdl.handle.net/11250/2396282.

[7] Myrseth, V., G.A. Perez-Valdes, and S.J. Bakker, et al. 2016. Norwegian open source P&A database. In *SPE Bergen one day seminar*. SPE-180027-MS, Grieghallen, Bergen, Norway: Society of Petroleum Engineers. https：//doi.org/10.2118/180027-MS.

[8] Carpenter, C. 2017. Digitalization of oil and gas facilities reduces cost and improves maintenance operations. *Journal of Petroleum Technology* 69（12）: 62-63. https：//doi.org/10.2118/1217-0062-JPT.

[9] Dekker, M., and A.Thakkar. 2018. Digitalisation—The next frontier for the offshore industry. In *Offshore technology conference*.OTC-28815-MS, Houston, Texas, USA: Offshore Technology Conference. https：//doi.org/10.4043/28815-MS.

[10] Brechan, B., A. Teigland, and S. Sangesland, et al. 2018.Work process and systematization of a new digital life cycle well integrity Model. In *SPE Norway one day seminar*. SPE-191299-MS, Bergen, Norway: Society of Petroleum Engineers. https：//doi.org/10.2118/191299-MS.

[11] Murray, J., and K. Eriksson. 2018. Data management and digitalisation: Connecting subsea assets in the digital space. In *Offshore technology conference*.OTC-28997-MS, Houston, Texas, USA: Offshore Technology Conference. https：//doi.org/10.4043/28997-MS.

[12] Brechan, B., S.I. Dale, and S. Sangesland. 2018. New standard for standards. In *Offshore technology conference*. OTC-28988-MS, Houston, Texas, USA: Offshore Technology Conference. https：//doi.org/10.4043/28988-MS.

[13] Ekins, P., R. Vanner, and J. Firebrace. 2006. Decommissioning of offshore oil and gas facilities: A comparative assessment of different scenarios. *Journal of Environmental Management* 79（4）: 420-438. https：//doi.org/10.1016/j.jenvman.2005.08.023.

[14] Norwegian Petroleum Directorate. 1966. *Act 29 November 1996 No. 72 relating to petroleum ctivities*. http：//www.npd.no/en/Regulations/Acts/Petroleum-activities-act/. Accessed 2017.

[15] Petroleum Safety Authority Norway. 2001. *Regulations relating to health, environment and afety in the petroleum activities（The framework regulations）*. PTIL: Norway.

[16] Shaw, K. 1994. Decommissioning and abandonment: The safety and environmental issues. n *SPE health, safety and environment in oil and gas exploration and production conference*. PE-27235-MS, Jakarta, Indonesia: Society of Petroleum Engineers. https：//doi.org/10.2118/7235-MS.

开放获取

本章根据知识共享署名4.0国际许可协议（http：//creativecommons.org/licenses/by/4.0/）进行授权，允许以任何媒介或格式使用、分享、改编、发布和复制，只要您适当地注明原始作者和来源，提供知识共享许可协议的链接，并指出是否进行了修改。

　　本章中的图像或其他第三方材料均包含在本章的知识共享许可协议中，除非在材料的版权说明中另有说明。如果您使用的材料不包含在本章的知识共享许可协议中，这是不被法律许可，也超出了允许的使用范围，您需要直接获得版权持有人的许可。

第 2 章 井屏障的一般原理

井完整性原则主要是通过足够的屏障来保持井控。井完整性的定义是综合运用技术、操作和组织管理的解决方案来降低井的全生命周期内地层流体不可控泄漏的风险[1]。为了控制油井，在油气井的全生命周期中，每个阶段都应该有两道合格的独立的井屏障。自20世纪20年代以来，石油工业一直采用双屏障原理。一般来说，钻井过程中钻井液的过平衡是第一道井屏障，带套管柱的防喷器（BOP）是第二道井屏障。随着时间的推移，石油行业进入了更加复杂和具有挑战性的环境，因此，阐明和规范井屏障完整性的需求也日益增加。在实际应用中，由于技术和操作的限制，井屏障原理的应用更加复杂。图 2.1 说明了井的整个生命周期内的双屏障原理，表 2.1 给出了典型井的全生命周期井屏障系统示例。

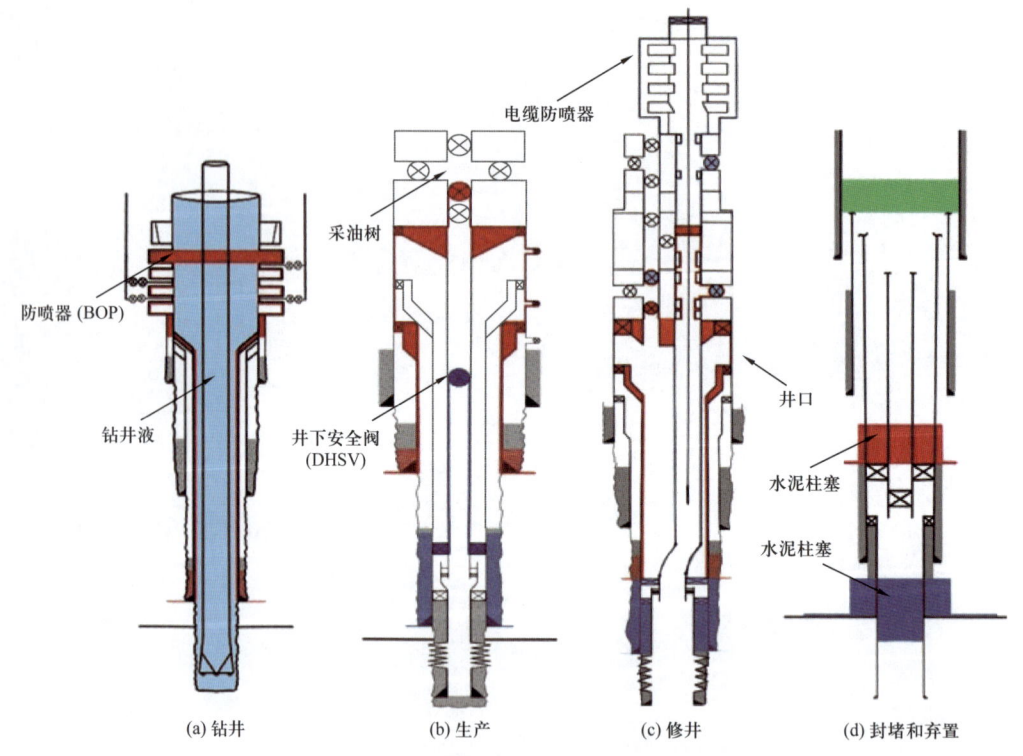

(a) 钻井　　(b) 生产　　(c) 修井　　(d) 封堵和弃置

图 2.1　全生命周期内井双屏障原理示意图[2]

2.1 油气井环空

环空是指两个管柱之间或套管和地层之间的空间。当一口井完井时，会形成不同的环空。在油气井工程中，生产油管和生产套管之间的环空称为 A 环空。生产套管与中间套管之间的环空称为 B 环空。命名一直持续到导管和地层之间的最后一个环形空间（图 2.2）[1]。一般来说，这些环空不应该与井筒流体有任何连通。但环空内充填完井液或钻井液，用于保护钢结构和维持压力，以确保管柱的完整性[3]。

表 2.1 图 2.1 中井全生命周期内井屏障系统示例

示例	一级井屏障	二级井屏障
钻井	能够形成滤饼的过平衡钻井液	套管水泥层、套管、井口和防喷器
生产	套管水泥、套管、封隔器、油管和井下安全阀（DHSV）	套管水泥层、套管、井口、油管悬挂器和采油树
修井	套管水泥，套管，深固塞和过平衡水泥	套管水泥层、套管、井口和防喷器
封堵和弃置	套管水泥、套管水泥塞	套管水泥、套管水泥塞

连续油管修井作业中，应将连续油管与生产油管之间的环空视为一个环空，并用名称加以区分。

2.2 井屏障结构

2.2.1 一级井屏障和二级井屏障

为了理解井屏障原理，可以从以下问题开始着手：什么是屏障？barrier 一词起源于中古法语 barriere，可以追溯到 14 世纪的英法语 barre bar。韦氏词典将 barrier 简单定义为"阻止或阻碍人们从一个地方移动到另一个地方的东西（如栅栏或自然障碍）"。不同的专业学科已经建立了各自版本的概念，特别是当涉及操作和组织的屏障元素。因此，术语"屏障"的定义有很多种，如人体屏障、非技术屏障、操作屏障、非物理屏障或组织屏障[4]。在井筒完整性的背景下，井屏障是一种不可穿透的物体，可以防止流体不受控制地溢出。双屏障原理考虑两个独立的井屏障系统，一级井屏障和二级井屏障。一级井屏障是防止潜在流体流出的第一道屏障，二级井屏障是防止潜在流体流出的

图 2.2 井筒不同环空位置示意图

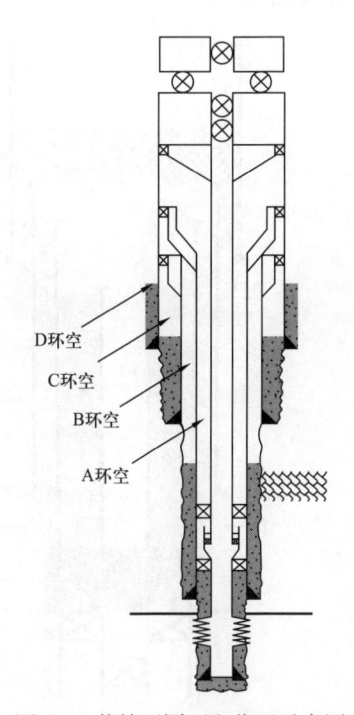

第二道屏障。二级井屏障是一级井屏障的备用，除非一级井屏障失效，否则一般不使用。双屏障原理已经在图 2.1 中展示，蓝色线表示一级屏障，红色线表示二级井屏障。对常压地层，弃井设计中可采用单屏障方法。

2.2.2 环保桥塞

在井完整性作业理念的背景下，永久封堵和弃置作业与其他作业（如建井、生产和修

井)之间存在一个主要区别,即环保桥塞。在永久性的封堵和弃置作业中,除了一级井屏障和二级井屏障外,还在靠近地面的地方安装一个辅助桥塞。它是将裸眼环空与外界环境隔离的最浅的屏障,一般称为环保桥塞。在不同的文献中,也给出了其他的名称,如地面桥塞、裸眼到地面的井屏障或裸眼桥塞。这些不同的名称源于环保桥塞的定义和功能。一些工程师认为环保桥塞并不能提供一个良好的屏障,因为周围的地层不能承受高压,可能会被绕过,因此,它的作用是一个桥塞而不是屏障。

环保桥塞的主要功能是永久断开开放环空与外部环境之间的连接,这个环空是在海底附近切割和回收套管时形成的。通过这种方式,实现了3个主要目标:避免了周围环境暴露于不同环空中的潜在危险流体(例如钻井液),密封了近地表不明来源的潜在危险流体(如泄漏管道),并且减少了通过建立的环空从海洋进入地层的抽吸液体(图2.3)。然而,安装环保屏障的必要性是有争议的,因为导管的切割和回收作业会引起运动,导致松散的沉积物下降并填满井筒。一些权威机构不要求在环空无油基流体和无流动区域的井中安装环保桥塞。

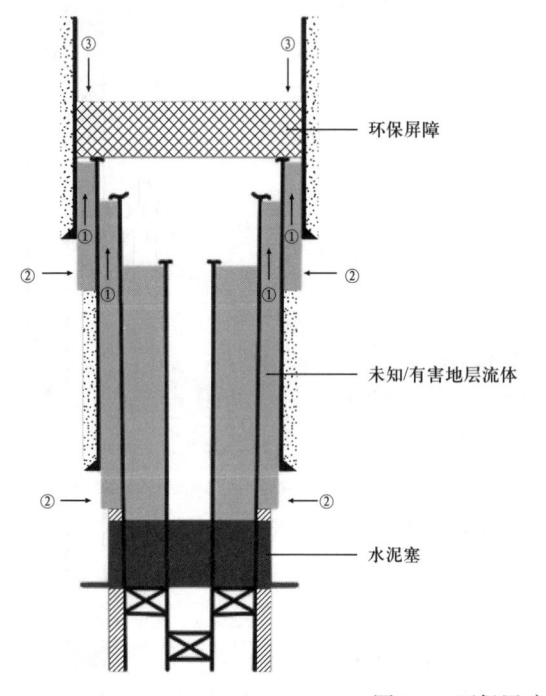

图 2.3　环保屏障的功能

2.3　井屏障元件

井屏障系统由不同的井屏障元件组成。井屏障元件(WBE)是一种物理元件,它本身可能阻止也可能不阻止流体流动,但与其他井屏障元件结合可以形成井屏障。图2.4显示了某平台井的一级井屏障、二级井屏障和所列井屏障元件示意图,该平台井暂时处于废弃状态。采用最佳实践的永久弃井井屏障元件如图2.5所示。

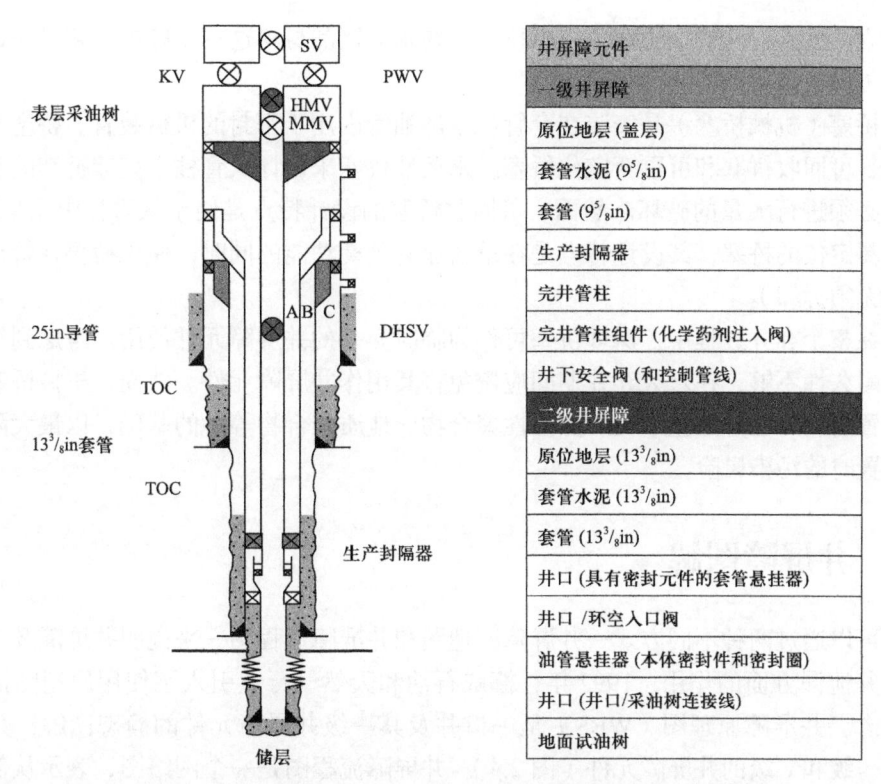

图 2.4 某井屏障示意图（显示了一级和二级井屏障的井屏障元件）[1]
KV—压井阀；SV—安全阀；PWV—生产翼阀；HMV—液压总阀；MMV—机械总阀；DHSV—井下安全阀；
TOC—水泥返高

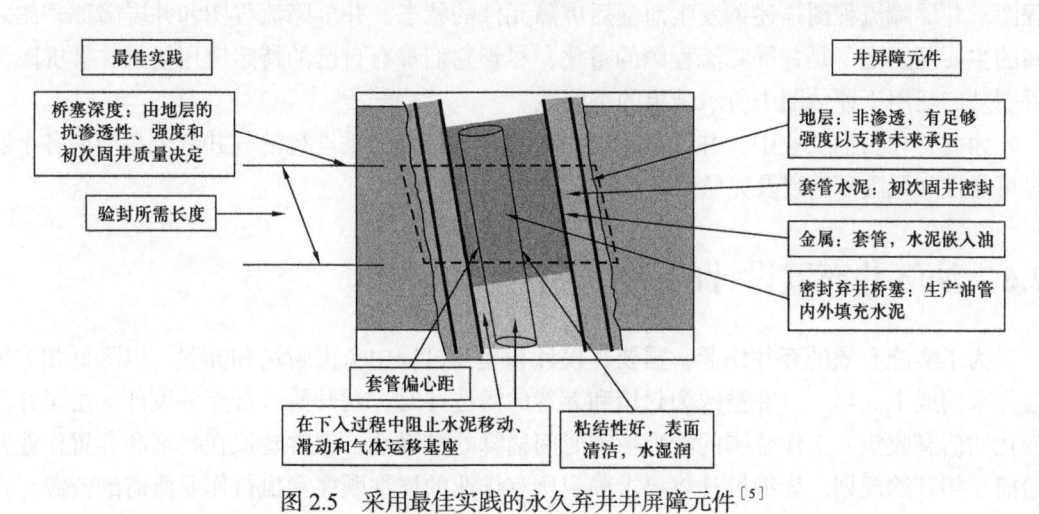

图 2.5 采用最佳实践的永久弃井井屏障元件[5]

2.4 桥塞

任何安装在井筒内封堵井眼或通道的物体或设备都称为桥塞。在石油工程中，桥塞通常分为两大类：非机械桥塞和机械桥塞。在永久堵漏材料这一主题中，将系统讨论非机械桥塞（详见第 4 章）。

桥塞（机械桥塞）是安装在套管或生产油管内用于密封的机械装置。桥塞分为永久性桥塞、可回收桥塞和可重新定位桥塞。永久性桥塞未设计从管柱中完整拆卸的装置，要拆卸它必须进行大量的破坏。然而，可回收桥塞的设计特点是便于从管柱中完整地取出[7]。可重新定位的桥塞，其设计特点是在重新建立预期功能的同时，便于桥塞在管柱内重新定位（无须拆卸）。

在整个弃井过程中，深埋桥塞可作为临时弃井的井屏障元件使用。考虑到机械桥塞的长期耐久性不够，在永久弃井期间应避免将其用作井屏障元件。然而，机械桥塞可用于建立放置材料（如硅酸盐水泥、热固性聚合物、地质聚合物等）的基础，以最大限度地减少在放置时的污染风险。

2.5　井屏障图解

可以通过两种不同方式—井屏障原理图和井屏障流程图—来说明井屏障及其在防止或处理井泄漏方面的作用。1992 年，挪威石油和天然气行业引入了使用原理图记录井屏障的概念。井屏障原理图（WBS）是一口井及其一级井屏障元件的静态图解，其中标记了所有一级和二级的井屏障元件（图 2.4）。井屏障流程图是一个网络图，表示从储层到周围环境所有可能的泄漏路径。对海上油井而言周围环境可以是海洋，对顶层采油树而言则是平台甲板，海底油井的输油管线、陆上油井的地面等。图 2.6 是图 2.4 生产井的井屏障流程图。井屏障流程图描述了发生泄漏后屏障元件的状态。井屏障流程图和井屏障原理图之间的主要区别之一是井屏障流程图的量化，尽管它们都有自己的特定应用场景。井屏障流程图被广泛用于评估图中所示结果的可能性。

因此，在石油工业中，井屏障原理图和井屏障流程图是进行油气井全生命周期各个阶段可靠性和风险评估以及完整性评估的重要工具。

2.6　油气井弃置设计的先决条件

为了实施有效的弃井作业，需要在设计和建井过程中考虑封堵和弃置，以降低相关风险并节约成本。当一口井被选为封堵和弃置的候选井时，就开始进行弃井设计。由于井况变化的信息收集、工作范围的清晰性和时间估算的准确性，通常建议在封堵和弃置作业开始前 5 年开始规划。详细设计将要求确定所有作业的详细顺序和执行作业所需的资源。在弃井设计阶段，需要研究和记录以下内容：井身结构、每个井眼的地层层序、固井测井和固井作业数据和文件、具有合适井屏障元件性质的地层以及特定井况[1]。

2.6.1　井身结构

有必要了解井的原始和当前井身结构。井身结构信息包括深度和井斜角、流入源地层详细情况、套管柱、套管水泥层和水泥环顶部、套管鞋和井筒情况。此外，需要绘制所有有效的侧钻井眼以及临时和永久废弃的侧钻井眼[1]。

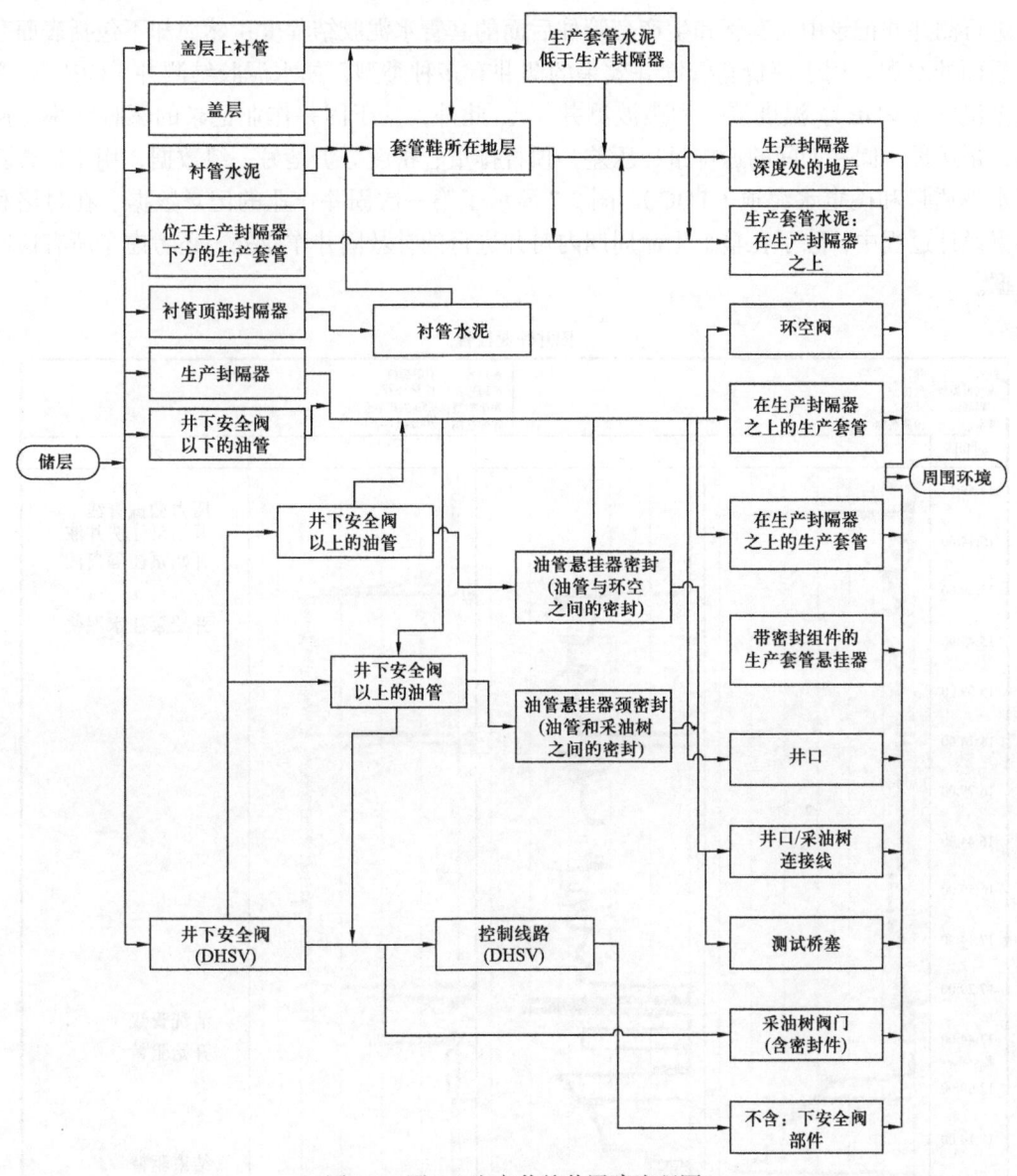

图 2.6　图 2.4 生产井的井屏障流程图

2.6.2 地层层序

确定并记录每个井眼的地层层序。地层报告包括储层、储层当前和未来的生产潜力及其中的流体性质。此外，需要区分和估计每个流动势的初始、当前和永久的压力。为了将泄漏或井涌的风险降至最低，必须对上覆层中的流动势进行识别。对于衰竭储层，也有必要对地层破裂梯度进行研究和调整[9]。

2.6.3 测井和固井作业数据

固井测井是石油工业用于鉴定套管固井质量的最常用的验证方法之一。通常的做法是进行测井并记录中间套管和生产套管柱后面的套管水泥胶结程度；然而却不包括表面套管后面的水泥。用于评价套管固井效果的测井有多种类型，如水泥胶结测井（CBL）、变密度测井（VDL）、温度测井和声波测井[10]。此外，基于固井作业记录的驱替效率（例如，泵送量、固井期间的返排量、压差、顶替排量、密度等）是另一组数据，用于检查套管水泥质量和确定水泥顶（TOC）。图 2.7 显示了第一次固井作业的记录数据。在封堵和弃置设计过程中，除了在整个生命周期内对井进行的补救固井作业外，还考虑了所有这些数据。

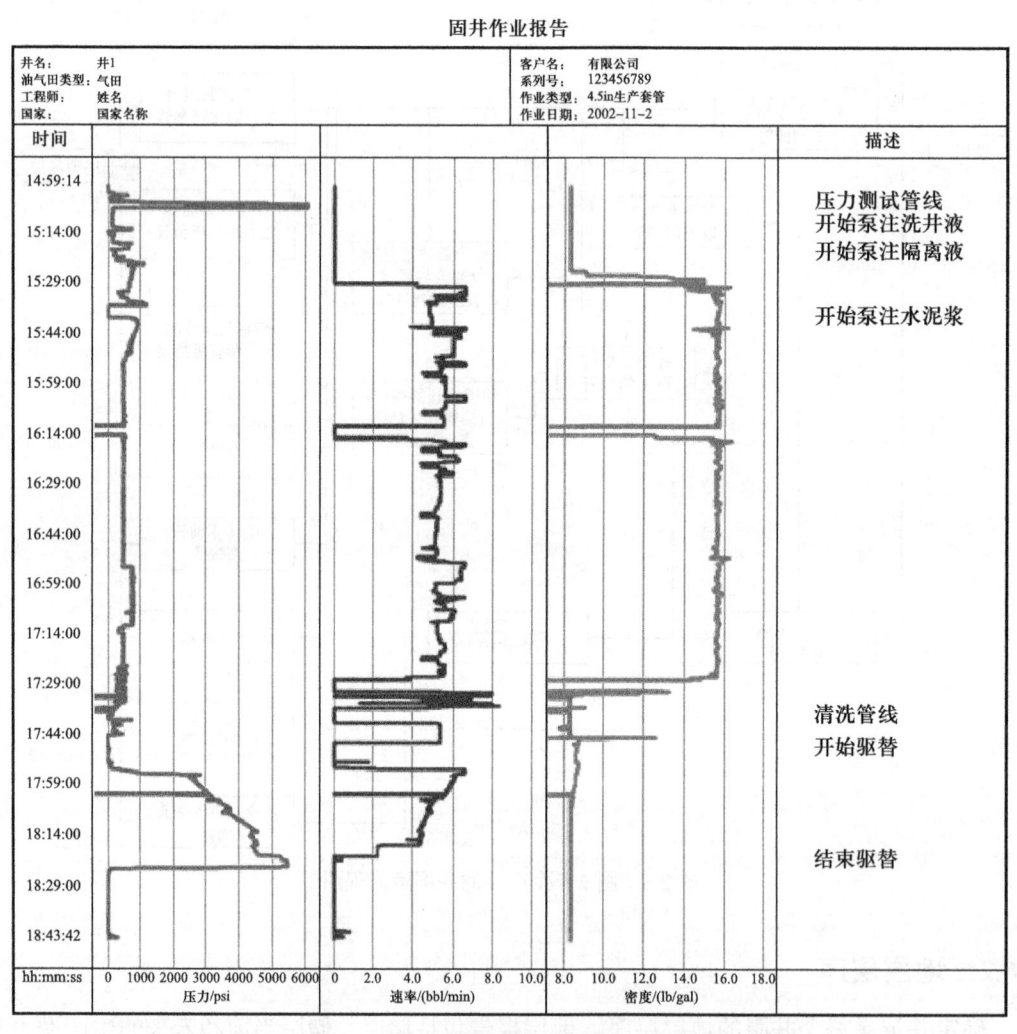

图 2.7 第一次固井作业的典型记录输出（固井转载）[10]

在封堵和弃置设计过程中考虑老井的固井测井数据是一个值得关注的问题，因为老测井数据的可用性和质量不太可靠。然而，有些封堵和弃置设计依赖于旧的水泥胶结测井——

变密度测井报告。经验表明，10～15 年前建造的井的套管水泥质量在最近重新评估时仍然完好无损。

2.6.4　具有适合井屏障元件特性的地层

确定合适的地层，建立一级和二级井屏障是一个关键因素。合适的地层应具有盖层性质。它应具有足够的强度，以在井眼调节过程中保持井眼尺寸，在封堵措施（如水泥凝固等）前保持施加的静水压力，并且具有不渗透性或极低的渗透性，以最大限度地降低井完整性失效的风险或为屏障周围的泄漏提供通道。合适的地层还应没有裂缝和断层，结合前面提到的属性，使其成为建立井屏障的合适候选者。

2.6.5　特定的井况

为了建立一个永久性的屏障来保护流动势，必须到达所需的深度。然而，有时井下情况需要制定应急计划。结垢、套损、套管坍塌、充填物、H_2S 和 CO_2 腐蚀、沥青质沉积侵蚀和水合物是弃井设计中需要考虑的常见特定井况。

2.6.5.1　结垢

结垢是矿物盐沉积物或覆盖层，沉淀并粘附在金属、岩石或其他材料的表面[11]。沉淀是化学反应、压力或温度的变化、溶液成分的变化或这些因素的组合[12]的结果。在恶劣的环境下，结垢会造成严重的后果，甚至完全堵塞生产油管。典型的水垢成分有硫酸钡、硫酸钙、硫酸锶、硫酸铁、碳酸钙、氧化铁、碳酸铁、各种磷酸盐、硅酸盐和氧化物，以及任何不溶于水或微溶于水的化合物。对于除垢，有多种机械方法（如磨砂）、化学方法（如酸洗、非酸性溶解剂）和阻垢剂等处理方法可供选择[13]。图 2.8 显示了生产油管中积垢的情况。

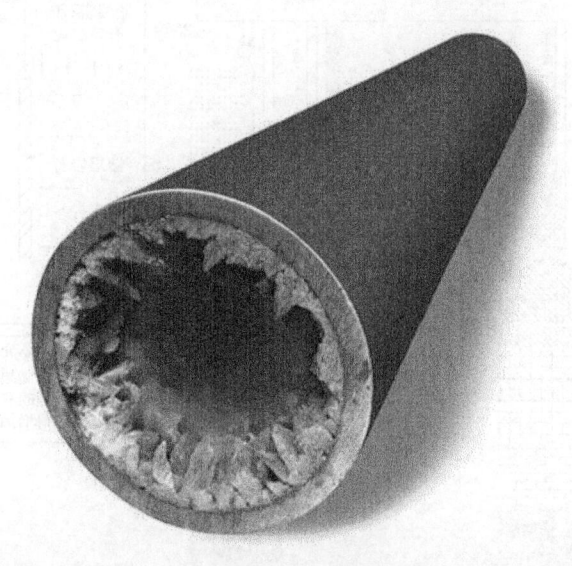

图 2.8　结垢导致井下通道受限（照片由斯伦贝谢公司提供）

生产油管的结垢是一个值得关注的问题,结垢会影响电缆作业,如下入冲孔机、切割机、测径仪等。由于生产或注入是通过生产油管进行的,因此结垢不会发生在生产套管内。回收有垢的生产油管需要对垢进行特殊处理和处置。将结垢对封堵和弃置作业的影响降至最低的一个可行解决方案,是尽可能将更多管柱留在井中。这种方法可能导致无钻机封堵和弃置作业,因为回收生产油管需要具有较高拉力的装备、钻机或导管架。

2.6.5.2 套管磨损

在深井和大斜度井中,套管磨损是一个经常发生的问题,由于狗腿度和钻柱上的大拉伸载荷结合在一起,在钻柱与套管接触的地方产生了高水平载荷。这是一个复杂的过程,涉及温度、钻井液类型、钻井液中磨料的占比、钻具接头堆焊、钻具转速、钻具接头直径、接触载荷及许多其他因素。在封堵和弃置作业过程中,套管磨损会损害套管的完整性,导致井喷、漏失等代价昂贵且危险的问题。因此,有必要测量和分析一口井在整个生命周期内(例如在施工和修井作业期间)发生的套管磨损情况,并在弃井设计中加以考虑。弃井设计中还需要研究弃井作业时套管磨损的风险。

2.6.5.3 套管挤毁

在所有的井中都有自然力,偶尔也有诱导力,都有可能导致套管挤毁。造成套管挤毁的主要原因是地层压实以及由此引起的上覆沉积物下沉。图2.9显示了储层岩石压实引起的套管载荷。自然力是由于构造应力、下沉和地层蠕变而产生的。沉降广泛发生在大型白垩地层中,因为这些地层中已衰竭的白垩储层无法承受覆盖层的重量;但在小型白垩储层中,强度不高。为了直观地说明白垩储层的大小对沉降的影响,可以考虑用一根梁代表一

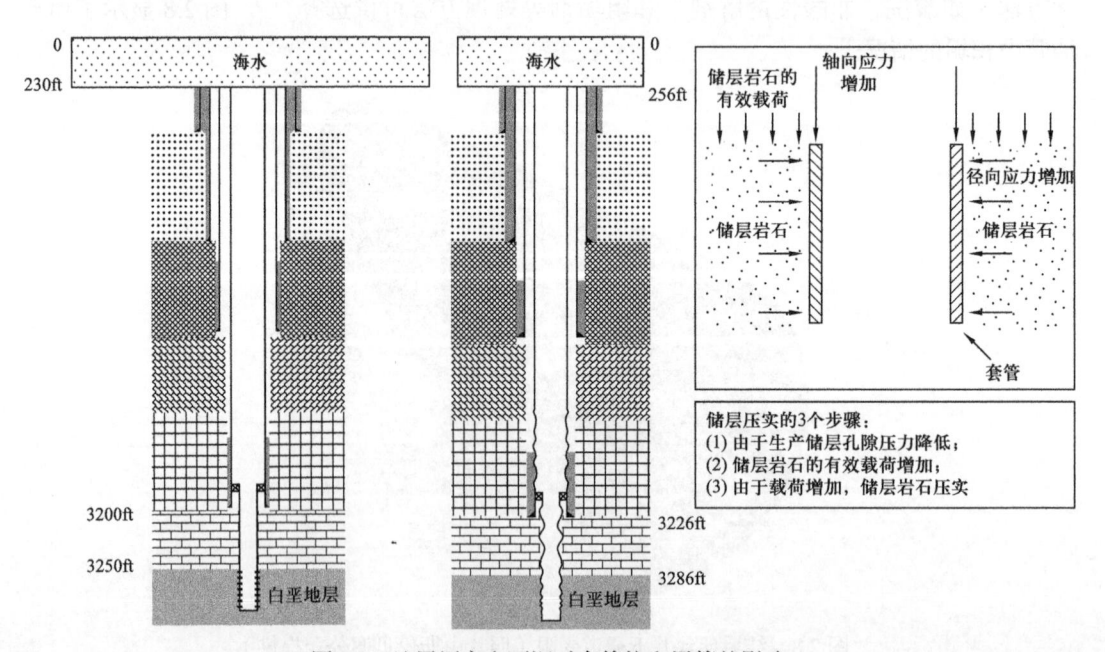

图2.9 地层压实和下沉对套管柱和尾管的影响

个储层，其上覆层受荷载 A 作用（图 2.10）。大型储层无法承受覆盖层的荷载；然而，如果储层较小，则可以承受覆盖层的荷载而不经历压实效应。

在塑性盐层，不均匀的地层运动对套管柱施加点载荷，导致套管挤毁，地层蠕变加剧。除自然力外，温度变化、基质过度酸化等诱发环境因素也会导致套管挤毁。温度变化是诱导力产生的基础之一。在井的服役过程中，温度变化通常很小，可以忽略不计。然而，在某些情况下，温度变化并不小。可能遇到大的温度变化的例子包括用于从火山地区提取蒸汽的地热井、用于热采过程的注蒸汽井、深层气井以及在异常高温地区完钻的井。基质酸化过度可能导致套管周围缺乏横向支撑，从而导致套管在受压时发生屈曲。此外，当套管受到磨损、腐蚀和疲劳的影响时，失效的可能性就会增加。套管挤毁导致井下通道受限，通常需要进行分段磨铣。

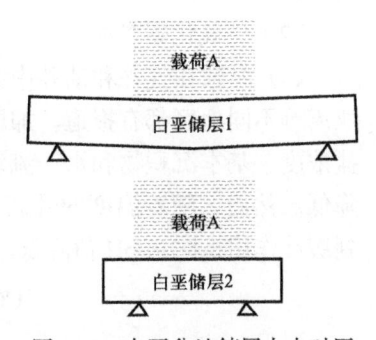

图 2.10 白垩盆地储层大小对压实载荷的影响

2.6.5.4 堵塞物

钻屑、坍塌碎片和沉降的重晶石可能会聚集在未固井的套管柱周围，在拉动套管柱时需要更大的力。在封堵和弃置作业的大多数情况下，所需的力超过了工作单元的拉力范围或超过了套管的抗拉强度。因此，在套管挤毁的情况下，通常需要进行分段磨铣。

2.6.5.5 腐蚀

（1）硫化氢腐蚀。

硫化氢（H_2S）侵蚀的一般机理可表示为：

H_2S 易溶于水并部分离解

$$H_2S(g) \xrightleftharpoons{H_2O} H_2S(aq) \text{ ❶} \tag{2.1}$$

在低碳钢的 H_2S 腐蚀中，形成多态硫化铁

$$H_2S(aq) + Fe^{2+} \longrightarrow FeS + 2H^+ \tag{2.2}$$

研究表明[15]，H_2S 腐蚀低碳钢时，多态铁硫化物可形成硫化铁（FeS）、四方硫铁矿（$[Fe, Ni]_{1+x}S$，其中 $x=0\sim0.11$）、立方硫化亚铁（FeO_4S）、潮铁矿（$Fe_{1-x}S$，其中 $x=0\sim0.2$）、黄铁矿（FeS_2）、灰长石（Fe_3S_4）、褐铁矿（FeS_2）。形成的硫化铁与钢管形成一个原电池，其中钢管为阳极。这种反应通常被认为是在硫化物腐蚀中观察到的深不规则点蚀的原因。

H_2S 腐蚀可以通过两种不同的方式在钢管中产生裂缝：硫化物应力开裂、应力腐蚀开裂。硫化物应力开裂发生在室温附近，主要影响井上部。这种现象发生在关井和冷却期间。高温条件下，套管在井底出现硫化物腐蚀裂缝[16]。

---

❶ 原文化学式为 $H_2S(g) + H_2O \longleftrightarrow H_2S(aq)$，方程式表达不准确，故修改。——译者注

（2）二氧化碳腐蚀。

CO_2 腐蚀在气井和油井中都有发生，在美国路易斯安那州、北海、德国、荷兰和几内亚湾等不同地区都有报道。加剧钢的 CO_2 腐蚀的一些关键因素包括温度、压力、CO_2 含量、盐浓度、基本沉积物和水、流动条件等。CO_2 的溶解度随着压力的增加而增加，随后 pH 值降低。然而，随着温度的升高，CO_2 的溶解度降低，结果 pH 值增加。某些矿物质可以起到缓冲作用，防止 pH 值降低。有水条件下 CO_2 侵蚀的一般机理可表示为[17]：

$$CO_2(g) + H_2O \longrightarrow H_2CO_3(aq) \quad (2.3)$$

$$H_2CO_3(aq) + Fe^{2+} \longrightarrow FeCO_3 + H_2 \quad (2.4)$$

据报道，钢的 CO_2 腐蚀是高度局部化的腐蚀，以凹坑、沟槽或各种大小的侵蚀区域的形式出现[16]。图 2.11 显示了由于油管类型与注入水质不匹配而导致的生产油管腐蚀。

图 2.11　由于注入水与油管类型不相容导致的生产油管腐蚀[18]

回收腐蚀的生产油管可能会导致油管破裂，可能需要多次打捞作业。另一种情况是，当压井液泵入腐蚀的生产油管时，在压井之前，流体将暴露在生产套管中。

通常腐蚀不会影响生产套管，因为只有生产油管暴露在产出流体或注入流体中。然而在压力测试过程中，生产油管的腐蚀可能会间接损害井的完整性。考虑在生产油管尾管内安装桥塞。桥塞应进行压力测试，因此，流体将通过生产油管注入。带有孔洞腐蚀的生产油管会使生产套管暴露在高压下，因此套管可能会因施加的压力而破裂。因此，在开始封堵和弃置作业之前，必须充分了解生产油管的状况。

2.6.5.6　沥青质沉积

沥青质是原油中芳香族成分最多的一种高分子量固体，不溶于轻烷烃，溶于芳香族溶剂[19]。压力、温度和原油成分的变化等多个因素会导致沥青质从石油中析出，形成一种黑色的黏性固体物质[20]。去除沥青质沉积物的传统方法包括机械去除、注入分散剂和溶剂以及热处理。在封堵和弃置作业中，如果出现沥青质沉积问题，通常会通过刮刀、切削齿、连续油管喷射工具或铣磨作业来机械去除沥青质。

2.6.5.7 侵蚀

侵蚀是通过粒子或液滴撞击等机械作用使材料表面变薄或形状改变的过程。产出液或注入流体中所携带的颗粒（如疏松地层）或液滴在管道中高速流动产生了足够的能量，使流体对钢形成侵蚀。这个概念也用于磨料切割。

2.6.5.8 天然气水合物

天然气水合物是一种固体晶体化合物，其中天然气分子在远高于水的冰点的压力和温度下被困在水分子中。水合物往往在温度较低的近地表环境中形成，如井口、管道和其他处理设备[22]。在封堵和弃置作业的早期阶段，常常通过刮刀、切削齿、连续油管喷射工具和磨铣工具等机械方法清除水合物。

2.6.5.9 废弃井或油气藏的地下安全保证

废弃井或油气藏的地下安全保证的定义是识别和减轻可能导致地下流体密封损失的因素。地下安全保证的目标是确保不会因生产流体或注入流体从预定区域泄漏而对环境和作业资产造成损害，或者不会对井的作业造成影响[23-24]。有人可能会说，地下安全保证的内涵满足了井的完整性要求，但事实上它比井的完整性更全面。它包括油井完整性、地下完整性，以及与上游勘探、生产和弃井作业直接相关的深水和地面设施的任何方面。例如，废弃井或油气田的井完整性可能会受到附近注入井的影响。因此，可能需要考虑对永久废弃井或油气田进行监测，以确保其安全。

2.7 油气井弃置阶段

当弃井设计就绪后，作业者将封堵和弃置作业方案提交给当地监管机构。监管机构审查方案并按规定要求作业者更改不合规部分或批准该方案。一旦方案获得批准，作业者就可以开始封堵和弃置作业。作业者是封堵和弃置作业的责任人，当地政府承担监管责任。

一般来说，封堵和弃置作业可分为3个阶段：第一阶段储层弃置，第二阶段中间弃置，第三阶段井口装置和导管移除。这种分类不考虑井的位置（如海上或陆上）、井类型（如勘探、生产、注入等）和井的状态（如部分废弃、关井等）。

2.7.1 第一阶段—储层弃置

储层弃置主要通过检查井口和安装电缆装置开始。电缆装置通过偏移检查进入井筒的通道，并通过井径测井评估生产油管的状况。这一初步检查可视为第0阶段的油井干预，它对封堵和弃置作业的时间缩短有显著影响。此外，还为液相和固相建立了废物处理系统。接下来继续进行注入测试，以检查井的完整性。如果井是完整的，则将水泥浆注入主储层，一旦水泥塞达到足够的强度，就可以通过压力测试来确定其质量。到目前为止，这部分工作还属于无钻机作业。然而，如果井完整性存在问题，则需要启动钻机并安装防喷器。图 2.12 显示了在进入储层弃置阶段后，挤入的水泥作为一级和二级井屏障的情况。一般来说，当永久的一级和二级井屏障确保主油藏安全时，第一阶段就完成了。生产油管可以回收或留在井眼内，作为井屏障的一部分。当储层与井筒完全封隔时，该阶段就完成了。

2.7.2 第二阶段—中间弃置

中间弃置包括磨铣、回收套管、设置屏障以隔离中间油气或含水渗透层，以及安装环保桥塞。如果在第一阶段没有回收生产油管，则这时可以回收部分生产油管。当覆盖层中确定的所有流动势都得到保证时，第二阶段就完成了。

2.7.3 第三阶段—井口装置和导管移除

在这一阶段，在地表或海床以下进行导管和井口切割并回收。这是为了避免日后影响其他海洋活动（例如捕鱼活动）。在挪威大陆架的挪威部分，这一阶段通常被视为海上作业，而不是钻井作业。

2.8 采油树拆除与防喷器安装

通常的做法是在开始永久封堵和弃置作业之前或在储层弃置阶段之后，将井暂时置于弃井状态或关井。这样做的目的是为了降低在拆除采油树和安装防喷器时发生井涌或释放失控流体的风险。拆除是在井口上拆卸井

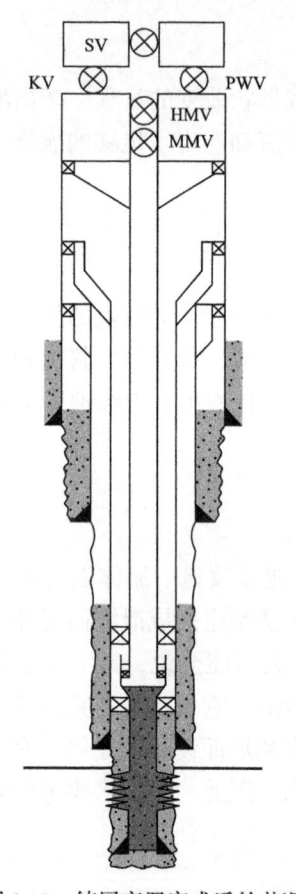

图 2.12 储层弃置完成后的井况
在挤入水泥塞之前假设井完整性是可靠的并且全部井筒都可以进入
SV—清蜡阀；KV—压井阀；PWV—生产翼阀；HMV—液压总阀；MMV—机械总阀

控设备的过程。安装是将井控设备安装在井口的过程。因此，正如本章前面所讨论的，有必要拥有两个独立的井屏障系统。

这意味着当拆除采油树时，仍然需要两个完好无损的井屏障。因此，在防喷器安装完成之前，了解井口和采油树系统是至关重要的。

2016 年 10 月，北海 Troll 油田的一口生产井发生了严重的井控事故。事故发生于永久封堵井中现有的流动路径之后要侧钻一个井眼。在起下油管悬挂器的过程中，带有顶部驱动器的完井管柱在不受控制的情况下突然上升了 6m。大量的流体和气体从转盘处流出。井喷将 2.5tf 重的液压卡瓦顶起，并将约 2tf 重的套管抛向几米外的钻台，液柱喷涌到达钻台上方约 50m 的井架顶部。幸运的是没有人受到身体伤害，但这样的事故有可能会导致一场夺去数人生命的重大灾难。挪威石油安全局对事故进行了调查，得出的结论是，事故的直接原因是油管悬挂器下方大量的储层气体泄漏。尽管在事故发生前 6h 已经进行了防喷器井口接头测试，但在这 6h 内发生的气体泄漏导致了事故[27]（图 2.13）。

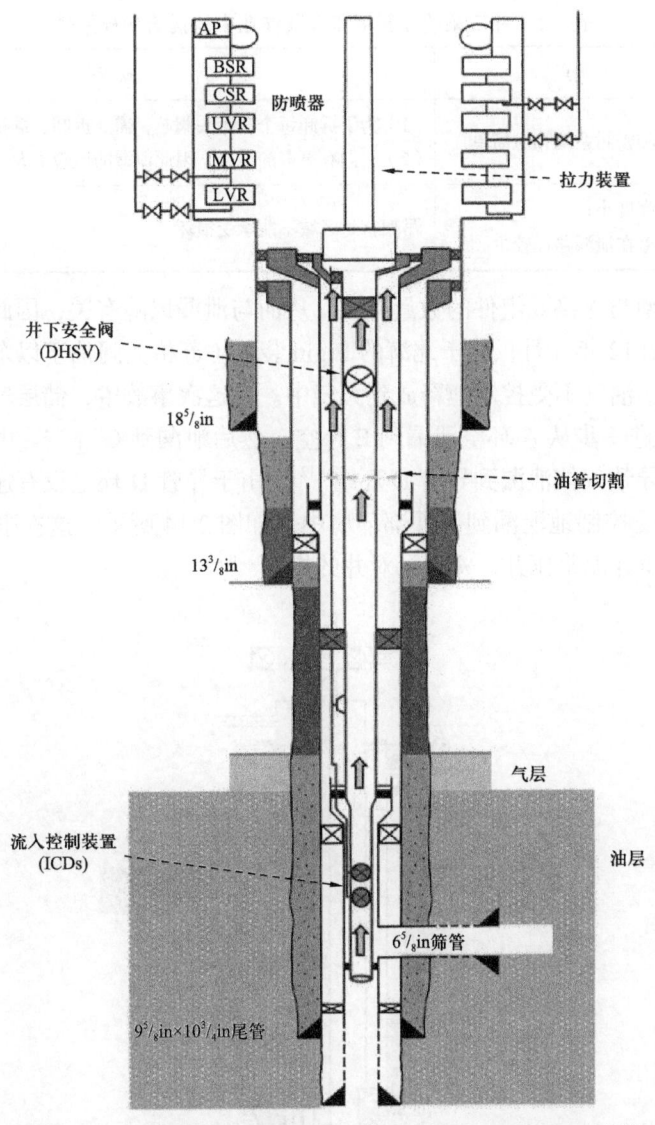

图 2.13　Troll 油田油管悬挂器下导致气体滞留的泄漏路径[27]

另一个需要考虑的关键因素是防喷器组在封堵和弃置作业期间施加的井口疲劳载荷。因此，本章将对井口系统及其优点和局限性进行综述。

2.8.1　井口系统

井口系统由阀芯、阀门和各种适配器组成，为生产井提供压力控制。井口系统包括安装套管悬挂器、油管悬挂器和采油树的设施。根据井口安装位置的不同，井口系统可分为地面井口系统和水下井口系统[28-29]。用于地面作业的井口有两种类型：阀芯型和紧凑型。紧凑型井口的其他名称有快速井口、组合井口、碗形井口、多碗形井口和单头井口。每种结构在封堵和弃置过程中都有各自的优势和挑战。表 2.2 列出了两种类型井口系统的优势和局限性。

表 2.2　井口系统在封堵和弃置作业中的优势和局限性

井口类型	优点	缺点
阀芯型	悬挂和密封系统相对简单	（1）为了拆卸每个套管头阀芯，需要拆卸、重新安装和测试防喷器； （2）它们有更多的连接，因此泄漏的风险更大
紧凑型	（1）高度小； （2）潜在泄漏路径较少	吊架密封区域不能承受损坏

由于井口类型与连接或组件的数量有关，从而与泄漏风险有关，因此对井口状况进行分析非常重要。2012 年 3 月，位于北海的 Elgin 装置（苏格兰阿伯丁以东约 200km）发生了一次重大事故，油气不受控制地释放到大气中。在这次事故中，储层气体从白垩地层泄漏到 A 环空，并进一步从 A 环空泄漏到 B 环空，然后泄漏到 C 环空。由于井口组件和接头密封能力差，导致气体泄漏到导管 D 环空[12]。由于导管 D 环空没有连接任何防止泄漏的屏障，气体不受控制地泄漏到了外部环境中，如图 2.14 所示。这次事故没有造成人员伤亡，通过泵入压井泥浆压井，实现了对井的控制[30]。

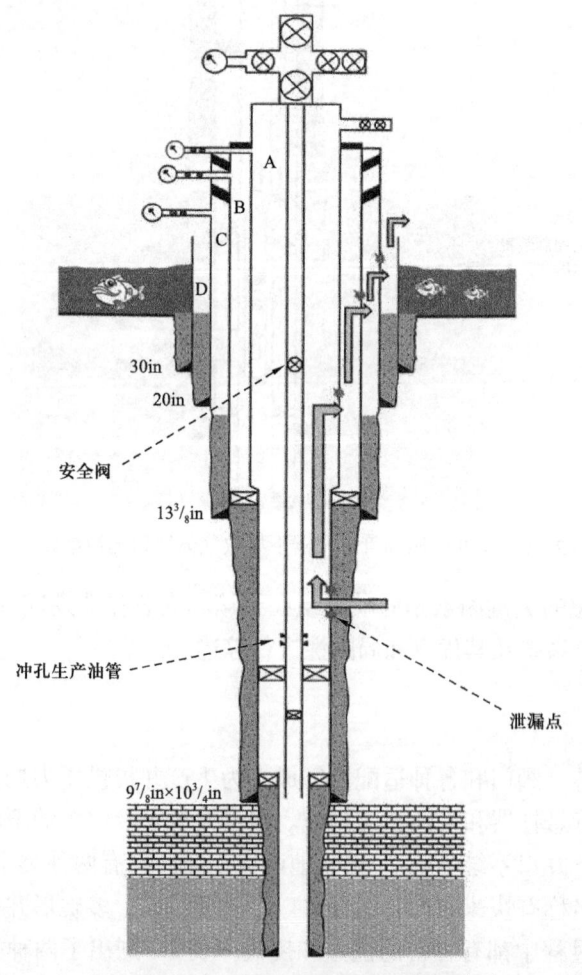

图 2.14　Elgin 平台井泄漏路径示意图[30]

2.8.1.1 地面井口系统

地面井口系统在陆上和海上都有使用。地面井口系统的主要功能包括压力隔离、承压、作为套管和油管重量悬挂以及采油树外壳。图2.15展示了地面井口模型及其主要剖面：底部的启动头，套管悬挂器的线轴，油管悬挂器的线轴，适配器，以及用于进入不同环空的阀门。在建井过程中，井口的选择需要考虑几个因素：成本、油田历史、操作人员偏好、使用时间、温度范围、流体环境、压力范围、机械配置、外部载荷以及安装方法。其中一些因素可能会在封堵和弃置过程中危及井口状况和井口性能。因此，在封堵和弃置设计阶段，检查井口质量和进行疲劳分析至关重要（图2.15和图2.16）。

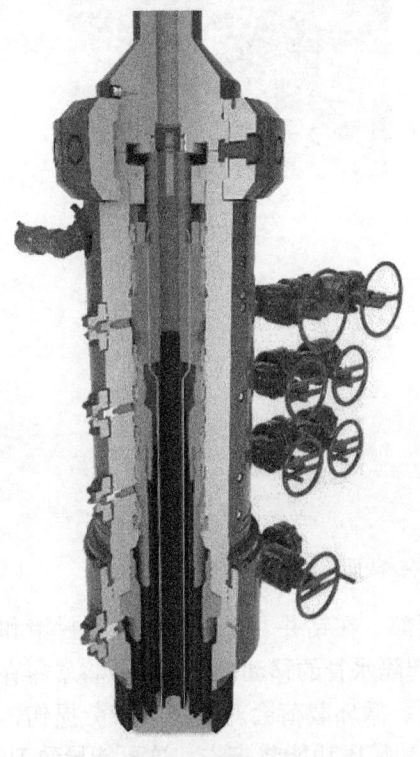

图 2.15　地面井口模型及其主要剖面
（由 TechnipFMC 提供）

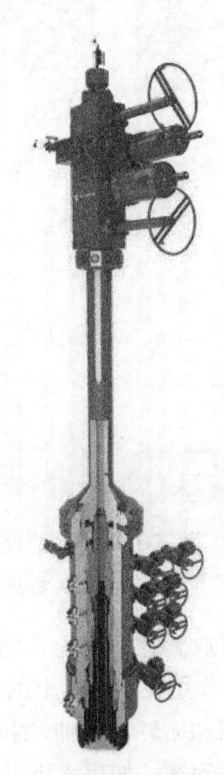

图 2.16　立式采油树地面井口
（由 TechnipFMC 提供）

2.8.1.2 水下井口系统

水下井口系统的主要功能与地面井口系统相同。尽管如此，由于水下条件，它还有一些额外的功能，例如为钻井和完井系统提供海床上的结构和承压锚固点，以及用于钻井和完井系统的导向、机械支撑和连接。标准的水下井口系统（图2.17）通常由钻井导向底座、低压外壳（通常为30in）、高压井口外壳（通常为$18\frac{3}{4}$in）、套管悬挂器、金属—金属环空密封组件、井眼保护器和磨损衬套以及下入和测试工具组成。在水下钻井过程中，低压井口壳（LPWH）、导管和导向底座同时下入。

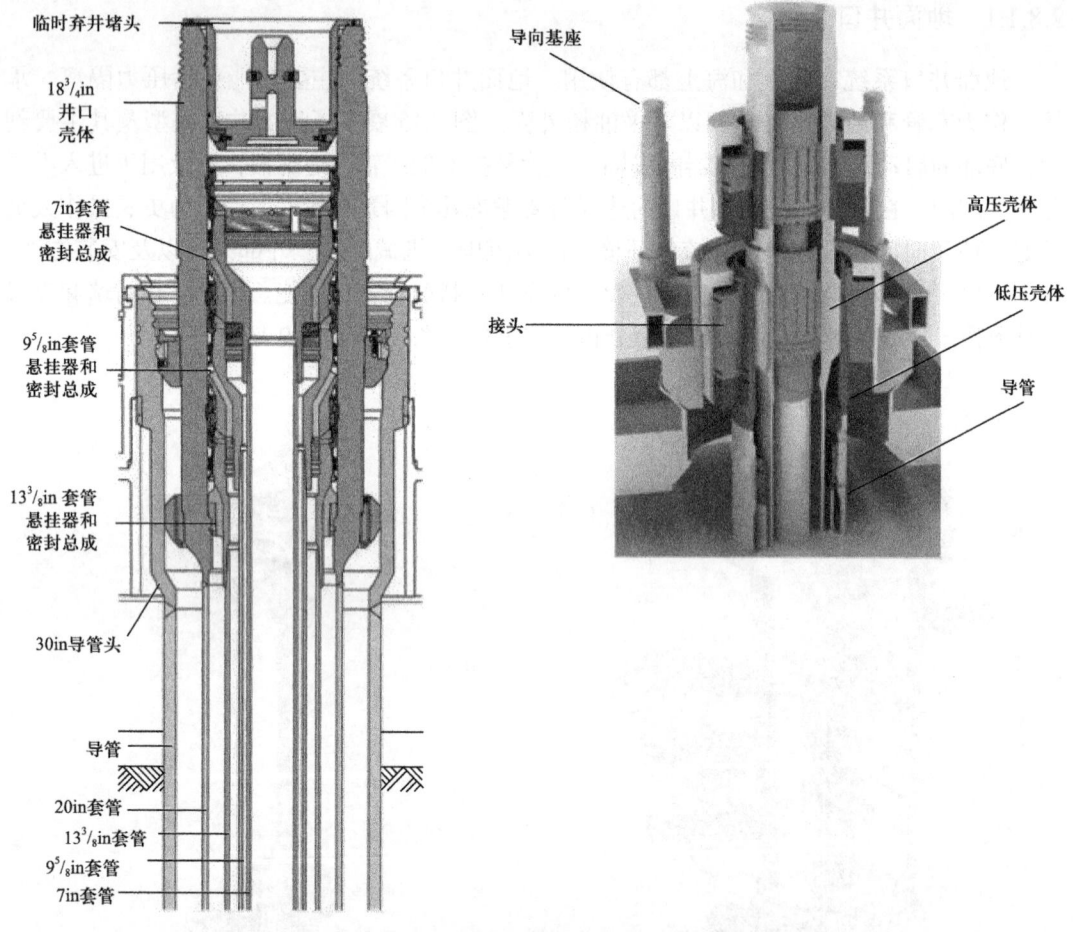

图 2.17　标准水下井口系统及其主要截面（由 SPE 提供）

水下井口放置在海床上，防喷器安装在其顶部。在钻井、采油、修井或封堵和弃置作业过程中，作用在隔水管上的波浪和洋流会引起隔水管的移动。水下井口将暴露在外部载荷下：静态和循环的弯曲和拉伸（压缩）组合。循环载荷会对井造成疲劳损伤，并造成井的完整性问题。如果水下井口出现故障，则其承压功能将丧失，这可能导致 HSE 问题[31]。

2.8.1.3　井口系统的特殊考虑

（1）套管/油管悬挂器锁定。

如果使用卧式采油树而不是立式采油树完井，就可以避免 Troll 油田发生的事故[27]。卧式和立式采油树将在本章后面更详细地讨论。在海上油井中，套管/油管悬挂器安装并锁定在卧式采油树内，可以测量油管悬挂器下的压力。然而，当选择立式采油树完成完井作业时，在安装采油树之前，需要安装套管/油管悬挂器并将其锁定到井口。对于陆上井，套管/油管悬挂器的锁定和安装与立式采油树的情况类似。

（2）井口系统的疲劳寿命。

封堵和弃置设计和操作的挑战之一（特别是对于水下井）是由防喷器施加在井口上的疲劳载荷。在一些20～30年前的老井中，使用的防喷器比目前的设计更小、更轻，因此，井口设计不同，井口对诱发疲劳的响应也不同。与上述挑战相关的另一个挑战是一些当局立法规定的防喷器压力等级要求。考虑一口老井，其井口接头额定压力为5kpsi，但要求使用10kpsi或15kpsi的防喷器，尽管枯竭井可能要求更低的防喷器额定压力。此外，由于洋流的影响，井口系统疲劳寿命的挑战在水下井中更受关注。关于疲劳的另一个担忧是最新的法规。例如，1975年$13^3/_8$in防喷器的重量约为20tf，而2016年，$18^5/_8$in防喷器的重量可达400tf。因此，与老式防喷器相比，现在引入井口的疲劳载荷要高得多。此外，有些井的设计和完井具有特定的使用寿命，然而使用寿命比设计寿命延长了更多（最多10年），这些井口对于具有强含水层的井来说是失效风险点，在这些井中当前储层压力大约等于初始储层压力。

最近，正在开发的新一代防喷器系统是基于电动的，不需要液压蓄能器（Koomey）单元。与现有的防喷器系统相比，该系统更轻。

2.8.2 采油树

井最上面的设备被称为采油树。采油树由阀门、阀芯、压力表和节流器组成，安装在一口完井的井口（图2.16）。采油树（XMT）提供了油井和生产设施之间的可控接口，它还有其他几种名称，如交叉树、X树或树。采油树的功能如下：允许油藏流体以安全可控的方式从井筒流向地面设施，安全进入井筒进行修井作业，允许注入流体并为地面控制井下安全阀（SCSSV）提供液压管路，为仪器仪表提供电气接口，并为电潜泵（ESP）提供可能的电气布线。采油树安装在水下井的最后一个套管阀芯、油管头适配器或高压井口外壳上。它们有多种尺寸和配置可供选择，如具有低压或高压承压能力、单次或多次完井能力。由于兼容性，采油树和井口通常从同一制造商购买。通常，有两种不同的方法来对采油树进行分类，这取决于采油树的安装位置或阀门和压力表的布置。第一种方法将采油树分为两组：陆地/平台井采用地面采油树（干采油树）、水下采油树（湿采油树）。第二种方法根据阀门和仪表的配置将采油树分为两大类：立式采油树和卧式采油树。图2.18展示了4种不同的采油树阀配置。为了简单和与封堵和弃置相关，首选第二种方法，并在本书中讨论。

2.8.2.1 立式采油树

图2.19显示了一个地面立式采油树。主控阀位于油管头适配器上方，其功能是允许油气流动或关井。通常，有两个主控阀：下主控阀和上主控阀。这两个阀门提供了冗余控制：如果其中一个阀门不能正常工作，则另一个阀门处于闭合状态。上主控阀和下主控阀如图2.19所示。三通接头（称为T形块）可将垂直流体导流到水平流线。通常，翼阀位于采油树的一侧，用于控制或隔离从井到地面设施的生产。根据采油树的设计要求，可以在采油树上安装一个或两个翼阀。作为一种常见的做法，通常操作人员需要两个翼阀：一

个用于生产，被称为生产翼阀（PWV），另一个作为备份或切断阀（KV）。在翼阀之后有一个小的限制用来控制井的产量，也就是所谓的节流器。在采油树上，最上面的阀门叫做抽汲阀（SV）。抽汲阀为电缆、钢丝绳、连续油管或不压井装置的修井作业提供了进入井眼的通道。抽汲阀的入口由一个称为T-Cap的法兰覆盖，该法兰允许电缆防喷管、防喷器或连续油管连接到井中。最后，顶部压力表位于T-Cap顶部，用于显示井压。立式采油树可用于地面井和水下井。然而，水下应用需要不同的接口来操作采油树阀门和进入A环空（图2.18）。值得注意的是，水下采油树和地面采油树的立式采油树上的阀门配置是相同的。然而，由于水下条件和远程控制阀门的不同，水下井的界面有所不同（图2.20）。立式水下采油树可以是单孔或双孔（图2.18），这将对封堵和弃置作业产生影响。

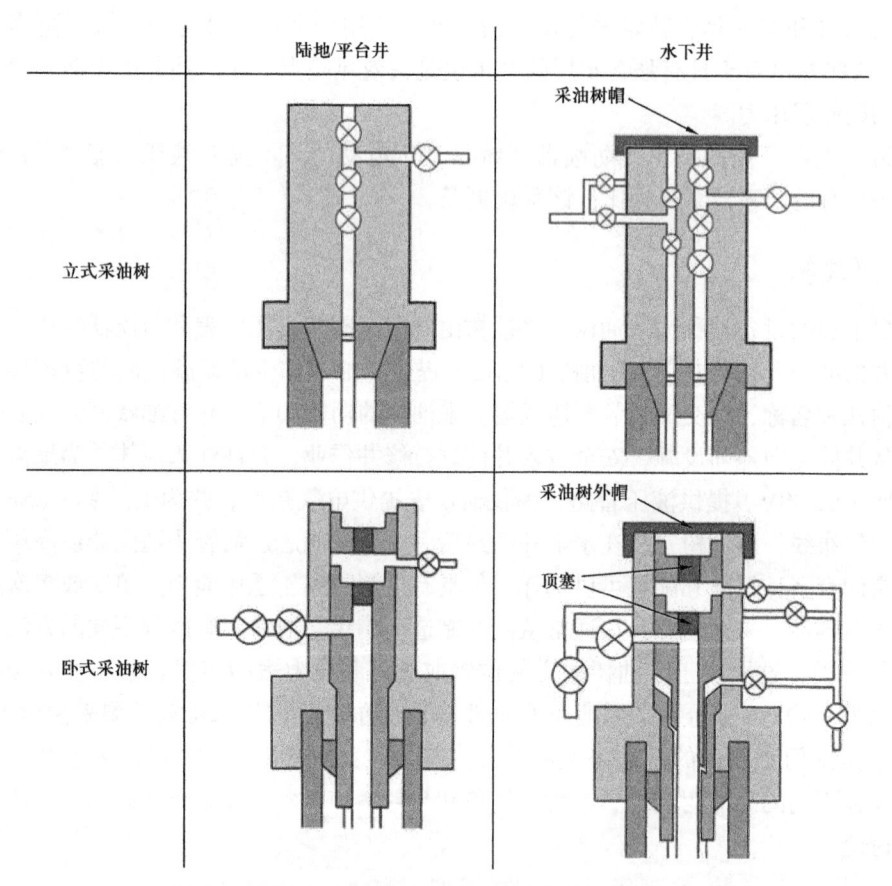

图2.18 陆地/平台井和水下井4种不同配置的采油树[3]

在使用立式采油树的陆地/平台井或水下井的施工和完井过程中，油管悬挂器安装在井口内部（图2.15），然后将立式采油树安装在井口顶部。因此，为了回收生产油管，必须将立式采油树夹紧。因此，为了在回收油管过程中保持井筒完整性，必须安装防喷器。

2.8.2.2 卧式采油树

卧式采油树的出现最初与海底油井的完井有关。在对立式和卧式水下采油树进行比较之前，有必要提到的是其部件和组件非常相似。在卧式采油树中，阀门位于树体两侧（图2.21）。立式树形和卧式树形之间的差异主要来自阀门的配置，而不是新颖的设计。说服作业公司使用卧式采油树的主要原因之一是水下修井作业的挑战。大多数情况下，水下修井作业是由油管和地面控制井下安全阀相关的问题引起的。因此，在不拆卸采油树的情况下，随时可以使用生产油管和地面控制井下安全阀是主要的设计标准。因此，立式采油树上的阀门位置被移动到采油树的两侧，油管悬挂器位于卧式采油树内。通过这种方式，在水下修井过程中，防喷器被放置在卧式采油树上方，在不拆除采油树的情况下油管被回

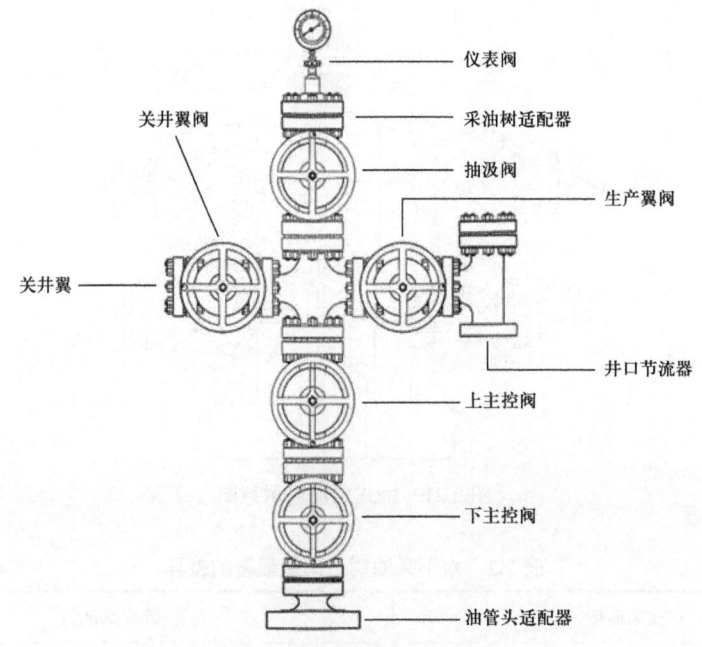

图2.19 典型地面立式采油树

图2.20 用于监测环空压力的双孔立式水下采油树（由斯伦贝谢公司提供）

收。因此，修井作业更容易，效率更高。此外，对采油树安装与拆除的担忧被最小化。表 2.3 列出了水下立式采油树和卧式采油树的显著差异。图 2.22 为卧式水下采油树。

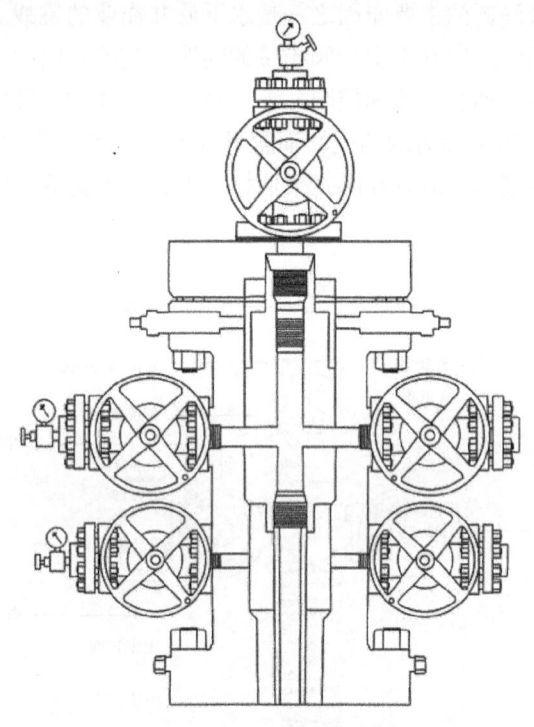

图 2.21 卧式采油树示意图

表 2.3 水下采油树之间最显著的差异

立式采油树	卧式采油树
（1）对孔内的阀门进行控制和抽汲； （2）下油管后安装采油树（采油树安装并紧扣油管悬挂器）； （3）油管悬挂器通过井口定向； （4）在采油树安装/测试后安装外部采油树帽； （5）油管悬挂器密封件通常与井内流体隔离	（1）井的垂直井段内没有阀门； （2）下油管前入采油树（油管悬挂器落在采油树本体上）； （3）油管悬挂器方直接从采油树上定向（极限公差叠加）； （4）在油管悬挂器上方使用内部树冠作为二级压力屏障，通过电缆装置安装两个冠状塞； （5）油管悬挂器密封件持续暴露在井内流体中

在海底油井钻井过程中会同时下入以下设备：低压井口壳、导管和导向底座。如果计划使用卧式采油树完井，在安装水下井口系统后安装卧式采油树，随后在其上安装防喷器，然后恢复钻井。在完井阶段，油管悬挂器位于卧式采油树内。换句话说，油管回收并不需要移除卧式采油树。如果需要安装防喷器，则将防喷器夹在卧式采油树顶部。

为了进行高效、安全的永久封堵和弃置作业，有必要了解每种采油树系统的优缺点。表 2.4 列出了采油树系统的优点和需要注意的问题。

2.8.3 防喷器安装

在封堵和弃置作业过程中，无论是何种井型（陆地或海上），还是采油树类型（卧式或立式），在某些时候，使用防喷器是不可避免的。因此，在拆卸采油树和安装防喷器的同时，需要建立和维护一级和二级临时井屏障，以确保井的安全。从理论上讲，该方法可用于4种不同的完井方案（图2.18）：使用立式采油树完成的陆地/平台井，使用立式采油树完成的水下井，使用卧式采油树完成的水下井，以及使用卧式采油树完成的陆地/平台井。然而，由于卧式采油树重量大、除A环空外无法进入其他环空等实际问题，后一种方案实现的可能性较小。

图2.22 卧式水下采油树

表2.4 水下立式采油树系统和卧式采油树系统的优缺点比较

采油树系统	优点	缺点
立式	（1）比卧式采油树轻； （2）为了拆卸采油树，无须回收生产油管	（1）很少能容纳大于 $5\frac{1}{2}$in 的生产油管； （2）不能承受防喷器的负荷； （3）在采油树安装之前，油管/套管悬挂器锁定在井口，因此无法测量油管悬挂器下的压力
卧式	（1）防喷器安装在采油树顶部； （2）高度较低； （3）提高了工作效率（例如，避免了修井作业期间拆卸安装和测试采油树）； （4）最大可容纳7in的生产油管； （5）油管/套管悬挂器锁定在采油树本身，因此可以测量油管悬挂器下的压力	（1）比立式采油树重； （2）除A环空外，其他环空不可进入

2.8.3.1 防喷器安装——立式采油树完成的陆地/平台井

考虑一口已经使用立式采油树完井的平台井（图2.23）。为了建立初级临时井屏障，B环空生产封隔器的下方和上方应该有足够的套管水泥，A环空没有持续的套管压力（A环空、B环空、C环空的定义如图2.14所示）。如果这些假设是有效的，则在尾管中安装

井屏障元件
一级井屏障
原位地层（盖层）
套管水泥（9⁵⁄₈in）
套管（9⁵⁄₈in）
生产封隔器
尾管桥塞
二级井屏障
原位地层（9⁵⁄₈in）
套管水泥（9⁵⁄₈in）
套管（9⁵⁄₈in）
井口（具有密封元件的套管悬挂器）
井口/环空入口阀
油管悬挂器（本体密封件和密封圈）
油管悬挂器内的桥塞

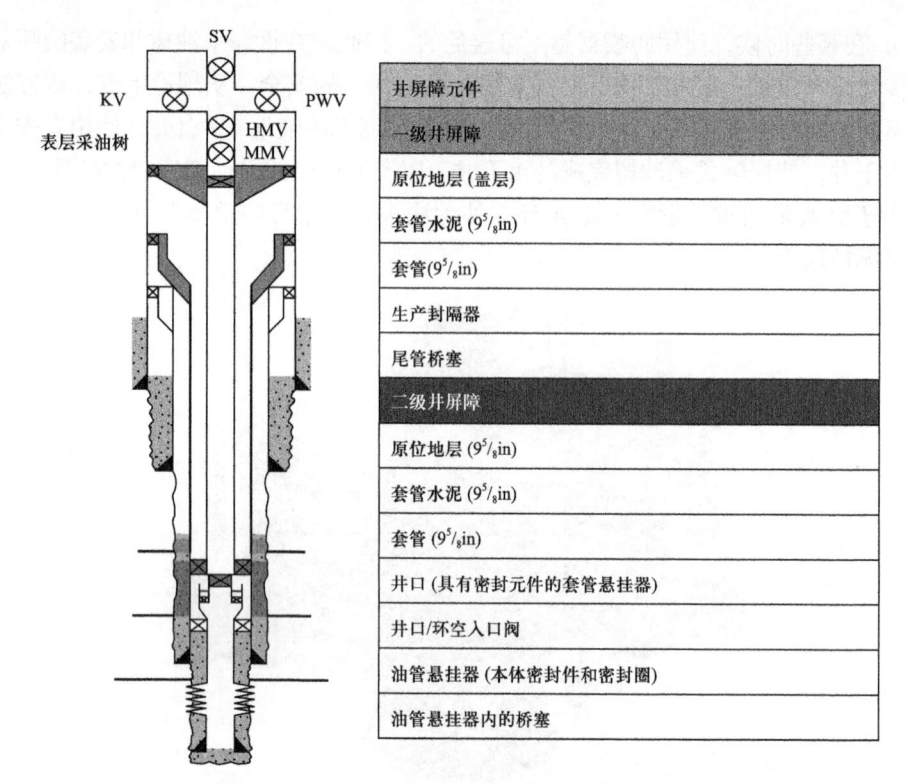

图 2.23 具有立式采油树的平台井的井屏障元件

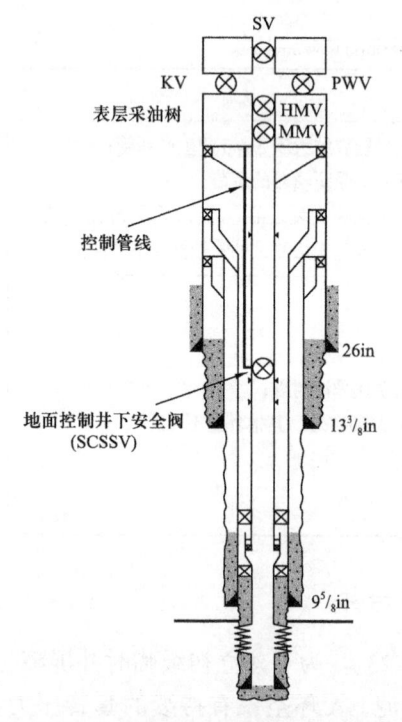

图 2.24 平台立式采油树井的屏障原理图

桥塞即可实现一级井屏障。对桥塞和一级井屏障进行压力测试，以确保井的完整性。如图 2.23 所示，列出了主要的井屏障元件，并用蓝线标记。

为了建立二级临时井屏障，B 环空生产封隔器上方应该有足够的套管水泥，B 环空没有持续的套管压力，生产套管保持完整性。需要注意的是，同一段套管固井作为一级井屏障的单元，不能作为二级井屏障的单元（图 2.23）。如果上述假设成立，则通过在油管悬挂器内安装桥塞来实现二级井屏障。在开始下入采油树之前，要对桥塞和二级井屏障进行压力测试。

在使用井下安全阀（DHSV）完成完井作业的情况下，井下安全阀在功能和压力测试合格后，可以作为一级井屏障中的屏障元件。

[**例 2.1**] 1985 年，一口平台井（图 2.24）使用立式采油树钻完井。B 环空的水泥顶面低于永久封隔器，A 环空和 B 环空的套管压力持续存在。井径测井显示了沿生产油管有一个大孔（如图 2.24 中三

角形所示）。作业者决定永久封堵并弃井。在整个作业过程中，必须使用防喷器来控制井内压力。列出用于拆卸采油树和安装防喷器的一级和二级井屏障。

解决方案：建议在射孔处挤入水泥，并将其延伸至尾管封隔器。对水泥塞进行压力测试，如果测试合格，将 A 环空和 B 环空排空。如果 A 环空和 B 环空压力没有增加，则在油管悬挂器内安装一个桥塞。那么，一级和二级井屏障元件（临时封隔）为：

临时井屏障元件	
一级井屏障	二级井屏障
原位地层 (盖层)	原位地层 ($13^3/_8$in)
套管水泥 ($9^5/_8$in)	套管水泥 ($13^3/_8$in)
套管($9^5/_8$in)	套管 ($13^3/_8$in)
尾管水泥	井口 (具有密封元件的套管悬挂器)
尾管	井口/环空入口阀
尾管内水泥	油管悬挂器 (本体密封件和密封圈)
	油管悬挂器内的桥塞

但是，如果被挤入的水泥不合格，A 环空和 B 环空压力增大，则应在生产油管内、永久封隔器下方安装桥塞，并使用未固结的砂浆或重流体对 A 环空和 B 环空进行压井。这里假设地面控制井下安全阀已经成功通过了压力测试。在油管悬挂器内安装一个桥塞。那么，一级和二级井屏障元件（临时封隔）为：

临时井屏障元件	
一级井屏障	二级井屏障
原位地层 (盖层)	原位地层 ($13^3/_8$in)
压井液或未固结砂浆 (B环空)	套管水泥 ($13^3/_8$in)
套管套管 ($9^5/_8$in)	套管 ($13^3/_8$in)
压井液或未固结砂浆 (A环空)	井口 (具有密封元件的套管悬挂器)
永久封隔器	井口/环空入口阀
生产油管	油管悬挂器 (本体密封件和密封圈)
尾管内桥塞	油管悬挂器内的桥塞

2.8.3.2 防喷器安装——立式采油树完成的水下井

考虑到油管悬挂器的结构，立式水下采油树可分为两大类：单孔采油树和双孔采油树。图 2.25 显示了带有环空阀的单孔油管悬挂器的结构，以及用于控制管线和化学注入管线的通道。目前，水下单孔立式采油树很少用于水下油井完井；然而，双孔立式采油树更常用于水下完井，因为它们提供了进入 A 环空的通道。

图 2.26（a）是单孔立式水下采油树完井的海底油井示意图。当生产油管状态良好时，将水泥通过生产油管挤入主储层是一种常规操作。然后，对水泥塞进行压力测试。若试验成功，可作为一级临时井屏障和一级永久屏障使用［图 2.26（b）］。然而，如果没有通过压力测试，则通过电缆装置建立一级和二级井屏障。电缆防喷器位于采油树顶部，桥塞安

装在尾管中。对封隔层进行测试，如果保持完整性，则在油管悬挂器内下入桥塞，建立二级临时井屏障，并对封隔层进行压力测试［图 2.26（c）］。

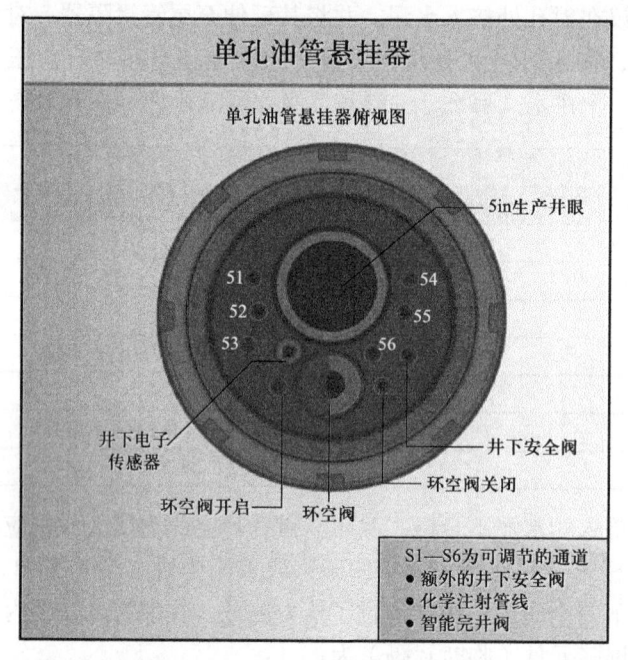

图 2.25　采用立式采油树完成的水下油井油管悬挂器配置（由 Dril-Quip 提供）

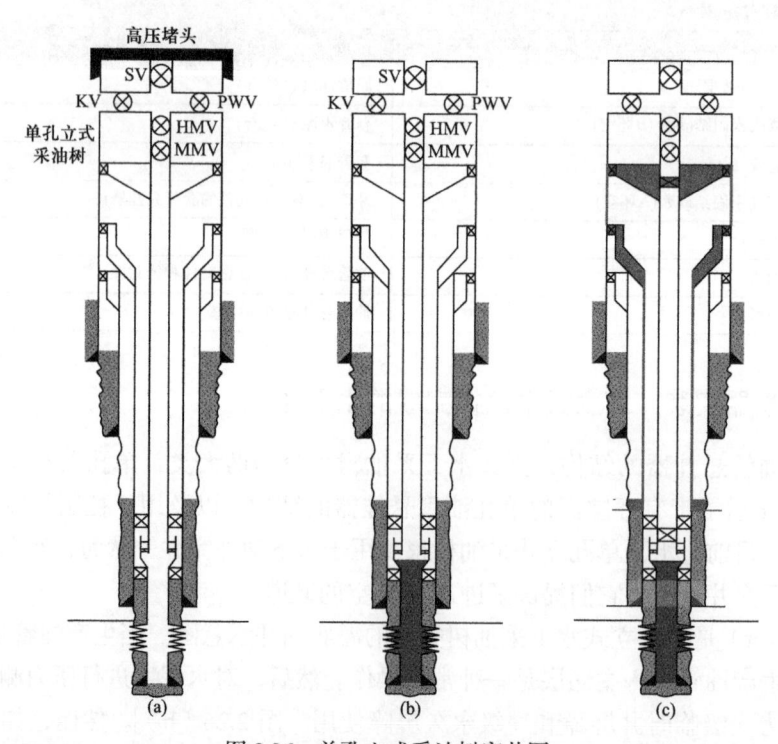

图 2.26　单孔立式采油树完井图

双孔立式水下采油树通过完井隔水管直接进入生产井和环空中。由于油管悬挂器内有多个孔道，需要两个桥塞来建立二级井屏障，因此需要双孔立管。在采油树顶部安装电缆防喷器，安装桥塞，最后对封隔层进行压力测试。值得注意的是，双孔油管悬挂器不会影响一级临时屏障的建立（图 2.27）。

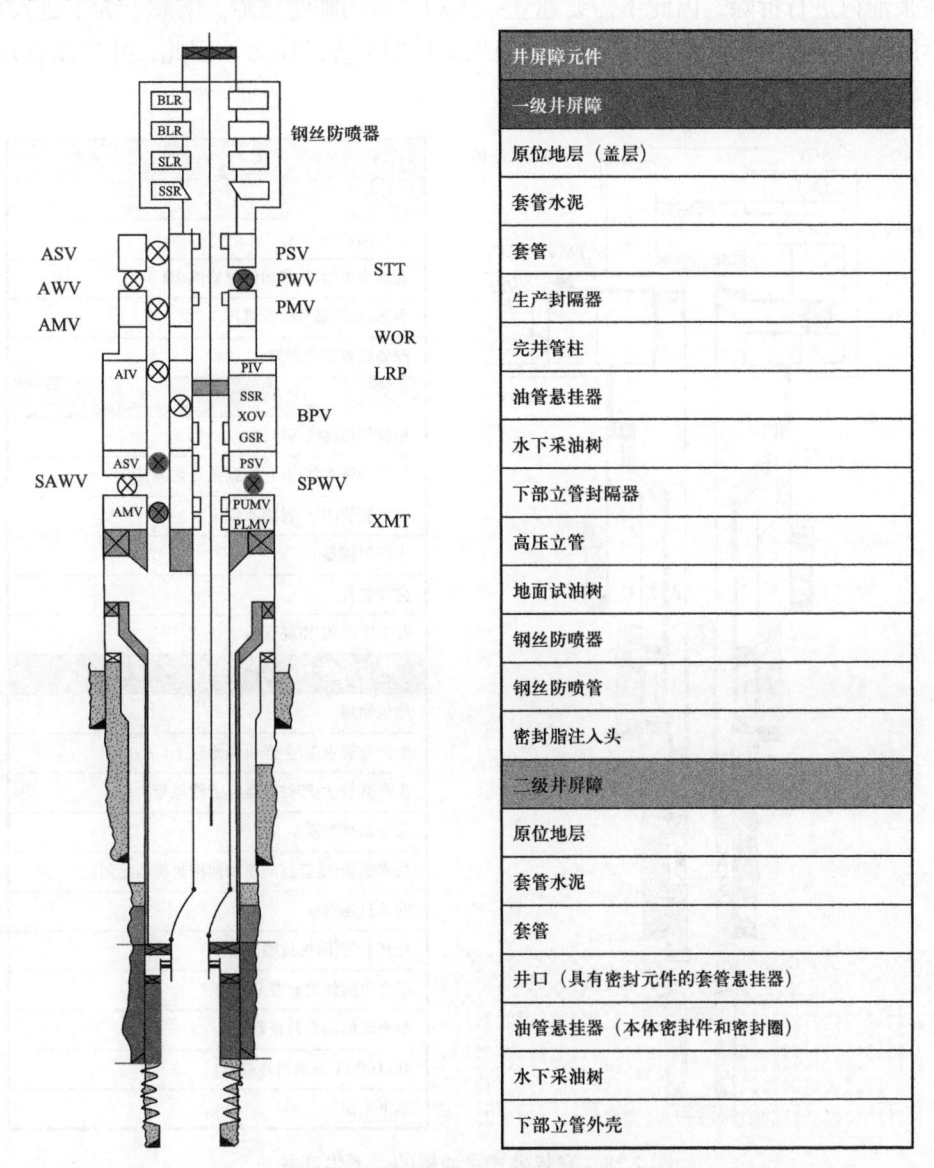

井屏障元件
一级井屏障
原位地层（盖层）
套管水泥
套管
生产封隔器
完井管柱
油管悬挂器
水下采油树
下部立管封隔器
高压立管
地面试油树
钢丝防喷器
钢丝防喷管
密封脂注入头
二级井屏障
原位地层
套管水泥
套管
井口（具有密封元件的套管悬挂器）
油管悬挂器（本体密封件和密封圈）
水下采油树
下部立管外壳

图 2.27 采用双孔立式采油树的水下井

BLR—电缆闸板；SLR—钢丝闸板；SSR—剪切式闸板；ASV—环空安全阀；AWV—环空翼阀；AMV—环空主阀；SAWV—地面环空翼阀；AIV—环空进隔离阀；PIV—生产进隔离阀；SSR—剪切式闸板；XOV—转换阀；GSR—夹式密封闸板；PSV—生产清蜡阀；PWV—生产翼阀；PUMV—生产上部主阀；PLMV—生产下部主阀；PMV—生产主阀；BPV—回压阀；SPWV—地面生产翼阀；STT—地面试油树；WOR—修井立管；LRP—下部立管封隔器，隔离总成；XMT—采油树

2.8.3.3 防喷器安装——卧式采油树完成的水下井

通常情况下，人们认为卧式采油树完井安装防喷器不像立式采油树完井那么复杂；然而，事实并非如此。之所以会有这种想法，可能是因为防喷器安装在卧式采油树顶部，不需要对采油树进行拆除，因此不需要建立一级和二级的临时屏障。实际上为了进入井筒，需要拆除高压采油树帽（图2.28），并控制采油树帽下方的压力。因此，井控设备是必要的，也将被使用。

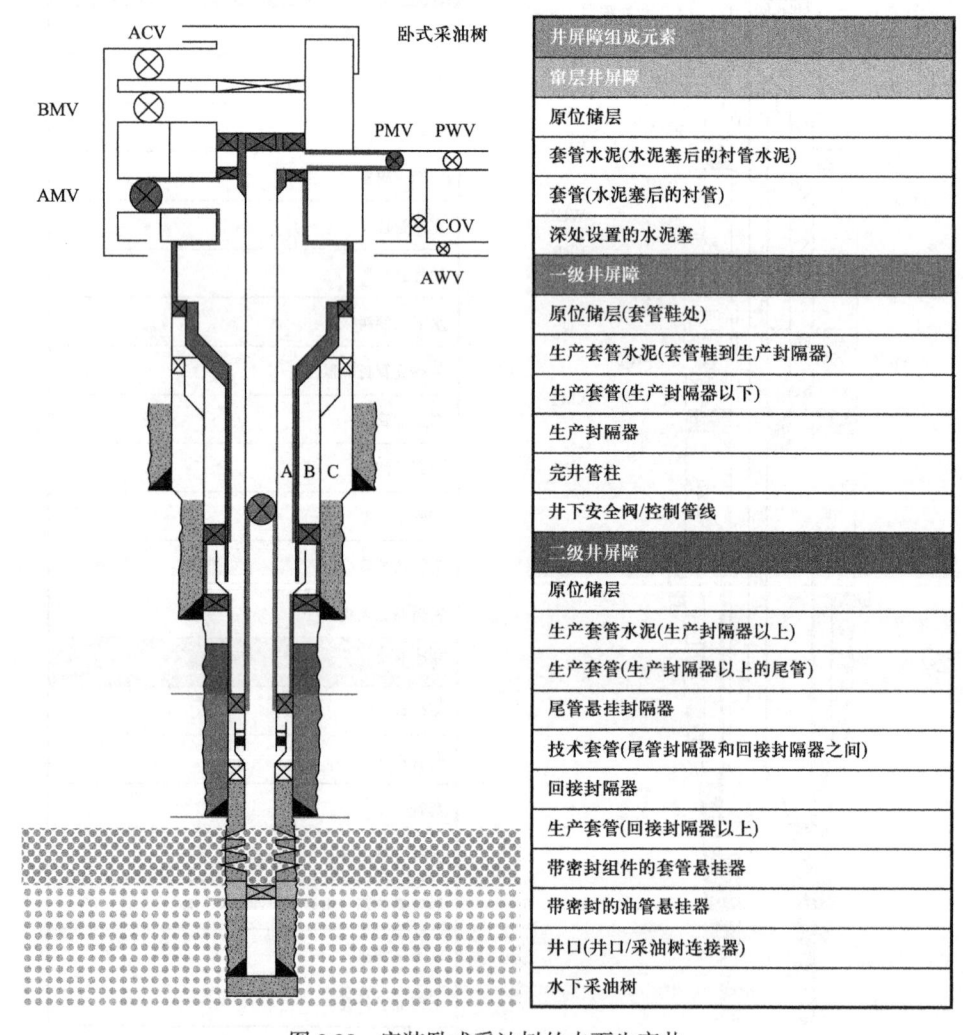

井屏障组成元素
储层井屏障
原位储层
套管水泥(水泥塞后的衬管水泥)
套管(水泥塞后的衬管)
深处设置的水泥塞
一级井屏障
原位储层(套管鞋处)
生产套管水泥(套管鞋到生产封隔器)
生产套管(生产封隔器以下)
生产封隔器
完井管柱
井下安全阀/控制管线
二级井屏障
原位储层
生产套管水泥(生产封隔器以上)
生产套管(生产封隔器以上的尾管)
尾管悬挂封隔器
技术套管(尾管封隔器和回接封隔器之间)
回接封隔器
生产套管(回接封隔器以上)
带密封组件的套管悬挂器
带密封的油管悬挂器
井口(井口/采油树连接器)
水下采油树

图 2.28 安装卧式采油树的水下生产井

2.9 弃置设计中的特殊考虑

2.9.1 控制管线

控制管线是一种小直径的液压管线，用于从地面输送流体以控制井下完井设备［如井下安全阀（SCSSV）等］。井口装置在设计时为控制管线预留了安装孔。图2.29展示了两种不同类型的控制管线：一条控制管线配备4根小直径液压管路，另一条控制管线配备两条小直径液压管路和一根导线（右侧的电缆）。目前存在两个主要问题：液压管线的流动势；封堵材料与控制管线表面之间的黏合质量。在注水泥塞过程中，会泵送多种流体，每种流体都有自己的功能。这些流体黏附在井下设备（例如控制管线）的表面，由于控制管线表面的润湿性，清除这些流体是一项具有挑战性的工作。因此，水泥塞和控制管线表面之间的粘合是一个问题。

图2.29　两种控制管线（有/无电缆穿过）

如今，大多数井都采用智能完井，这意味着控制管线和电缆是完井的一部分，用于控制流入控制装置（ICD）。控制管线作为井屏障的一部分，对于控制管线的泄漏风险或井完整性问题存在不同的意见。Aas等[32]使用控制管线将油管留在井眼中时，对环形水泥的密封性进行了全面测试。这项研究使用了7in生产油管和9in生产套管。图2.30展示了研究中使用的全尺寸测试组件的示意图。这项研究用16.0lb/gal的常规G级波特兰水泥置换10.0lb/gal的盐水，然后将水泥固化7天。记录了9in的生产套管由于水泥水化引起的温度变化。固化1天后记录的最高温度为75℃。测试管柱长40ft，在泵送水泥和固化期间，将管柱倾斜85°，并将水泥填充到控制管线中。然后通过压力测试研究了水泥塞的密封能力。以725psi的压力将水泵入A环空，并以1450psi的压力将水泵入油管内部。Aas等观察到屏障没有泄漏[32]。

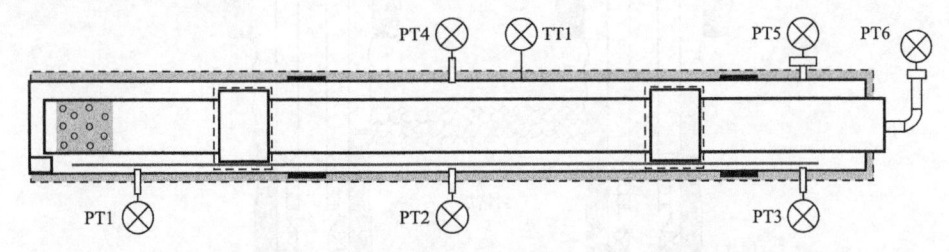

图2.30　用于研究油管和控制管线留在井眼中时水泥塞密封能力的全尺寸测试装置[32]

在封堵和弃置期间，将控制管线留在井眼中的挑战之一是在特定深度控制管线内放置封堵塞。控制管线直径很小（外径为1/8～1in），内部流体为水基钻井液与包括地层水在内的储层流体的混合物。当通过控制管线泵送堵塞材料时，堵塞材料会受到污染，进而导致压力测试失败。测试了不同堵塞材料（水泥、树脂和有机硅材料）对控制管线环空的密封性能[33]。控制管线内流体和堵塞材料的相容性似乎是成功的关键,并且有学者对此主题进行了更多研究。

2.9.2 井筒设计

封堵和弃置的最佳和最具成本效益的解决方案之一是在油井设计阶段考虑封堵和弃置方案。在井筒设计期间考虑以下参数可能会强烈影响永久性封堵和弃置操作:适当的初级固井作业、水泥浆返高面(TOC)深度、初级固井作业的资格和文件、控制管线的深度以及盖层中压力源的识别。

初级固井作业——考虑具有两种不同设计方案的井(图2.31)。在第一种情况下,井的设计和建造方式使得在B环空的合适地层中存在足够高的合格水泥,并且初级固井已经合格,如图2.31(a)所示。在第二种情况下,同一口井的设计方式是,B环空中既没有水泥穿过合适的地层,也没有经过鉴定的合格固井,如图2.31(b)所示。对于第一种

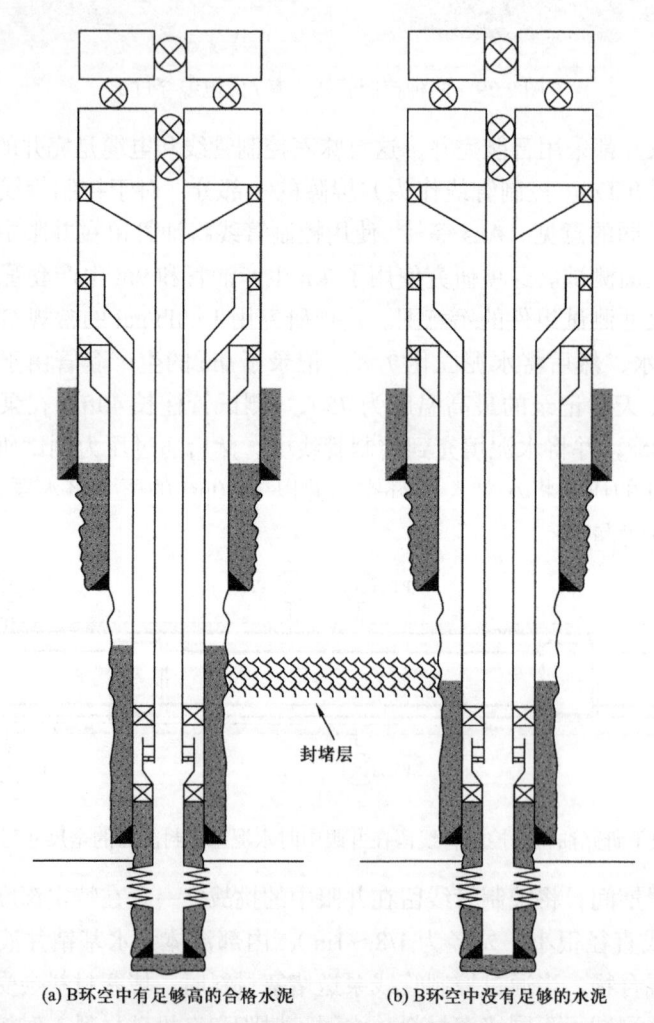

(a) B环空中有足够高的合格水泥　　(b) B环空中没有足够的水泥

图2.31 两种不同情况下的生产井

情况，如果井没有经历环空持续压力（持续套管压力），可以收回油管（例如：在堵塞深度处存在控制管线），然后将水泥塞放置在生产套管内并穿过套管水泥。在第二种情况下，由于有一个未固井的套管，进入合适的地层需要采用分段铣削或其他技术，然后可以将水泥塞放置在合适地层。第一种情况每个水泥塞可能需要1天，而第二种情况每个水泥塞可能需要几天时间，因为需要进入合适地层位置。

当一个油田有多口井需要封堵和弃置，并且都满足图2.31（a）中给定井的情况时，可以采用一种基于经验的通用做法。根据实践，将2口或3口井的生产油管全部或部分回收，并对其在B环空的套管水泥进行测井。如果套管固井是合格的，则假设油田中所有井固井均合格。由于这些井没有承受任何持续的套管压力，因此假设由于所选井的套管水泥在封堵和弃置作业期间通过测井测试合格，其他井的套管水泥也完好无损且合格。因此，留在井眼中的生产油管和A环空内部填充水泥。此外，对新水泥塞进行测试，合格后对其记录。值得注意的是在这种情况下，井屏障中不包含控制管线。

盖层压力——在封堵和弃置作业期间识别盖层中的压力源是一项具有高度不确定性的挑战。因此，建议在建井过程中识别和记录盖层中的所有压力源。经验表明，盖层中具有流动潜力的未识别地层可能会对未识别的流入地层下方的永久屏障造成挑战。

钻井目标——不同的井有不同的目标：勘探、测试、评价、开发、生产或注入（表2.5）。在勘探新区域时，对地震数据的解释有助于找到可能存在油气储量的区域。勘探井的目标是确认或否定这一假设，并收集必要的信息，以便更好地了解该地区及其潜在的未来产能。当勘探井钻遇油层时，再通过定向井来估计储层的规模及其商业价值。评价井的目的是研究储层特征。开发井则用于储层驱替和生产原油。注入井的目的有很多：维持压力、废液处理、钻屑回注。维持储层压力的注入井可以提高采收率。废液处理井将钻井中产生的不需要的流体（例如原生水）重新注入非含烃地层。钻屑回注井用于处理钻屑和受污染的泥浆。

表2.5 井型及其目标

井型	目标
勘探井	封堵和弃置或保留生产[①][34]
探边井	油气藏规模
评价井	储层特征
开发/生产井	储层排驱
注入井	（1）压力维持； （2）岩屑回注； （3）处理不需要的液体

① 一口拟完井的探井。

上述类型的井是根据实际需求随着时间的推移而逐步设计的，其设计标准也随之发生变化。图2.32显示了建井中不同设计标准的时间表。或许从过去到20世纪70年代可以称为井设计的经典时代，20世纪80年代可以称为水平钻井时代，20世纪90年代是井完整性时代，21世纪00年代可以称为旋转尾管时代，最近10年可以称为封堵和弃置时代，并且由于墨西哥湾漏油事件而推进了封堵和弃置的设计。而多年来人们一直关心的，则是水泥及其特性。

过去许多年钻完井过程中都没有详细设计过封堵和弃置方案。因此，这些几十年前钻的井，每一种都有其独特的井设计，需要通过实践来实现封堵和弃置。

孔隙压力和破裂压力剖面——在压力衰竭的储层中，储层孔隙压力将低于初始压力，并且破裂压力也会降低。因此，孔隙压力与破裂压力梯度会更小。在封堵和弃置作业中，孔隙压力和破裂压力梯度剖面之间的差距很小，这可能是一个挑战和限制因素，尤其是在海上深水井中。这种较小的压力差会限制井眼清洁液体系统的选择、切屑去除、水泥设计及其放置位置等方面。比较一下5in的钻杆在$9\frac{5}{8}$in和$12\frac{1}{4}$in两种套管内进行截面铣削，如图2.33所示。由于环空的压降不同，循环当量钻井液密度（ECD）会发生变化，暴露的地层可能被压裂。

图2.32 建井中不同时代关注不同主题的时间线

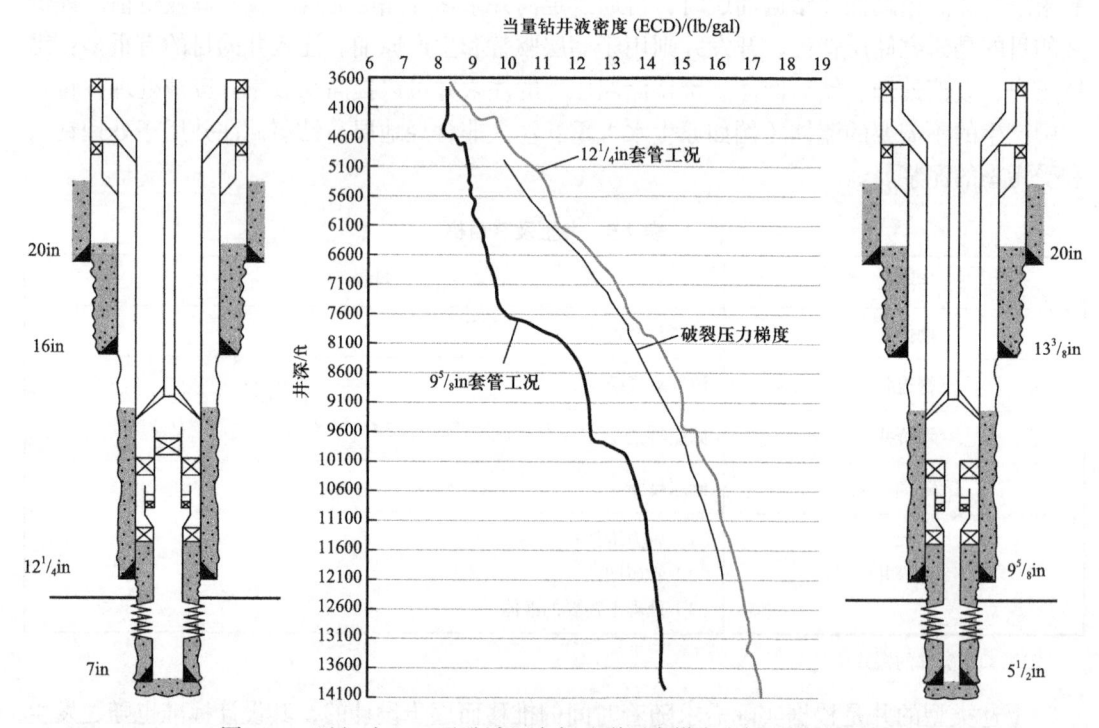

图2.33 环空对ECD及孔隙压力与破裂压力梯度之间边际的影响

[**例 2.2**] 5in 钻杆铣削 8000ft 垂深处的 $9^5/_8$in 套管，钻井液密度为 10.8 lb/gal，环空压力损失为 460psi。假设 8000ft 处的孔隙压力和破裂压力循环当量钻井液密度分别为 10.2 lb/gal 和 11.7 lb/gal。

（1）井下压力是否使地层破裂？

（2）考虑套管为 $12^1/_4$in 的相同情况。环空压力损失为 340psi。在这种情况下，井下压力是否会使地层破裂？

解决方案：

$$\text{ECD}(\text{lb/gal}) = 钻井液密度(\text{lb/gal}) + \frac{环空压力损失(\text{psi})}{0.052 \times \text{TVD}(\text{ft})}$$

（1）$\text{ECD} = 10.8 + \dfrac{460}{0.052 \times 8000} = 11.9(\text{lb/gal})$

此时，ECD 比破裂压力循环当量钻井液密度大，会导致地层破裂。

（2）$\text{ECD} = 10.8 + \dfrac{340}{0.052 \times 8000} = 11.6(\text{lb/gal})$

此时，ECD 比破裂压力循环当量钻井液密度稍小，故不会导致地层破裂。

套管座——套管下深，一般根据待钻地层的孔隙压力梯度和破裂压力梯度综合考虑。套管座通常放置在非渗透性且稳定的地层中。套管座深（也称为套管下深）会影响封堵和弃置操作时间，因此，在油井设计时应针对油井未来的封堵和弃置进行适当的考虑。图 2.34 的示例为漏失区（DPZ 5）导致生产套管的水泥高度非常低的情况。由于技术套管柱下深正确，漏失区上方的间隔为储层建立了双重屏障。但是如果技术套管的套管座位置更深，那么为储层建立屏障可能更具挑战性。

2.9.3 井示意图

建议在封堵和弃置操作期间每天绘制并更新井示意图。它可以显示每口井的实际阶段及其状态。通过这种方式，可以清楚地了解封堵和弃置作业是否滞后或提前，并决定是否需要额外的资源。

2.9.4 水平井

倾角大于 85°的井一般称为水平井。水平井的水平段位于油层，通常不是封堵和弃置作业中考虑的部分。图 2.35 展示的水平井造斜段和稳斜段则很重要。一般建议永久性屏障尽可能靠近盖层并穿过合适地层。造斜段和稳斜段部分的高角度带来了一些严重的挑战，在高倾斜角（超过 65°）进行电缆作业、井眼清洁和水泥柱塞放置等操作挑战较大，还会影响作业时间和作业风险。

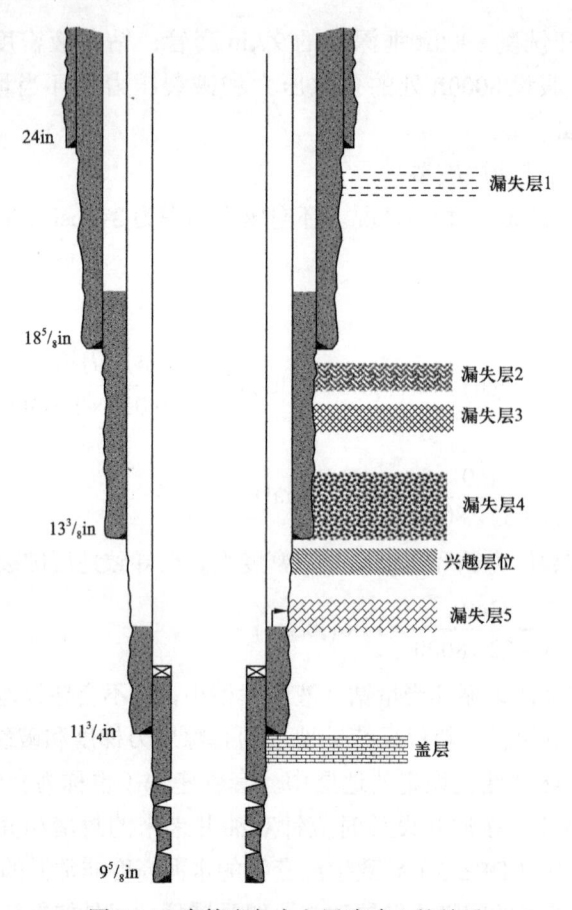

图 2.34　套管座与永久屏障建立的关系

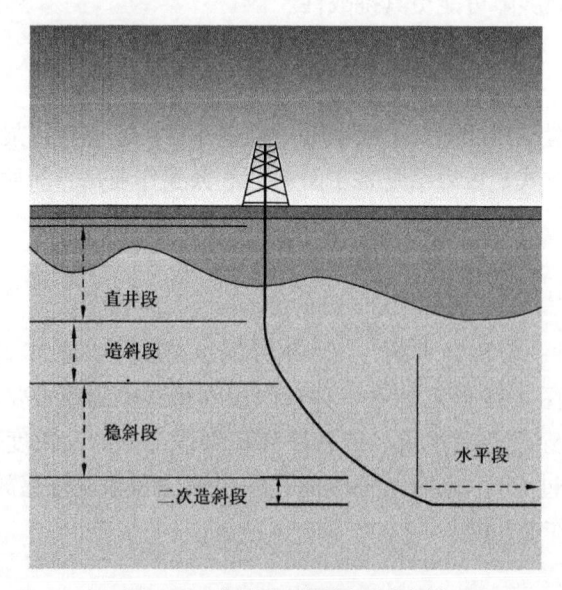

图 2.35　水平井不同剖面示意图

2.9.5 高压高温井

多年来，各大公司对高压高温（HPHT）井的定义各不相同，也没有行业标准定义高压高温条件。美国石油学会（API）发布的高压高温作业中使用的设备指南中曾对高压高温术语进行了定义。根据 API 技术报告 1PER15K-1，压力高于 15000psi 的井被定义为高压井；温度高于 350°F 的井被定义为高温井[35]。然而，NORSOK D-010[1]将关井压力超过 10000psi 的井定义为高压井，当井底静态温度高于 300°F 时将井定义为高温井。图 2.36 展示了一种高温高压系统划分方法。由于高压高温条件的独特性，因此在封堵和弃置的设计和操作阶段应特别考虑。

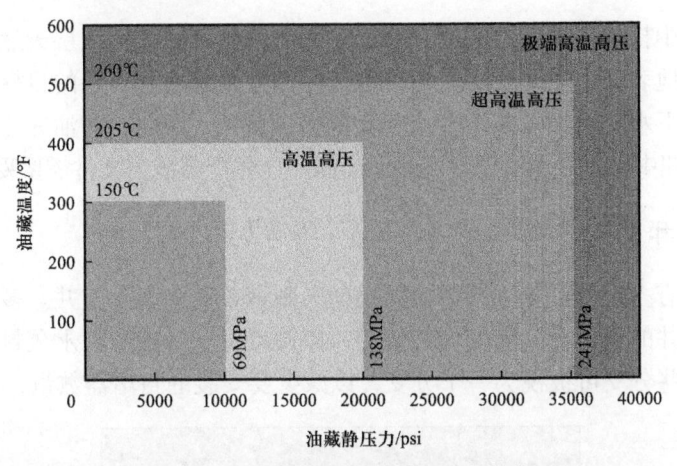

图 2.36 一种高压高温分类系统[36]

通常高压条件要求使用更大的防喷器。由于海上油井的空间和处理能力有限，更大的防喷器意味着井口上的疲劳应力更大，并且对防喷器进行功能测试需要更多时间。此外，高压井需要大幅增加钻井液密度来控制地层压力；然而，静水压力可能会接近破裂压力。

对于高温工况，弃井设计时需要考虑钻井液热膨胀对冲击耐受性的影响、高温对设备性能的影响以及合适范围内的封堵材料。

高压和高温同时存在更具挑战性。在避免压裂地层的同时获得足够的静水压力是处理高压高温工况的钻井液工程师面临的挑战。在磨铣段、高温和严重枯竭的油藏中，井筒不稳定性是另一个需要考虑的挑战。建立断面屏障（图 2.43）可能需要断面铣削，在压力衰竭的高温储层中，由于多孔介质的热弹性变化，存在井筒失稳的风险，随后导致钻井液密度窗口变窄。由于孔隙压力损耗、井筒温度降低、钻井液渗透等造成的破裂压力梯度降低和钻井液流失是开采程度高的高温油藏封堵和弃置过程中的极大挑战[37]。

在高温高压和深水条件下，在静态期间从循环条件到地热梯度条件的转变过程中可以看到相当大的温度变化。通常，随着冷的钻井液被泵入钻柱，井眼的铣削层段会经历冷却过程。当温度较高的钻井液向上循环时，井筒上部会受到加热，特别是在井眼清洁过程中。当循环停止时，温度剖面将通过热传导回到地热条件，随后加热铣削层段的钻井液并冷却井筒上部的钻井液。静态条件下井筒下部和上部钻井液的加热和冷却相互抵消。如果加热过程在井筒条件下占主导地位,则钻井液会经历热膨胀,并且将观察到钻井液坑中的液体增加。因此,需要格外注意钻井液柱的静水压力下降和井控。

高温高压井的水泥塞放置需要更高的水泥密度,并且这种情况会要求更高的环空当量密度,因此需选用低泵送速度。由于低泵送速度可能会改变流态(即从湍流到层流),钻井液置换效率低下。此外,低泵送速度要求浆料设计有更长的增稠时间,这需要更多的化学品作为高温条件下的缓凝剂,因为高温会加速水合过程。根据经验,使用的缓凝剂越多,对水泥性能的副作用就越大[38-39]。因此,高温高压井在弃置设计中需要特别考虑。

2.9.6 浅层渗透区

在弃置过程中持续评估盖层封闭产层的能力。浅层资源包括浅层天然气、煤层气和含水层。尽管保护地表环境免受弃置井造成的任何污染是封堵和弃置的目标,但保护饮用水源(地表水和地下水)增加了永久封堵和弃置的重要性。因此,在油井(钻井)封堵和弃置的初始生命周期中识别浅层资源潜力是必要的。这些资源潜力文件需要妥善保存和评估。

2.9.7 多分支井

如果一口井有多个分支从主井眼向外辐射,则该井称为多分支井。多分支井是水平井的演变。多分支井的永久弃置需要详细研究,以设计每个分支所需永久封堵器的数量。如果可能的话,一些分支可被视为一个分支,以减少要安装的封堵器数量,如图 2.37 所示。

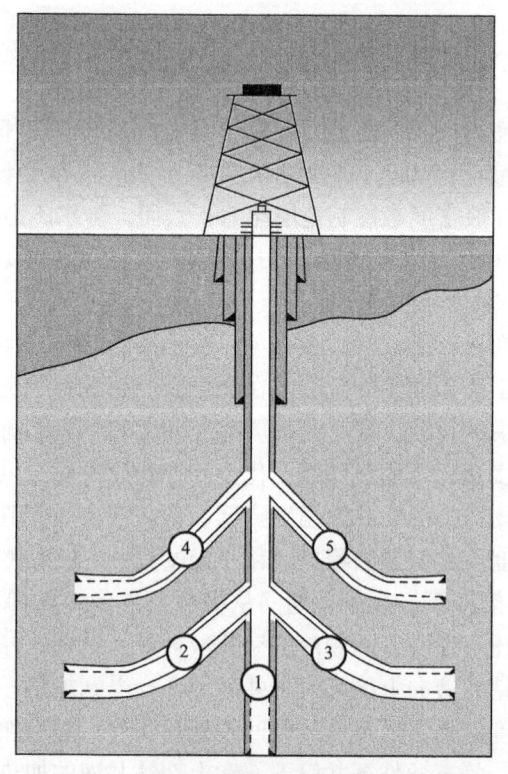

图 2.37 套管固井的主井眼及裸眼分支井眼

2.9.8　侧钻井井眼重入

一些监管机构要求，在侧钻井或井眼重入之前，将原始井眼永久封堵和弃置（图 2.38）。根据压力状态、地层强度和地层之间的可用窗口，永久屏障可以是流动屏障或一级和二级永久屏障。然而，如果在侧钻时永久弃置原始井眼不可行，则前期需要设计和建立一级和二级临时屏障。在弃置设计期间，所有这些原始井眼都需要预先绘制。

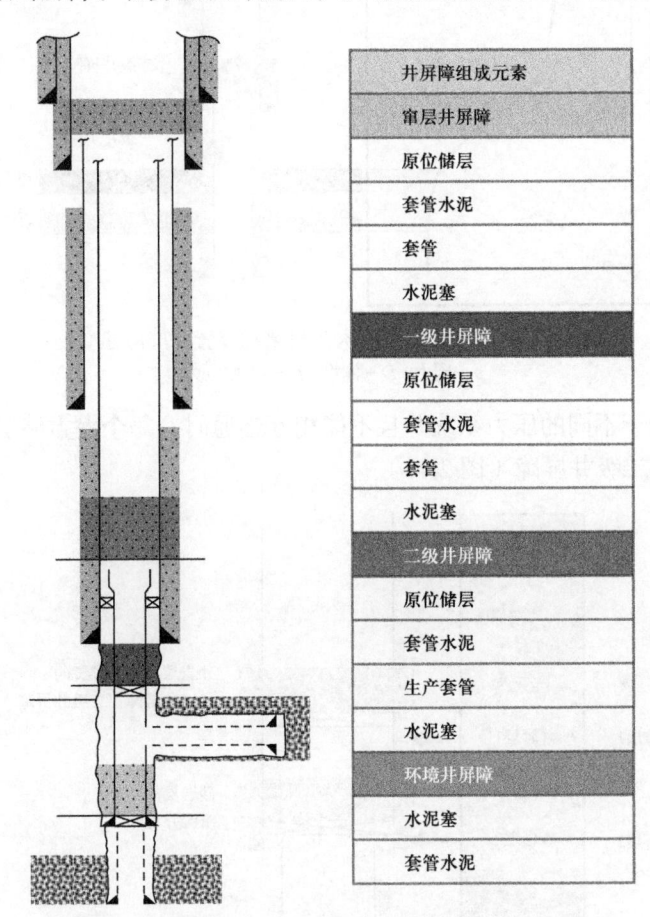

图 2.38　永久封堵和弃置作业带开槽衬管的多井眼

2.9.9　多层油气藏

位于同一压力范围内的多个储层可视为一个油气藏。在这种情况下，一级和二级永久屏障建立在上层潜力储层之上（图 2.39）。如果潜力储层处于相同的压力系统但不会互相窜流，则可以在潜力储层之间建立井屏障（图 2.40）。在这种情况下，流动屏障可被视为储层 2 的一级井屏障，而储层 3 的主要永久屏障被视为储层 2 的二级永久屏障（图 2.40）。在这种情况下，储层 2 具有包括流动屏障在内的三个屏障。处于相同的压力系统和连通流动的不同潜力储层的永久水泥塞的组合可以节省时间并降低成本。但是，需要对长期影响进行风险分析。

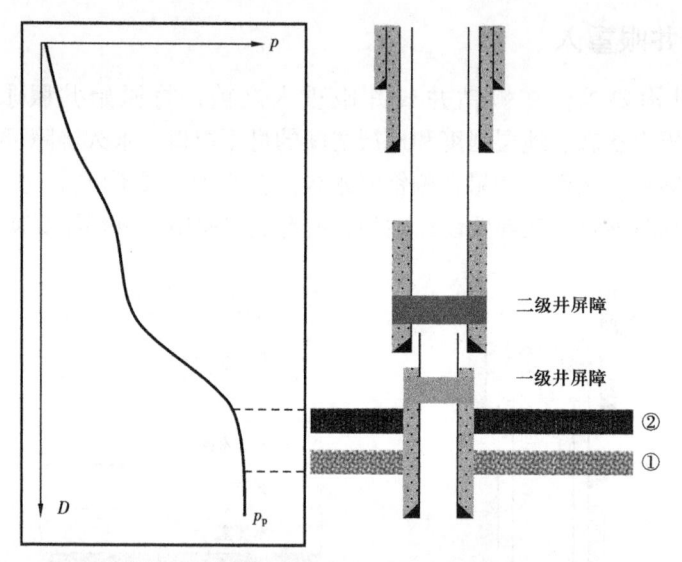

图 2.39　同压区多储层永久封堵和弃置井屏障建立
p—压力；D—深度；p_p—孔隙压力

当潜力储层处于不同的压力系统并且不能相互连通时，每个潜力储层都由两个屏障保护：一级井屏障和二级井屏障（图 2.40）。

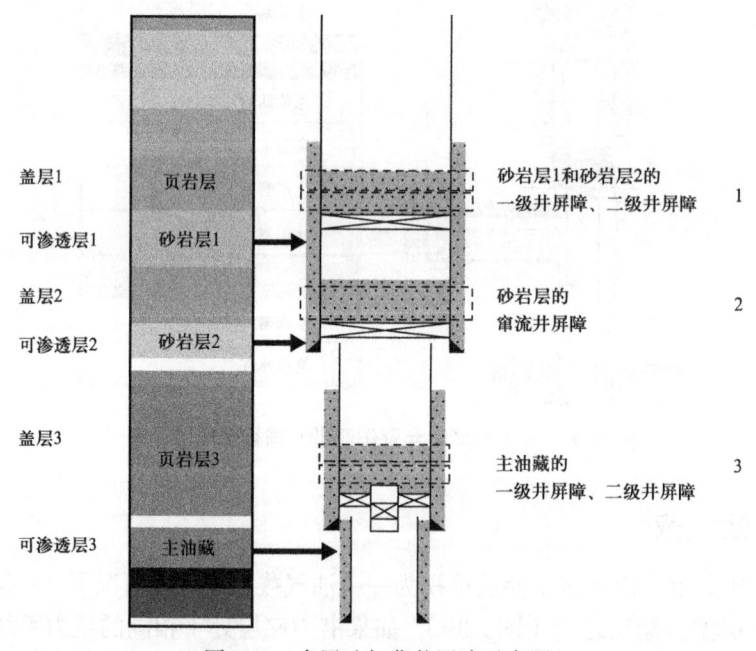

图 2.40　多层油气藏井屏障示意图

2.9.10　割缝衬管

筛管或割缝衬管用于与套管壁或裸眼之间的环形空间中充填砾石砂等（图 2.41）。

带有筛管或割缝衬管的储层应在筛管或割缝衬管上方进行封堵。原因之一是筛管或割缝衬管可以充当堵塞材料的过滤器。如果泵送穿过筛管的水泥浆，筛网充当过滤器会使水泥水化无法完成，导致水泥塞的化学和物理性能不佳。

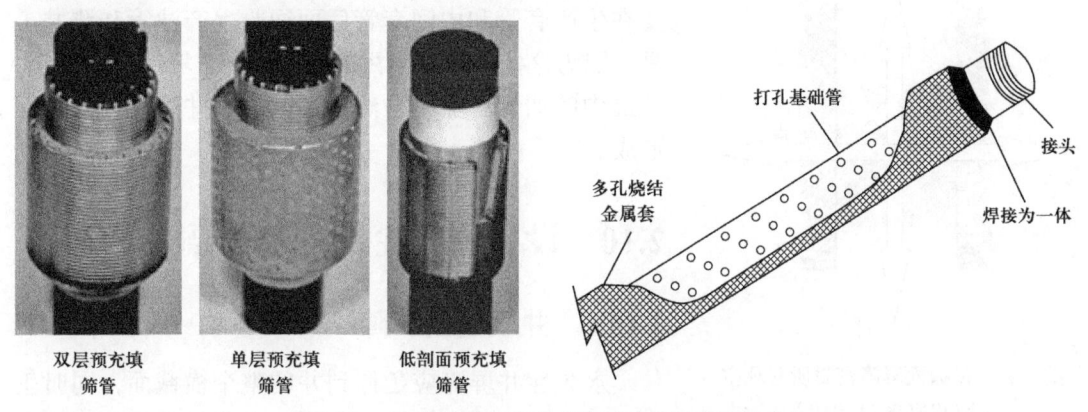

图 2.41 预装筛网的类型（由贝克休斯公司提供）

2.9.11 流入控制装置

流入控制装置（ICD）是一种地面控制装置，它作为完井的一部分安装，通过减少水的流入来优化生产。通常，在完井过程中会沿井的水平段安装多个流入控制装置。

流入控制装置经常与防砂筛管和裸眼完井一起使用。流入控制装置允许受控流体流入但阻止流出（图 2.42）。因此，通过流入控制装置泵送水泥浆是一项挑战。

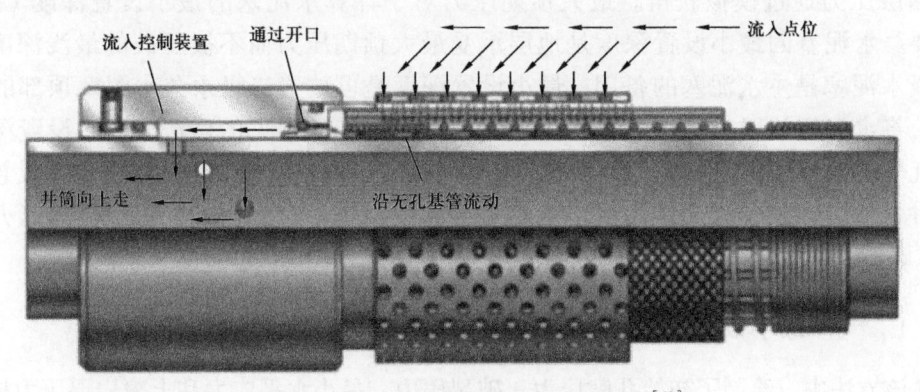

图 2.42 典型流入控制装置的流动路径[40]

2.9.12 油管留在井眼中

回收生产油管是一项耗时且昂贵的作业。因此，将油管留在井眼中通常是一种理想的选择。如果生产油管状况良好，可作为固井工作管柱使用，但应分析工作管柱的机械强度[32]。

2.9.13 盖层中的油气

识别盖层中的所有流入源并进行风险分析至关重要，在必要时可建立屏障。由于旧

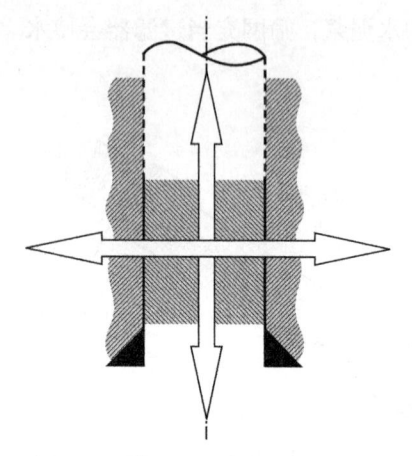

图 2.43 横截面屏障密封所有环空
（NORSOK D-010）

数据的不确定性，有必要使用在同一储层或油田近期钻探的井获得的数据，以确定浅层的流入源。可能需要在生产套管和中间套管后面回收生产油管和测井工具，因为这些流入源会污染地下水、土壤或海洋环境。盖层中的油气可能是自然存在或由于井完整性问题而形成。

2.10 设计永久性井屏障的要求

2.10.1 井横断面屏障

永久性井屏障应延伸到井的整个横截面，同时垂直和水平密封所有环空（图2.43）。它被放置在一个合适的地层，具有足够强度以阻绝流入源的最大预期压力。屏障有不同的名称，例如横截面屏障或地层—地层屏障。

2.10.2 水泥塞设置深度——地层完整性

与永久水泥塞相邻的地层应能够承受来自流入源的最大预期压力。最大预期压力是强含水层储层的原始储层压力或者低于原始储层压力的最终估计压力。估计的最终储层压力通过模拟获得。最大预期压力对于计算水泥塞的最小设置深度（MSD）很重要。水泥塞的最小设置深度是地层承受最大预期压力而不被压破的最浅深度。由于二级水泥塞是主水泥塞的备用，最小设置深度是可放置二级永久水泥塞顶部的最浅深度。将水泥塞放置在尽可能靠近流入源的位置是一种常见的做法。最小设置深度是通过气体压力梯度或流体压力梯度概念来估计的。压力梯度曲线法是寻找最小设置深度的一种快速可靠的估计方法，但当有多个泄漏数据可用时，也可以使用流体压力梯度概念。

2.10.2.1 气体最小设置深度——压力梯度曲线

在该方法中，绘制了初始孔隙压力、破裂压力、最小水平应力和上覆岩层压力梯度曲线。然后，以储层压力向地表绘制一条气体柱压力梯度曲线。为了绘制气体柱压力梯度曲线，需要知道最终的储层压力，然后减去气柱的静水压力。充满气体的封闭井曲线与最小水平应力梯度曲线的交点是最小设置深度（图2.44）。最终压力的选择是一个关键的决定，选择较低的值会使气柱压力梯度曲线向左移动，因此最小设置深度将更接近地表。然而，当储层压力上升时，与水泥塞相邻的地层无法承受压力，随后破裂。选择较高的储层压力会使气体柱压力梯度曲线向右移动，最小设置深度将远离地表。所以用于放置水泥塞的适当间隔的压力梯度窗口是有限的。

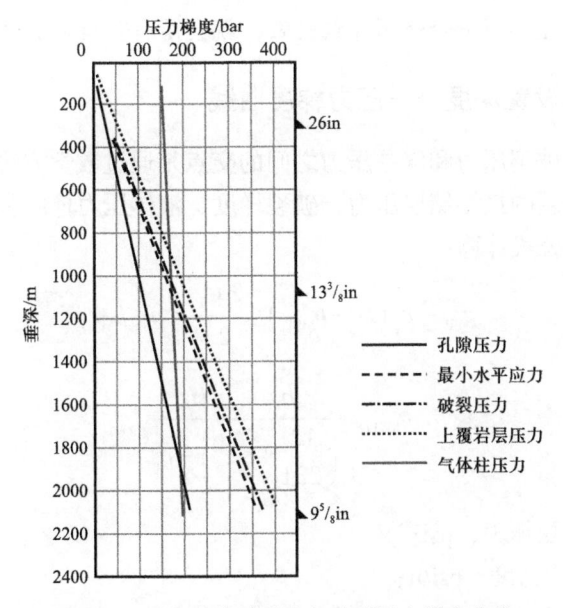

图 2.44 平台井孔隙压力与破裂压力梯度曲线

[**例 2.3**] 图 2.45 所示为一口井的压力梯度曲线。根据给定的信息估计水泥塞的最小设置深度并建议水泥塞放置的间隔。

解决方案：应绘制气体柱压力梯度曲线并将其扩展到上覆岩层压力。气体柱压力梯度曲线与最小水平应力曲线的交点即为二级水泥塞的最小设置深度。这意味着二级井屏障的顶部可以达到阻止流动的深度。但是，建议在尽可能靠近流入源的位置安装一级和二级永久性屏障。

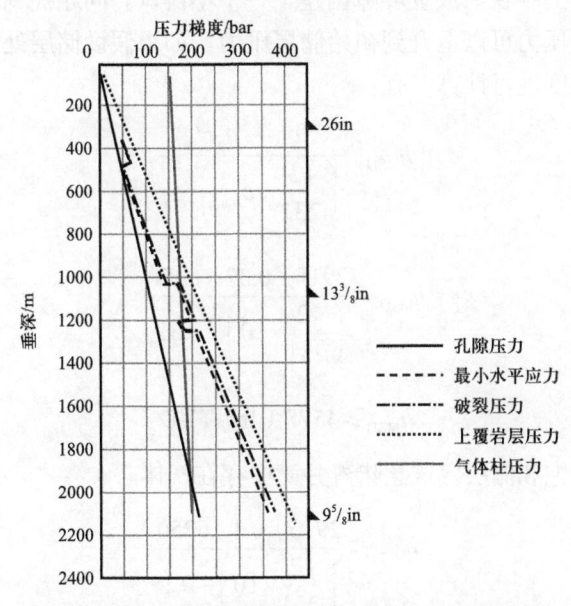

图 2.45 例 2.3 某井孔隙压力—破裂压力梯度曲线

这样如果因永久性屏障不合格而导致失效，就会留有安装新屏障的窗口。

2.10.2.2 液体最小设置深度——压力梯度曲线

在这种方法中，破裂压力和气柱压力之间的交点是通过数学方法获得的。最小设置深度是未知参数，而储层的最终储层压力、破裂梯度、液体压力梯度和垂深是已知参数。最小设置深度可按以下公式计算：

$$p_{FP} - p_g(H - h_{MSD}) \leqslant \frac{12}{231} \times p_{frac} h_{MSD} \qquad (2.5)$$

$$h_{MSD} \geqslant \frac{p_{FP} - p_g H}{\left(\dfrac{12}{231} \times p_{frac}\right) - p_g} \qquad (2.6)$$

式中 p_{FP}——最终储层压力，psi；

p_g——气体压力梯度，psi/ft；

H——储层垂深，ft；

h_{MSD}——最小设置深度，ft；

p_{frac}——破裂压力梯度，psi/ft❶。

［例 2.4］1999 年在挪威大陆架钻了一口平台井，初始储层压力为 2915psi。该井是一个产油井，液体压力梯度为 0.32psi/ft。储层由强含水层支撑，当前储层压力为 2755psi。泄漏测试的平均破裂压力梯度估计为 10.0lbf/gal。生产套管鞋放置在 6050ft 处，盖层厚度为 200ft TVD。计算一级和二级井屏障的最小设置深度。假设气体压力梯度为 0.1psi/ft。

解决方案：气体的存在为放置屏障创建了一个小窗口。问题提到储层由活跃的含水层支撑，这意味着储层压力可以上升到初始储层压力。如果假设储层处于饱和状态，则存在油并且使用油压力梯度进行计算，有：

$$h_{MSD} \geqslant \frac{p_{FP} - p_g H}{\left(\dfrac{12}{231} \times p_{frac}\right) - p_g}$$

$$h_{MSD} \geqslant \frac{2915 - 0.32 \times 6250}{\left(\dfrac{12}{231} \times 10\right) - 0.32}$$

$$h_{MSD} \geqslant 4575\,(\text{ft})\ \text{TVD}$$

现在考虑储层是饱和储层，这意味着井筒中存在气体。

$$h_{MSD} \geqslant \frac{2915 - 0.1 \times 6250}{\left(\dfrac{12}{231} \times 10\right) - 0.1}$$

---

❶ 原书为 ppg，原书有误。——译者著

$$h_{\text{MSD}} \geqslant 5452\,(\text{ft})\,\text{TVD}$$

这意味着安装一级和二级井屏障的窗口更小。

参 考 文 献

[1] NORSOK Standard D-010. 2013. *Well integrity in drilling and well operations*. Standards Norway.

[2] Anders, J., B. Mofley, and S. Nicol, et al. 2015. Implementation of well barrier schematic workflows. In *SPE digital energy conference and exhibition*. SPE-173433-MS, The Woodlands, Texas, USA: Society of Petroleum Engineers. https: //doi.org/10.2118/173433-MS.

[3] Bellarby, J. 2009. *Well completion design*. Elsevier.

[4] Aggelen, A.V. 2016. Functional barrier model—A structured approach to barrier analysis. In *SPE international conference and exhibition on health, safety, security, environment, and social responsibility*. SPE-179214-MS. Stavanger, Norway: Society of Petroleum Engineers. https: // doi.org/10.2118/ 179214-MS.

[5] Oil & Gas UK. 2012. *Guidelines for the suspension and abandonment of wells*. Oil & Gas UK, United Kingdom.

[6] ISO Standard. 2008. *Petroleum and natural gas industries: Downhole equipment: packers and bridge plugs*. Norge Standard.

[7] Gee, N., S. Brown, and C. McHardy. 1993. The development and application of a slickline retrievable bridge plug. In *Offshore Europe*. SPE-26742-MS. Aberdeen, United Kingdom: Society of Petroleum Engineers. https: //doi.org/10.2118/26742-MS.

[8] Fjagesund, T. 2015. Technology update: Using schematics for managing well barriers. *Journal of Petroleum Technology*, SPE-0915-0034-JPT. https: //doi.org/10.2118/0915-0034-JPT.

[9] Alberty, M.W., and M.R. McLean. 2001. Fracture gradients in depleted reservoirs—Drilling wells in late reservoir life. In *SPE/IADC drilling conference*. SPE-67740-MS. Amsterdam, Netherlands: Society of Petroleum Engineers. https: //doi.org/10.2118/67740-MS.

[10] Nelson, E.B., and D. Guillot. 2006. *Well Cementing*. second ed. Sugar Land, Texas: Schlumberger. ISBN-13: 978-097885300-6.

[11] Smith, P.S., C.C. Clement, Jr., and A.M. Rojas. 2000. Combined scale removal and scale inhibition treatments. In *International symposium on oilfield scale*. SPE-60222-MS, Aberdeen, United Kingdom: Society of Petroleum Engineers. https: //doi.org/10.2118/60222-MS.

[12] Yan, F., N. Bhandari, and F. Zhang, et al. 2016. Scale formation and control under turbulent conditions. In *SPE International oilfield scale conference and exhibition*. SPE-179863-MS, Aberdeen, Scotland, UK: Society of Petroleum Engineers. https: //doi.org/10.2118/179863-MS.

[13] Sanchez, Y., E.C. Neira, and D. Reyes, et al. 2009. Nonacid solution for mineral scale removal in downhole conditions. In *Offshore technology conference (OTC)*. OTC-20167-MS, Texas: Offshore Technology Conference. http: //dx.doi.org/10.4043/20167-MS.

[14] Wu, J., and M. Zhang. 2005. Casing burst strength after casing wear. In *SPE production operations symposium*. SPE-94304-MS, Oklahoma City, Oklahoma: Society of Petroleum Engineers. https: //doi.org/10.2118/94304-MS.

[15] Ning, J., Y. Zheng, and D. Young, et al. 2013. A thermodynamic study of hydrogen sulfide corrosion of mild steel. In *NACE international*. NACE-2462, Florida, USA: NACE International.

[16] Crolet, J.-L. 1983. *Acid corrosion in wells*(CO$_2$, H$_2$S): *Metallurgical aspects*. SPE-10045-PA. http://dx.doi.org/10.2118/10045-PA.

[17] Browning, D.R. 1984. CO$_2$ Corrosion in the Anadarko Basin. In *SPE deep drilling and production symposium*. SPE-12608-MS, Amarillo, Texas: Society of Petroleum Engineers. http://dx.doi.org/10.2118/12608-MS.

[18] Torbergsen, H.E., and H.B., Haga, and S. Sangesland, et al. 2012. *An introduction to well integrity*. Norskoljeoggass.

[19] Asian, S., and A. Firoozabadi. 2014. Deposition, stabilization, and removal of asphaltenes in flowlines. In *Abu Dhabi international petroleum exhibition and conference*. SPE-172049-MS, Abu Dhabi, UAE: Society of Petroleum Engineers. http://dx.doi.org/10.2118/172049-MS.

[20] Salahshoor, K., S. Zakeri, S. Mahdavi, et al. 2013. Asphaltene deposition prediction using adaptive neuro-fuzzy models based on laboratory measurements. *Fluid Phase Equilibria* 337: 89-99. https://doi.org/10.1016/j.fluid.2012.09.031.

[21] Frost, K.A., R.D. Daussin, and M.S. Van Domelen. 2008. New, highly effective asphaltene removal system with favorable HSE characteristics. In *SPE international symposium and exhibition on formation damage control*. SPE-112420-MS, Lafayette, Louisiana, USA: Society of Petroleum Engineers. http://dx.doi.org/10.2118/112420-MS.

[22] Guo, B., and A. Ghalambor. 2005. Chapter 12—Special problems. In *Natural gas engineering handbook*(Second Edition). 263-316. Gulf Publishing Company. 978-1-933762-41-8.

[23] Bybee, K. 2007. A risk-based approach to waste-containment assurance. *Journal of Petroleum Technology* 59(02). https://doi.org/10.2118/0207-0057-JPT.

[24] Guo, Q., T.Geehan, and K.W. Ullyott. 2006. Formation damage and its impact on cuttings injection well performance: A risk-based approach on waste-containment assurance. In *SPE international symposium and exhibition on formation damage control*. SPE-98202-MS, Lafayette, Louisiana, USA: Society of Petroleum Engineers. https://doi.org/10.2118/98202-MS.

[25] Schultz, R.A., L.E. Summers, K.W. Lynch, et al. 2014. Subsurface containment assurance program—Key element overview and best practice examples. In *Offshore technology conference- Asia*. OTC-24851-MS, Kuala Lumpur, Malaysia: Offshore Technology Conference. https://doi.org/10.4043/24851-MS.

[26] Moeinikia, F., K.K. Fjelde, A. Saasen, et al. 2015. A probabilistic methodology to evaluate the cost efficiency of rigless technology for subsea multiwell abandonment. *SPE Production & Operations* 30(04): 270-282. https://doi.org/10.2118/167923-PA.

[27] Gergerechi, A. 2017. *Report of the investigation of the well control incident in well 31/2-G-4 BY1H/BY2H on the Troll field with the Songa Endurance drilling unit*. Petroleum Safety Authority. http://www.ptil.no/getfile.php/1343478/Tilsyn%20p%C3%A5%20nettet/ Granskinger/2016_1154_eng%20Granskingsrapport%20Songa%20Endurance%281%29.pdf.

[28] API Specification 6A. 1996. *Specification for wellhead and Christmas tree equipment*. American Petroleum Institute: Washington, DC.

[29] Kaculi, J.T., and B.J. Witwer. 2014. Subsea wellhead system verification analysis and validation testing. In Offshore technology conference. OTC-25163-MS, Houston, Texas: Offshore Technology Conference. https://doi.org/10.4043/25163-MS.

[30] Henderson, D., and D. Hainsworth. 2014. Elgin G4 gas release: What happened and the lessons to prevent recurrence. In The SPE international conference on health, safety, and environment. SPE-168478-MS, Long Beach, California, USA: Society of Petroleum Engineers. https://doi.org/10.2118/168478-MS.

[31] Reinås, L. 2012. Wellhead fatigue analysis: Surface casing cement boundary condition for subsea wellhead fatigue analytical models. In *Department of petroleum engineering*.University of Stavanger: Stavanger, Norway.

[32] Aas, B., J. Sørbø, and S. Stokka. et al. 2016. Cement placement with tubing left in hole during plug and abandonment operations. In *IADC/SPE drilling conference and exhibition*. SPE-178840-MS, Texas, USA: Society of Petroleum Engineers. https://doi.org/10.2118/178840-ms.

[33] Iversen, M. and J.A. Ege. 2000. Plugging of a downhole control line. In *Offshore technology conference*. OTC-11929-MS, Houston, Texas: Offshore Technology Conference. https://doi.org/10.4043/11929-ms.

[34] The university of Texas at Austin. 1997. *A dictionary for the petroleum industry*. University of Texas at Austin Petroleum: USA.

[35] API TR 1PER15K-1. 2013. *Protocol for verification and validation of high-pressure hightemperature equipment*. Washington.

[36] DeBruijin, G., C. Skeates, and R. Greenaway, et al. 2008. High-Pressure, high-temperature technologies. In *Oilfield review*. France: Schlumberger.

[37] Baohua, Y., Y. Chuanliang, T. Qiang, et al. 2013. Wellbore stability in high temperature and highly-depleted reservoir. *Electronic Journal of Geotechnical Engineering* 18: 909-922.

[38] Frittella, F., M. Babbo, and A.I. Muffo. 2009. Best practices and lesson learned from 15 years of experience of cementing HPHT wells in Italy. In *Middle east drilling technology conference & exhibition*. SPE-125175-MS, Manama, Bahrain: Society of Petroleum Engineers. https://doi.org/10.2118/125175-MS.

[39] Gjonnes, M., and I.G. Myhre. 2005. High angle HPHT wells. In *SPE Latin American and Caribbean petroleum engineering conference*. SPE-95478-MS, Rio de Janeiro, Brazil: Society of Petroleum Engineers. https://doi.org/10.2118/95478-MS.

[40] Denney, D. 2010. Analysis of inflow-control devices. *Journal of Petroleum Technology* 62 (05): 52-54. https://doi.org/10.2118/0510-0052-JPT.

开放获取

本章根据知识共享署名4.0国际许可协议（http://creativecommons.org/licenses/by/4.0/）进行授权，允许以任何媒介或格式使用、分享、改编、发布和复制，只要您适当地注明原始作者和来源，提供知识共享许可协议的链接，并指出是否进行了修改。

本章中的图像或其他第三方材料均包含在本章的知识共享许可协议中，除非在材料的版权说明中另有说明。如果您使用的材料不包含在本章的知识共享许可协议中，这是不被法律许可，也超出了允许的使用范围，您需要直接获得版权持有人的许可。

第 3 章 永久封堵屏障材料性能要求

波特兰水泥目前是石油工业用于区域隔离和永久弃井的主要屏障用材料。此外还需要考虑其他可替代的封堵材料。因此，需要考虑其他新的任何可替代封堵材料的功能要求、操作条件和鉴定程序。

3.1 永久性屏障材料要求

为了使井屏障符合预期用途，需要定义一些要求。这些要求称为井屏障验收标准（Well Barrier Acceptance Criteria），包括井屏障功能和验证要求[1]。永久性屏障材料主要功能特性[1-2]：

（1）极低的渗透性或不渗透；
（2）在井下长期耐用性；
（3）抗缩性；
（4）延展性好或非脆性；
（5）对井下流体和气体的耐受性；
（6）与套管和地层充分粘结。

3.2 永久性井屏障元件功能要求

永久性井屏障元件必须满足许多功能要求，包括密封能力、粘结性、井下可放置性、耐用性和可修复性。本节将更详细讨论这些要求。

3.2.1 密封能力

永久性屏障主要功能是密封并防止流体移动。材料的密封性是其渗透性和粘合强度的函数。然而，抗渗性的定义是一个有争议的话题，因为大多数（如果不是全部）材料对某些元素具有一定程度的渗透性。例如，盖层的渗透率在 $10^{-6} \sim 10^{-3}$ mD 范围内。这意味着，在永久性油井屏障材料的情况下，油井内的流体即使流速很低最终也要渗透通过屏障。表 3.1 显示了某些材料的渗透性。

流体必须进入屏障并突破屏障才能发生泄漏。有效密封的基本要求是密封材料的入口压力应高于下方地层中流体的毛细管作用力。密封材料入口压力，即密封容量，是地层流体压力超过毛细管入口阈值时的毛细管压力。流体会泄漏到屏障孔隙空间中，主要取决于屏障和流体参数。屏障参数包括连通孔喉的尺寸分布。流体参数包括当前流体类型（例如水、油或气体)、流体密度和流体的界面张力(IFT)。

毛细管入口压力由式(3.1)定义[5]:

$$p_c = \frac{2\sigma(\cos\theta)}{r} \quad (3.1)$$

式中 p_c——毛细管入口压力,dyn/cm²;
　　σ——界面张力,dyn/cm;
　　θ——水与孔隙表面的接触角,(°);
　　r——孔隙半径,cm❶。

毛细管入口压力,也称为密封能力,可能被定义为阻止流体渗透井屏障元件的一种手段。在毛细管入口压力的影响因素中,接触角和孔隙半径易于随时间改变。在水作为进入流体的情况下,只有当井屏障元件与水之间的接触角大于90°时,流体压力才超过毛细管入口压力。

表 3.1　某些材料的渗透性[3]

材料	渗透率/mD
波特兰水泥(纯 G 级)[4]①	10^{-2}
泥岩	$10^{-5}\sim10^{-3}$
花岗岩	$10^{-4}\sim10^{-3}$
岩盐	$10^{-9}\sim10^{-7}$
硬石膏	$10^{-7}\sim10^{-5}$

①尽管波特兰水泥(纯 G 级)渗透性最大,但用水泥抗渗添加剂会显著降低渗透性。

3.2.1.1　毛细管压力

由于孔隙结构复杂,无法通过式(3.1)计算多孔介质的毛细管压力。因此产生了实验室测量,它是最可靠的毛细管压力测量方法,包括水银法、隔板法、离心法等。

(1)水银法。为了实验方便,通常采用空气—水银系统进行毛细管压力测量。该方法是将干燥样品放在试管内,然后将试管抽真空。之后,将水银注入试管中,测量在压力增加时进入样品的汞体积。为了施加适当的覆盖层压力,可以将圆柱形试样放置在限制套管内,然后施加覆盖层。图3.1显示了水银法简化示意图。

通过测量评估井屏障元件驱替压力,通过毛细管压力来评估井屏障元件的密封能力。但是,这种方法存在一些缺点:它是一种破坏性试验,它是在干燥的试样上进行的,没有流体—表面相互作用,它可能会导致岩样表层矿物堆积坍塌。此外,与水银相关的HSE问题也是一个挑战。该技术的优点是速度快,在没有覆盖层压力影响的情况下,可以用不规则试样[6]。

---

❶ 原书为 μm,原书有误。——译者著

（2）隔板法。该方法可以非常精确地测量毛细管压力函数关系。该方法是将圆柱形试样用水浸透，在充满气体的试管中，然后将岩样一段压在多孔板上，使其充分接触，多孔板也被水浸透。为了增加多孔板和试样之间的接触，通常在它们之间放置潮湿的组织。随着上方气体注入增加，迫使气体将水从样品中驱出。在这一过程中，多孔板的高驱替压力允许样品中的盐水通过，但阻止了气体的流动。每隔一段时间取出岩样并称重，直到达到重量平衡。每个驱替步骤达到平衡[7]可能需要相当长的时间，通常是一周或更长时间。隔板法示意图如图 3.2 所示。

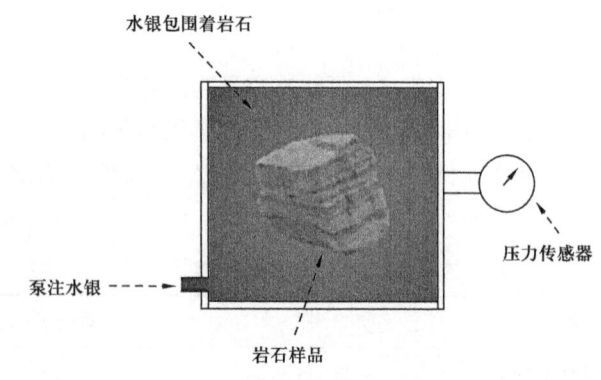

图 3.1　水银法简化示意图

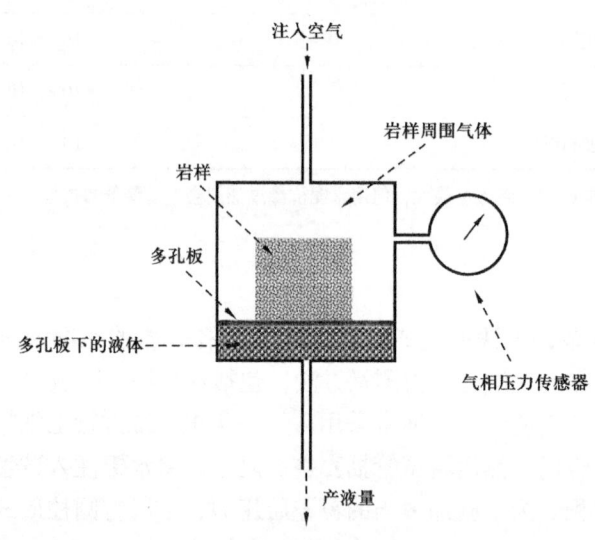

图 3.2　隔板法示意图
气体和水之间的压差不得超过多孔板的临界压力

（3）离心法。离心法相比隔板法更有优势，测量所需时间更短。但是，其测量速度慢于水银法。该方法是将岩样在水中浸泡后置于离心机中，然后，离心机逐步增加旋转速率，离心力迫使岩样中水分离出来，用气体驱替水。排出的水会被排水系统收集起来，在每个旋转速率下，岩样中的平均水饱和度可根据累积水的体积和岩样的多孔体积计算[8]。每个旋转速率下的毛细管压力分布情况，由式（3.2）给出[9]：

$$p_c(r) = \frac{1}{2}\Delta\rho\omega^2\left(r_e^2 - r^2\right) \tag{3.2}$$

式中 r_e——从旋转中心到岩样上表面的半径；

r——到岩样中任意一点的径向距离；

ω——旋转速率，rad/s；

ρ——置换流体之间的密度差。

表 3.2 储层和盖层的流体流动性质[10]

性质	储层	盖层
孔隙度	0.125	0.05
渗透率 /mD	2.028	1.11×10^{-3}
束缚水饱和度	0.3	0.66
入口毛细管压力 /psi	0	39
最大毛细管压力 /psi	145	924

3.2.1.2 渗透率

渗透性是材料的一种特性，代表材料允许流体通过的能力。井屏障元件渗透率是控制地层流体运移和泄漏速率的能力。1856 年，亨利·达西（Henry Darcy）第一次在数学上定义了岩石的渗透率[5]，将可测量定义渗透率的方程称为达西定律（Darcy's Law）。达西定律表明，渗透率 K 与流量 q、介质长度 L 和流体黏度 μ 成正比，与横截面积 A 和介质压差 Δp 成反比，即：

$$K = -\frac{q\mu L}{A\Delta p}[\text{m}^2] \tag{3.3}$$

当流体黏度为 1cP、压力梯度为 1psi/cm 的流体以 1cm³/s 流量流过 1cm² 横截面积时，渗透率数值为 1。为了纪念亨利·达西，渗透率的单位被指定为达西（D）。达西（D）是相对较大的渗透率单位，因为大多数储层岩石的渗透率都小于 1D。因此，通常使用毫达西（mD），其中 1mD=10^{-3}D[5]。表 3.2 给出了碳酸盐岩储层和页岩盖层流体流动性质。

3.2.1.3 封堵材料防止流体侵入的验收标准

永久性封堵和弃置的目的是在合适地层上通过放置封堵材料来恢复井筒盖层或其功能。尽管合格的封堵材料定义仍需要讨论，将盖层岩石的特性作为选择或设计任何封堵材料的验收标准是合理的。这种适应性也适用于任何封堵材料的渗透特性，因为所有材料都具有一定程度的渗透性。

3.2.2 粘结性

封堵材料是为了保持储层原状,并阻止流体迁移,因此封堵材料与地层、钢材要具有足够的粘结强度和水力学粘结强度。对于层间隔离,水力粘结通常比粘结强度更重要。

粘结强度失效,即脱粘,可能发生在两种不同的载荷情况下:剪切载荷和拉伸载荷。这些载荷由热循环、水力、材料体积变化、构造应力或这些因素的组合引起[11-13]。体积变化可能是由于收缩造成的,可能发生在固化过程中,也可能发生在井下条件变化后。堵塞材料的收缩可在堵塞材料与钢材或地层之间的粘结上施加足够的拉伸应力,以损害其粘结。另外一种情况是封堵材料放置在套管中,套管膨胀会导致粘结拉伸破坏。当储层开始在封堵材料下积聚压力时,可能会导致套管膨胀,从而发生脱粘。套管膨胀脱粘主要发生在大尺寸套管[2]中。

由储层压力升高引起的封堵材料和套管的收缩或膨胀,以及套管与封堵材料界面相互作用,都可能导致水力粘结强度失效[14]。

为提高对封堵材料粘结能力认识,对其粘结性能、粘结强度和水力粘结进行了研究。1962年,Evans和Carter[15]发表了他们对油井水泥在封闭压力影响下的剪切粘结强度和水力学粘结强度的研究结果,包括关井压力,新磨铣后和未涂覆的管道(钢丝刷、生锈和喷砂),干燥的管道表面以及被水基或油基钻井液浸湿的管道表面的影响。考虑上述因素影响,对确定封堵材料的粘结强度和水力粘结十分必要。

3.2.2.1 管道的剪切粘结强度

剪切粘结强度定义了在井筒中机械支撑管道的粘结,并通过测量在密封材料内启动管道运动所需的力来确定(图3.3)。这个力是平行于接触面施加的[16]。这个力除以堵漏材料与套管之间的接触面面积时,产生剪切粘结强度[17],即:

$$剪切粘结强度 = \frac{力}{接触面积} \tag{3.4}$$

可以在两种不同的情况下测量套管与管道的剪切结合强度:套管内部的封堵材料和套管外部的封堵材料。套管外水泥推挤试验产生的抗剪粘结强度(τ_{av})计算公式为:

$$\tau_{av} = \frac{F}{\pi D_o L_c} \tag{3.5}$$

式中　F——施加在管道上的失效荷载;
　　　D_o——管道外径;
　　　L_c——水泥长度。

套管内水泥的剪切粘结强度计算公式为:

$$\tau_{av} = \frac{F}{\pi D_i L_c} \tag{3.6}$$

式中　　F——施加在管道上的失效载荷；

D_i——管道内径；

L_c——管道内水泥长度。

Evans 和 Carter 在一次尝试中研究了水泥与管道的剪切粘结强度[15, 17]。他们研究了 API A 级水泥（参见第 4 章）的固化温度、管道状况、湿润和干燥管道及关井压力之间的差异。根据他们研究结果，干燥管道的抗压强度和剪切粘结之间存在相关性。水泥凝固过程中的关井压力释放不利于水泥与管道的剪切粘结。当水泥被挤压、壁管被水湿时，抗剪粘结强度增大。铣削涂层表面不利于剪切结合强度。值得一提的是，Evans 和 Carter 同时施加了水力和剪切载荷，因此，他们测量水力粘结强度真实值是不确定的。表 3.3 显示了 Evans 和 Carter 测量的剪切粘结强度。

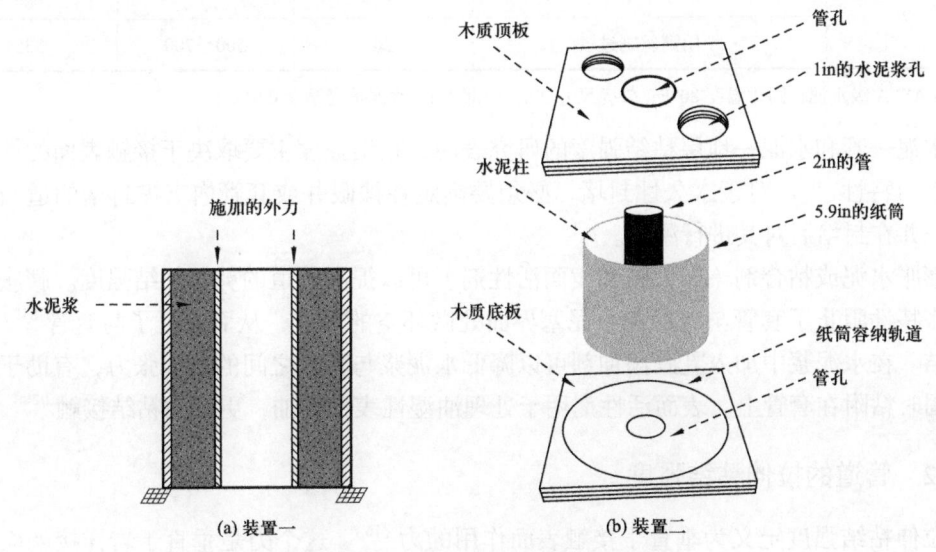

图 3.3　水泥与管道的剪切粘结强度测量
Evans 和 Carter 用的是装置一[15]，Khalifeh 等使用的是装置二[18]

表 3.3　新旧管道的水力和剪切粘结性能示例[15]

套管类型	工况	时间	水力粘结力 /psi	剪切粘结力 /psi
新管道		8h	—	10
		1d	300	79
	喷砂	1d	500	123
		2d	500～700	395
	水基钻井液	2d	175～225	46
	干燥的	2d	375～425	284
	胶乳水泥	1d	500	105

续表

套管类型	工况	时间	水力粘结力 /psi	剪切粘结力 /psi
旧管道	生锈	8h	—	53
		2d	500~700	422
	轻微生锈	1d	360	58
		2d	500~700	182
	油基钻井液	2d	—	75
	水基钻井液	2d	—	174
	干燥的	2d	—	182
	用钢丝刷过	2d	500~700	335

注：API A 级水泥；固化温度 80°F；外壳尺寸 2in；内部 4in；水泥护套厚度 0.812in。

水泥—管和水泥—地层粘结强度的研究表明，粘结强度主要取决于接触表面的性质和水泥水力特性[16]。对于永久性封堵，必须要确定在裸眼井或套管内支撑封堵的适当粘结强度，并在封堵后对其进行测试。

膨胀水泥或粘合剂（如乳胶和表面活性剂）可以提高管道的剪切粘结强度。膨胀水泥的膨胀特性阻止了套管与地层和水泥塞界面处微环空的形成，从而保证了与套管[19]的良好粘结。在水泥浆中加入乳胶添加剂可以降低水泥浆与套管之间的表面张力，有助于水泥在凝固时粘附在套管上。表面活性剂用于处理油湿性表面的油，更好的粘结接触[20]。

3.2.2.2 管道的拉伸粘结强度

拉伸粘结强度定义为垂直于接触表面作用的力[16]。这个力是垂直于岩样接触面施加的。目前关于管道抗拉粘结强度的文献较少，这一领域需要更多的关注。图 3.4 显示了用于测量水泥材料与钢的拉伸粘结强度的实验装置。

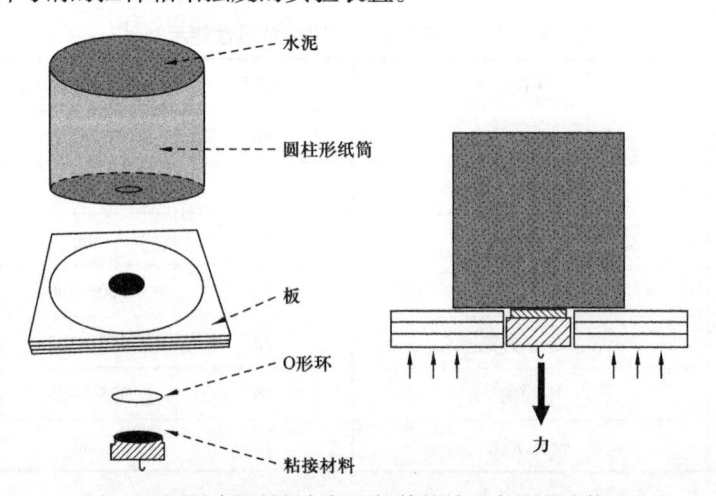

图 3.4 测量水泥材料与钢的拉伸粘结强度的实验装置

3.2.2.3 管道的水力粘结强度

水力粘结定义为管道和水泥之间的粘结,有助于防止流体流动[15]。通过在管道与水泥界面处施加压力,直到岩样两端发生泄漏,来确定水力粘结强度,如图 3.5 所示。

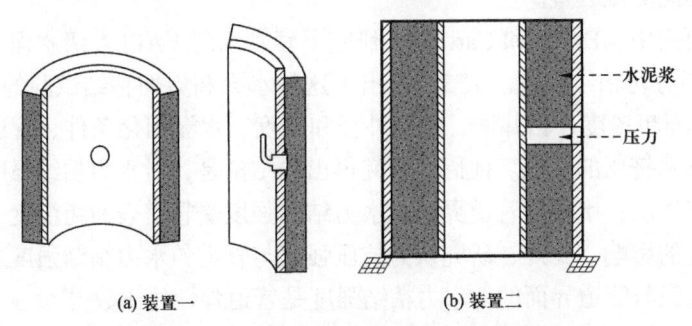

图 3.5 测量水力粘结强度试验的试验装置
Scott 和 Brace 使用的装置一[22],Evans 和 Carter 使用装置二[15]

将出现泄漏时的水压定义为粘结破坏压力。不同研究者的研究[15, 17]表明,发生水力粘结破坏的压力取决于加压流体的黏度。因此,加压流体的选择是影响突破时间和破坏压力的重要参数。水力结合测量应考虑气体结合试验和液体结合试验。气体可以是压缩空气、氮气、二氧化碳、甲烷等,液体可以是原油和盐水。

Scott 和 Brace[22]研究了套管外表面不同条件下套管与水泥界面处的水力粘结强度,以及泥浆膜对套管表面的影响,温度对树脂砂涂层管的影响,腐蚀性大气对树脂砂涂层的影响等重要参数。表 3.4 显示了 Scott 和 Brace 测量的泥浆膜对套管与水泥界面粘结强度的影响。

表 3.4 泥浆膜对套管与水泥界面水力粘结强度的影响[22]

表层条件	表面涂层	水力粘结强度 /psi
干燥	喷漆	<20
	生锈	350~450
	酸蚀	250~400
	喷砂	500~600
	环氧涂层,6~12 目砂	700~950
泥浆膜	喷漆	<20
	生锈	20~50
	酸蚀	40~50
	喷砂	50~60
	环氧涂层,6~12 目砂	500~600

注:固化时间 24h;固化温度 120°F;水泥类型无;套管尺寸(外径)$4\frac{1}{2}$in。

Scott 和 Brace[22]发现，在 350~400°F 温度范围内，水力粘结强度极好。此外，由于未经处理的管道仍留有泥浆膜，表面被涂上了微漆，导致水力粘结不良。然而，树脂砂涂层大大改善了套管与水泥的粘结。图 3.5 显示了不同研究人员用于测量水泥与管道水力粘结强度的两种不同测试装置。

在另一项研究中，Evans 和 Carter[15]研究了套管水泥（API A 级水泥）的水力粘结强度，同时测量了剪切粘结强度。表 3.3 给出了这些水力和剪切粘结试验的结果。Evans 和 Carter 研究了表面粗糙度、钻井液、管道外径和长度、水泥固化条件、管道上的温度和压力、水泥类型以及挤压的影响。他们的研究得出的结论是，对水力粘结强度影响最大的是水泥管界面的流体层；水泥与管道界面的水力结合强度受管道表面粗糙度、泥浆润湿类型和泥浆去除程度的影响。此外，研究认为抗压强度与管道的水力粘结强度之间没有稳定的相关性结论。水泥与管道界面的低水力粘结强度是管道弹性的函数[15]。

3.2.2.4 地层剪切粘结强度

材料与地层的剪切粘结强度取决于接触面的性质和材料的反应特性。地层的剪切粘结强度保持了屏障完整性。只有当流体润湿固体材料时，流体才会粘附在固体上，因此，只有当水泥浆滤液能够润湿井壁时，才有可能将水泥与地层结合。地层表面粗糙度、地层矿物、水泥水化程度、水灰比、钻井液和滤饼、井下压力和温度以及水泥添加剂类型都是影响测量水泥与地层抗剪粘结强度的重要因素[16]。图 3.6 显示了用于地层水泥剪切粘结强度测量的装置示意图。

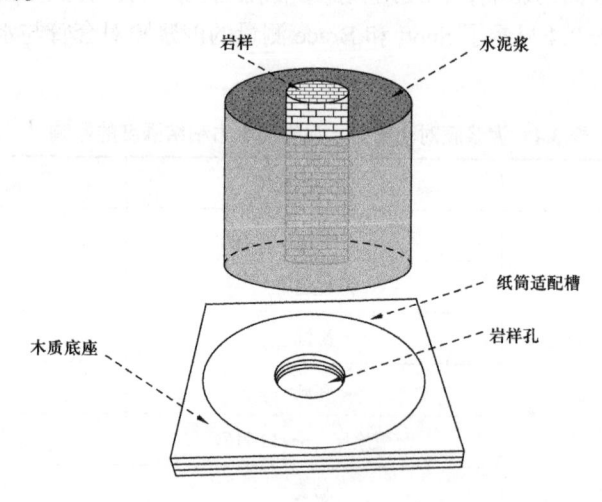

图 3.6 用于地层水泥剪切粘结强度测量的实验装置

Becker 和 Peterson 对水泥与地层粘结强度的研究表明，水泥与地层之间形成的粘结强度主要取决于水泥的润湿性和水化程度。另外，水泥浆、钻井液、石油或天然气的污染会严重降低与地层的剪切粘结强度。因此，必须消除污染，彻底清除地层表面的泥浆或油膜。此外，他们还发现钻井温度达到 250°F 时，会加快剪切粘结强度的变化，较高温度会使剪切粘结强度变差。但是，通过加入硅粉可以防止粘结恶化[16]。

Opendal 等[23]研究了不同地层类型在剪切粘结强度发展中的作用。与低孔隙度页岩地层相比，在钻井液存在的情况下，观察到水泥和高孔隙度岩石（砂岩、石灰石和白垩）之间的剪切结合显著减少。与油基钻井液（OBM）相比，岩石与水泥界面水基钻井液（WBM）的结合效果较好[15, 23]。图 3.7 显示了在水泥与地层界面上有或没有钻井液情况下不同类型岩石的剪切粘结强度。封堵材料保持屏障原位不动的最小剪切粘结强度（F_{sb}），需要考虑两种力的合力；如图 3.8 所示，储层压力向上推动桥塞，而桥塞上方的封隔器重量和静水压力向下推动桥塞。由于弃置后能量耗尽的储层可能开始重新建立压力系统，使用初始储层压力作为最终储层压力（F_R）是安全的。

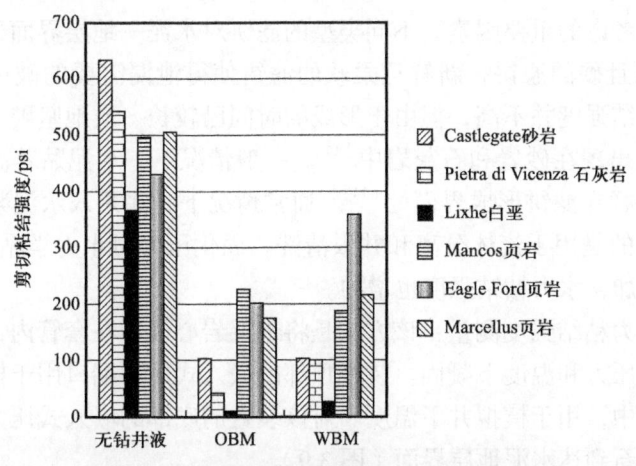

图 3.7 不同岩石类型水泥的剪切粘结强度[23]

测量粘结强度最大的困难在于缺乏实验的标准程序。一直以来，大多研究人员用的都是 Evans 和 Carter 在 20 世纪 60 年代的实验方法[15, 17, 21]。该方法将圆柱形岩样放置在模具中间，然后在岩样与模具之间的空间中倒入水泥浆，如图 3.6 所示。为避免模具在固化过程中水分蒸发，要用塑料盖盖住。根据测试池的大小，模具可以在高压釜内固化，以模拟井下压力以及温度。

值得注意的是，在井下真实条件下与实验室测量的摩擦力是不同的，因为实验室无法模拟冲蚀和其他异常情况。

3.2.2.5 地层抗拉粘结强度

对任何封堵材料的地层抗拉粘结强度的研究是迄今尚未研究的领域。在这种情况下，施加垂直于接触表面力，将地层或管道拉离封堵材料。拉伸粘结强度可以阻止横向构造应力产生的脱粘。

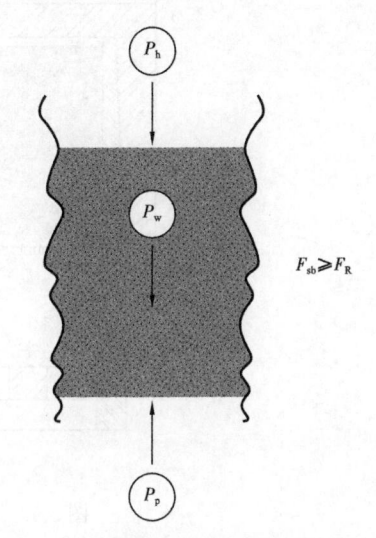

图 3.8 水泥与地层剪切粘结强度测量示意图
不同的力作用在屏障上会使其错位
P_h——封隔器重量；P_w——静水压力；
P_p——储层压力

3.2.2.6 地层水力粘结强度

水力粘结是指水泥和地层之间的粘结，可以防止流体流动[15]。研究人员认为，水泥与地层和水泥管水力粘结强度相似的原因之一是没有考虑水泥地层水力粘结强度测量[15,17]。水泥与地层的水力粘结强度取决于地层矿物性质。实验表明，当水泥在干燥岩心上挤压时，可获得更高的水力粘结强度[15]。在相同的情况下，与水泥—砂岩相比，水泥—石灰岩之间的水力粘结强度更高。失效路径也取决于地层矿物。当地层为石灰岩时，失效路径在地层—水泥界面处。当地层为砂岩时，破坏路径在岩心内部，而不是界面。与干岩心相比，无论地层类型是什么，界面中钻井液的存在都会降低水力粘结强度。因此，钻井液驱替是需要考虑的重要因素。不同类型的滤饼对水泥—地层界面处水力粘结强度的影响不同。相比旧且硬的滤饼，新鲜且柔软的滤饼使得泄漏需要的破坏压力较低。事实上，硬的滤饼的粘结强度并不高，但由于形成的时间已较长、质地坚硬，可产生的流动阻力较大，这种现象出现在砂岩和石灰岩中[15]。一般情况下，水泥贴着滤饼时，破坏面在滤饼内部，流动路径在滤饼形成界面处[24]。通常情况下，在泵入水泥浆前，泵入隔离剂和化学清洗剂，目的是用于流体分离和井眼清洗。固化压力对水力学粘结强度也有影响。随着固化压力的增加，水力粘结强度也增加。

水泥—地层水力粘结强度测量：该方法是将地层岩心放置在套管内，并在其上注入水泥。让水泥在目标压力和温度下凝固。装置顶部的嵌入式压力端口用于模拟井下压力，将该装置放在加热柜中，用于模拟井下温度。对该装置的底部的嵌入式压力口施加水压穿过预钻孔，沿地层岩石到达水泥地层界面（图 3.9）。

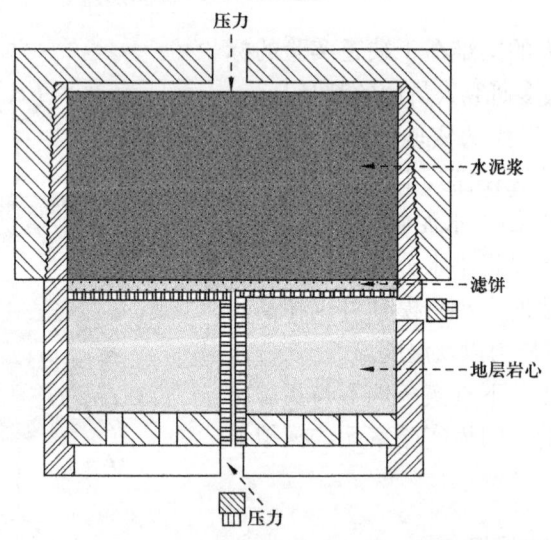

图 3.9 地层水力粘结强度测量装置[15]

粘结强度测量是没有标准方法的，不同的研究人员选择了不同的加载速率，从而影响了数据的可靠性。因此，还需要考虑井下条件可能发生的实际加载速率。

3.2.3 井下可放置性

由于永久性屏障元件是放置在井下，因此必须置换现有的流体。因此在优化其位移和可放置性过程中，必须优先考虑永久性屏障材料。一般情况下，为了最大限度地减少水泥与钻井液界面的不稳定性，在泵入水泥浆前泵入隔离液，将其与钻井液分离。使用隔离液去除钻井液和滤饼由黏度、摩擦力和浮力之间的相互作用产生的力是非常关键的。此外，还需要考虑流体流变特性（即屈服应力和凝胶强度）、物理和化学效应的影响。

为去除滤饼，由置换流体产生的摩擦力（ΔP_{f2}）要高于滤饼和地层之间的黏附（力）（F_{fc}），如图 3.10 所示。滤饼的去除主要受岩石渗透性、地层和滤饼压降、驱替液和滤饼特性、驱替液速度等因素的影响[25-26]。

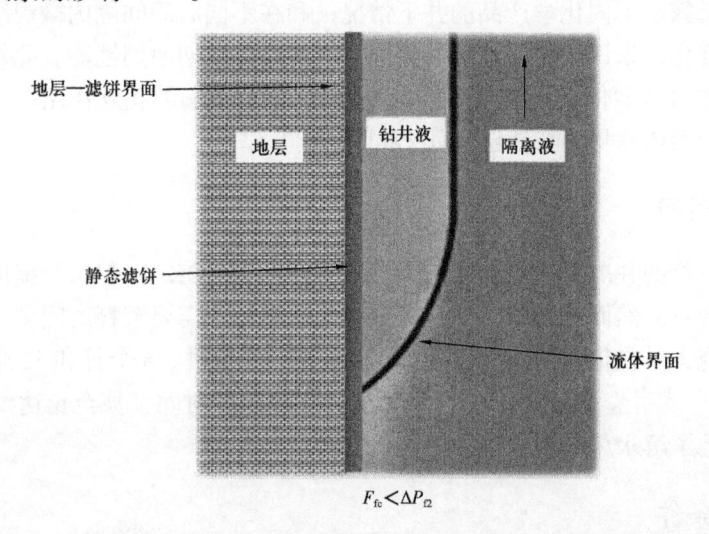

图 3.10 当流体摩擦压差超过滤饼与地层之间的摩擦力时滤饼会被去除

尽管紊流状态的流体适于去除钻井液和滤饼，但由于流体速度的限制，实现水泥的紊流状态具有挑战性。应将隔离液流变性能和化学成分设计成可以达到紊流状态。由于隔离液与水泥浆是相互兼容的，所以对水泥的性能影响最小[27]。但值得注意的是，紊流状态可能会导致当量循环钻井液密度（ECD）升高，会增加裸眼原位地层破裂的风险。

井底条件决定了封堵放置技术，一旦放置了屏障材料，需要对其放置操作流程进行验证。这些操作将在第 7 章和第 9 章中解释。

3.2.4 耐用性

耐用性是指封堵材料在机械完整性和导水性方面保持原始状态。为了评估井屏障元件的耐用性，在不同寿命阶段的井筒流体中进行了老化测试。如果封堵材料的宏观性能因化学演变而发生改变，但没有损害材料的机械性能，则认为是可接受的。

现有标准和（或）指南可以解决密封材料在生产和废弃期间的耐用性问题；但对于井的两个阶段差异，尚无综合标准（测试程序）或指南考虑到封堵材料的耐用性问题。油井在生产和弃井期的两个主要区别是：机械载荷场景和井下环境的不同[28]。

机械载荷：在生产期间，由热变化和（或）压力变化引起的应力变化施加在井筒上，从而施加在井筒元件（如套管、水泥和地层）上。当一口井枯竭并永久弃井时，机械载荷仍然存在，但相比生产期间，其应力变化较慢。

井下环境：在油井生产和废弃期间，与堵漏或密封材料接触的流体性质是不同的。假设一口井采用了酸性气体回注工艺，原因是该油田的酸性气体含量高。因此，与废弃期相比，油井在生产注入期间密封材料的暴露时间和暴露率不同。一般来说，在生产和废弃期间，化学组分的性质及其热力学状态随时间和井的类型不同而变化[29]。因此，考虑到油井位置、油井类型和化学物质的热力学状态，有必要对封堵和弃置的封堵材料的耐用性进行标准化。

通过考虑暴露于不同化学产品的井下情况，和在不同时间间隔内微观结构、体积、重量和渗透率的变化，来评估井屏障元件在油井中的潜在长期耐用性能。此外，在耐用性分析中还需要考虑材料劣化引起的封堵材料与地层/钢材界面的相互作用，以及不同机械载荷和暴露率引起的堵漏材料与地层/钢材界面的相互作用。

3.2.4.1 暴露时间

在井筒中选择的井屏障元件应长期保持完整性。ORSOK D-010[1]提出了井屏障元件永久耐用性的观点。然而，暴露时间长度是否合理是一个需要解释的问题，对此尚无明确定义。一些研究人员在他们的研究中选择了1个月、3个月、6个月和12个月的时间间隔作为暴露时间[28,30-31]。然而，有研究认为应持续更长的时间，甚至长达5年[2]。长期测试有助于更好地了解永久封堵材料的性质和材料是否合格。

3.2.4.2 井下条件

为适应井下条件，所有用于井屏障的材料必须认真选择。井底条件包括温度、压力和地层流体。此外，井的地理位置也可以作为化学品选择的指导原则之一。

3.2.4.3 化学品

永久废弃井的井屏障元件长期受到不同的化学品（原油、卤水、硫化氢、碳氢化合物气体和二氧化碳）的腐蚀。很明显，在井被废弃后，其屏障元件并不会暴露于所有这些化学品中，因为化学品选择是根据目标储层情况进行选择的。比如，含硫井在阿塞拜疆共和国和俄罗斯很常见。因此，在这些国家中，优先考虑含硫井中井屏障元件的耐久性问题。

（1）原油。在进行老化试验时，原油代表储层流体。因此，了解原油的化学成分和密度是非常必要的。

（2）卤水。通常用人工配制海水代表卤水。人工海水配置最常用的工业标准是ASTM D1141-98[32]。

（3）二氧化碳。材料可能暴露在气态CO_2中，也可能暴露在溶解于盐水或原油（液态）的CO_2中。暴露场景可以模拟地层流体。当CO_2溶解在水中时，与水发生化学反应，随后形成碳酸[33]：

$$CO_2 + H_2O \rightleftharpoons H_2CO_3 \tag{3.7}$$

形成的碳酸会发生两种离解：

$$H_2CO_3 \rightleftharpoons H^+ + HCO_3^- \tag{3.8}$$

和

$$HCO_3^- \rightleftharpoons H^+ + CO_3^{2-} \tag{3.9}$$

CO_3^{2-} 会改变盐水的 pH 值，pH 值是 CO_2 分压的函数。CO_2 不仅会腐蚀金属，而且会使水泥变质。在水中溶解 CO_2 情况下，金属是不稳定的，因为碳酸会与铁发生化学反应，释放出 Fe^{2+}：

$$Fe + 2H_2CO_3 \longrightarrow Fe^{2+} + 2HCO_3^- + H_2 \tag{3.10}$$

当 Fe^{2+} 与 CO_3^{2-} 的浓度超过溶解度极限时，会发生 $FeCO_3$ 沉淀：

$$Fe^{2+} + CO_3^{2-} \longrightarrow FeCO_3(s) \tag{3.11}$$

与初始化合物相比，沉淀化合物所占体积不同，且会导致套管分解。

pH 值高有利于阻止钢铁表面腐蚀，但如上所述，盐水中溶解 CO_2 会使得 pH 值降低。pH 值较低，会使得钢铁表面被腐蚀，形成铁锈［见反应式（3.11）］。生锈会导致水泥膨胀和严重变质[34]。因此，选择钢铁作为永久性封堵和弃置的井屏障元件可能是一个长期关注的问题。

CO_2 可以通过两种不同的作用使水泥变质：碳化和沥滤。如反应式（3.7）至式（3.9），盐水中 CO_2 的存在产生 CO_3^{2-}，与 Ca^{2+} 发生反应，有：

$$Ca^{2+} + CO_3^{2-} \longrightarrow CaCO_3(s) \tag{3.12}$$

Ca^{2+} 的来源有两种方式：$Ca(OH)_2$ 的溶解，即 CH，以及水合硅酸盐和铝酸盐相的分解或广泛称为水合硅酸钙（C—S—H）凝胶。

$Ca(OH)_2$ 在 pH 值低于 12.6 时变得不稳定，Ca^{2+} 被浸出。如果 pH 值低于 8，C—S—H 会变得不稳定，Ca^{2+} 被浸出[35]。Taylor[34] 对以上反应解释如下：

$$Ca(OH)_2 \longrightarrow Ca^{2+} + 2OH^- \tag{3.13}$$

$$x CaO \cdot SiO_2(aq) + y H_2O \longrightarrow y Ca^{2+}(aq) + 2y OH^-(aq) + (x-y) CaO \cdot SiO_2(aq) + y SiO_2 ❶ \tag{3.14}$$

Taylor[34] 研究表明，水合硅酸盐和铝酸盐脱钙后形成了体积更小的新晶体，这些晶体以高多孔水合二氧化硅形式存在。这些晶体的分解和形成导致水泥的劣化。

硫化氢（H_2S）是一种腐蚀性物质，由生物（某些微生物的作用）或地球化学作用

---

❶ 原文为 $x Cao \cdot SiO_2(aq) + z H_2O \rightarrow 2y Ca^{2+} + 2y OH^- + (x-y) CaO \cdot SiO_2(aq)$，原文有误。——译者著

定过程是基于实验工作和理论分析的一套系统方法开展的。鉴定过程包含材料的制备和放置，在其就位时验证其预期功能，以及在井下条件下的耐久性。鉴定过程需要量化和文件记录。随着时间推移，所有故障模式都要基于功能失效相关风险进行识别和分析。可以基于相关风险对其故障模式进行排序，实验室可以进行测量的，要测量。技术保密性不应限制数据可靠性验证。

参 考 文 献

[1] NORSOK Standard D-010. 2013. *Well integrity in drilling and well operations*. Standards Norway.

[2] Oil and Gas UK. 2015. *Guidelines on qualification of materials for the abandonment of wells*, in *Bond strength*, 48-50. The UK Oil and gas industry association limited: Great Britain.

[3] Warren, J.K. 2006. *Evaporites: sediments, resources and hydrocarbons*. Heidelberg: Springer. 978-3-540-26011-0.

[4] Nelson, E.B., and Guillot, D. 2006.*Well cementing*. 2nd edn. Sugar Land, Texas: Schlumberger.ISBN-13: 978-097885300-6.

[5] Ahmed, T. 2001. *Reservoir engineering handbook*. 2nd edn. Texas: Gulf Publishing Company.0-88415-770-9.

[6] Purcell, W.R. 1949. Capillary pressures—their measurement using mercury and the calculation of permeability therefrom. Journal of Petroleum Technology 01（02）. https://doi.org/10.2118/949039-G.

[7] Christoffersen, K.R., and C.H. Whitson. 1995. Gas/Oil capillary pressure of chalk at elevated pressures. *SPE Formation Evaluation* 10（03）: 153-159. https://doi.org/10.2118/26673-PA.

[8] Hassler, G.L., and E. Brunner. 1945. Measurement of capillary pressures in small core samples. *Transactions of the AIME* 160（01）: 114-123. https://doi.org/10.2118/945114-G.

[9] Ward, J.S., and N.R. Morrow. 1987. Capillary pressures and gas relative permeabilities of low permeability sandstone. *SPE Formation Evaluation* 02（03）: 345-356. https://doi.org/10.2118/13882-PA.

[10] Cotthem, A.V., Charlier, R., Thimus, J.F., Tshibangu, J.P. 2006. Multiphysics coupling and long term behaviour in rock mechanics. In *Proceedings of the international symposium of the international society for rock mechanics*. London: Taylor and Francis Group. ISBN 0415410010.

[11] Baumgarte, C., M. Thiercelin, and D. Klaus. 1999. Case studies of expanding cement to prevent microannular formation. In *SPE annual technical conference and exhibition*. SPE-56535-MS, Houston, Texas: Society of Petroleum Engineers. https://doi.org/10.2118/56535-MS.

[12] De Andrade, J., S. Sangesland, R. Skorpa, et al. 2016. Experimental laboratory setup for visualization and quantification of cement-sheath integrity. *SPE Drilling and Completion* 31（04）: 317-326. https://doi.org/10.2118/173871-PA.

[13] Schreppers, G. 2015. A framework for wellbore cement integrity Analysis. in 49*th U.S. rock mechanics/geomechanics symposium*.ARMA-2015-349, San Francisco, California: American Rock Mechanics Association.

[14] Khalifeh, M., H. Hodne, A. Saasen, et al. 2018. Bond strength between different casing materials and cement. In *SPE Norway one day seminar*.Bergen, Norway: Society of Petroleum Engineers. https://doi.org/10.2118/191322-ms.

[15] Evans, G.W., and Carter, L.G. 1962. Bounding studies of cementing compositions to pipe and formations. In *The spring meeting of the Southwestern District*, *API divisioii of production*. New York, USA: American Petroleum Institute.

[16] Becker, H., and Peterson, G. 1963. Bond of cement compositions for cementing wells. In *6th world petroleum congress*. Frankfurt am Main, Germany: World Petroleum Congress.

[17] Carter, L.G., and G.W. Evans. 1964. A study of cement-pipe bonding. *Journal of Petroleum Technology* 16（02）: 157-161. https://doi.org/10.2118/764-PA.

[18] Khalifeh, M., A. Saasen, H. Hodne, et al. 2017. Geopolymers as an alternative for oil well cementing applications: A review of advantages and concerns. In *International conference on ocean, offshore and arctic engineering*. Trondheim, Norway: ASME.

[19] Tettero, F., Barclay, I., and Staal, T. 2004. Optimizing integrated rigless plug and abandonment— A 60 well case study. In *SPE/ICoTA coiled tubing conference and exhibition*. SPE- 89636-MS, Houston, Texas, USA: Society of Petroleum Engineers. https://doi.org/10.2118/ 89636-MS.

[20] Soter, K., Medine, F., and Wojtanowicz, A.K. 2003. Improved techniques to alleviate sustained casing pressure in a mature Gulf of Mexico field. In *SPE annual technical conference and exhibition*. SPE-84556-MS, Denver, Colorado: Society of Petroleum Engineers. https://doi.org/10.2118/84556-MS.

[21] Liu, X., Nair, S.D., Cowan, M., and van Oort, E. 2015.Anovel method to evaluate cement-shale bond strength. In *SPE international symposium on oilfield chemistry*. The Woodlands, Texas, USA: Society of Petroleum Engineers. https://doi.org/10.2118/173802-MS.

[22] Scott, J.B. and R.L. Brace. 1966. Coated casing-a technique for improved cement bonding. In *The spring nleetlng of the Mid-Continent District. API division of production*. New York, USA: American Petroleum Institute.

[23] Opedal, N., Todorovic, J., Torsaeter, M., et al. 2014. Experimental study on the cementformation bonding. In *SPE international symposium and exhibition on formation damage control*. Lafayette, Louisiana, USA: Society of Petroleum Engineers. https://doi.org/10.2118/ 168138-MS.

[24] Ladva, H.K.J., B. Craster, T.G.J. Jones, et al. 2005. The cement-to-formation interface in zonal isolation. *SPE Drilling and Completion* 20（03）: 186-197. https://doi.org/10.2118/88016-PA.

[25] Subramanian, R. and J.J. Azar. 2000. Experimental study on friction pressure drop for nonnewtonian drilling fluids in pipe and annular flow. In *International oil and gas conference and exhibition in china*. SPE-64647-MS, Beijing, China: Society of Petroleum Engineers. https:// doi.org/10.2118/64647-MS.

[26] Zain, Z.M., A. Suri, and M.M. Sharma. 2000. Mechanisms of mud cake removal during flowback. In *SPE international symposium on formation damage control*. SPE-58797-MS, Lafayette, Louisiana: Society of Petroleum Engineers. https://doi.org/10.2118/58797-MS.

[27] McClure, J., Khalfallah, I., Taoutaou, S., et al. 2014. New cement spacer chemistry enhances removal of nonaqueous drilling fluid. *Journal of Petroleum Technology* 66（10）. https://doi.org/10.2118/1014-0032-JPT.

[28] Lecolier, E., A. Rivereau, N. Ferrer, et al. 2006. Durability of oilwell cement formulations aged in H_2S-containing fluids. In *IADC/SPE drilling conference*. SPE-99105-MS, Miami, Florida, USA: Society of Petroleum Engineers. https://doi.org/10.2118/99105-MS.

[29] Lécolier, E., A. Rivereau, N. Ferrer, et al. 2010. Durability of oilwell cement formulations aged in H_2S-containing fluids. SPE Drilling and Completion 25（01）. https://doi.org/10.2118/ 99105-PA.

[30] Khalifeh, M., J.Todorovic, T.Vrålstad, et al. 2017. Long-term durability of rock-based geopolymers aged at downhole conditions for oil well cementing operations. *Journal of Sustainable Cement-Based Materials* 6（4）: 217-230. https://doi.org/10.1080/21650373.2016.1196466.

[31] Vrålstad, T., J. Todorovic, A. Saasen, et al. 2016. Long-term integrity of well cements at downhole conditions. In *SPE Bergen one day seminar*. SPE-180058-MS, Grieghallen, Bergen, Norway: Society of Petroleum Engineers. https://doi.org/10.2118/180058-MS.

[32] ASTM-D1141-98. 2003. Standard practice for the preparation of substitute ocean water. ASTM International: West Conshohocken, PA. https://www.astm.org/DATABASE.CART/HISTORICAL/D1141-98R03.htm.

[33] Dugstad, A. 2006. Fundamental aspects of CO_2 metal loss corrosion—Part 1: mechanism. In *CORROSION 2006*. NACE-06111, San Diego, California: NACE International. https://www.onepetro.org/conference-paper/NACE-06111?sort=&start=0&q=NACE+06111&from_year=&peer_reviewed=&published_between=&fromSearchResults=true&to_year=&rows=10#.

[34] Taylor, H.F.W. 1992. Cement chemsitry. 1st edn. A.P. Limited: Academic. 0-12-683900-X.

[35] Dieguez, E.S., A. Bottiglieri, M. Vorderbruggen, et al. 2016. Self-sealing isn't just for cracks: recent advance in sour well protection. in *SPE annual technical conference and exhibition*. SPE-181619-MS, Dubai, UAE: Society of Petroleum Engineers. https://doi.org/10.2118/181619-MS.

[36] Yu, C., X. Gao, and H.Wang. 2017. Corrosion characteristics of low alloy steel under H_2S/CO_2 environment: experimental analysis and theoretical research. *Materials Letters*. https://doi.org/10.1016/j.matlet.2017.08.031.

[37] Omosebi, O.A., M. Sharma, R.M. Ahmed, et al. 2017. *Cement Degradation in CO_2-H_2S Environment under High Pressure-High Temperature Conditions*. in *SPE Bergen one day seminar*. SPE-185932-MS, Bergen, Norway: Society of Petroleum Engineers. https://doi.org/10.2118/185932-MS.

[38] Fakhreldin, Y.E. 2012. Durability of portland cement with and without metal oxide weighting material in a CO_2/H_2S environment. In *North Africa technical conference and exhibition*. Cairo, Egypt: Society of Petroleum Engineers. https://doi.org/10.2118/149364-MS.

[39] Zhang, L., D.A. Dzombak, D.V. Nakles, et al. 2014. Rate of H_2S and CO_2 attack on pozzolanamended Class H well cement under geologic sequestration conditions. *International Journal of Greenhouse Gas Control* 27: 299-308. https://doi.org/10.1016/j.ijggc.2014.02.013.

[40] Oyarhossein, M. and M.B. Dusseault. 2015.Wellbore stress changes and microannulus development because of cement shrinkage. In *49th U.S. rock mechanics/geomechanics symposium*. ARMA-2015-118 San Francisco, California: American Rock Mechanics Association.

[41] Noik, C. and A. Rivereau. 1999. Oilwell cement durability. In *SPE annual technical conference and exhibition*. SPE-56538-MS, Houston, Texas: Society of Petroleum Engineers. https://doi.org/10.2118/56538-MS.

[42] Labus, M., and F.Wertz. 2017. Identifying geochemical reactions on wellbore cement/caprock interface under sequestration conditions. *Environmental Earth Sciences* 76 (12): 443. https://doi.org/10.1007/s12665-017-6771-x.

[43] Han, J., J.W. Carey, and J. Zhang. 2012. Degradation of cement-steel composite at bonded steel-cement interfaces in supercritical CO_2 saturated brines simulating wellbore systems. In *NACE international*. NACE-2012-1075, Salt Lake City, Utah: NACE International.

[44] Feng, Y., E. Podnos, and K.E. Gray. 2016. Well integrity analysis: 3D numerical modeling of cement interface debonding. In *50th U.S. rock mechanics/geomechanics symposium*. ARMA-2016-246, Houston, Texas: American Rock Mechanics Association.

[45] Wang, W., and A.D. Taleghani. 2014. Three-dimensional analysis of cement sheath integrity around Wellbores. *Journal of Petroleum Science and Engineering* 121: 38-51. https://doi.org/10.1016/

[46] Bosma, M., K. Ravi, W., and van Driel et al. 1999. Design approach to sealant selection for the life of the well. In *SPE annual technical conference and exhibition*. SPE-56536-MS, Houston, Texas: Society of Petroleum Engineers. https://doi.org/10.2118/56536-MS.

开放获取

本章根据知识共享署名4.0国际许可协议（http://creativecommons.org/licenses/by/4.0/）进行授权，允许以任何媒介或格式使用、分享、改编、发布和复制，只要您适当地注明原始作者和来源，提供知识共享许可协议的链接，并指出是否进行了修改。

本章中的图像或其他第三方材料均包含在本章的知识共享许可协议中，除非在材料的版权说明中另有说明。如果您使用的材料不包含在本章的知识共享许可协议中，这是不被法律许可，也超出了允许的使用范围，您需要直接获得版权持有人的许可。

第 4 章　永久性封堵材料

硅酸盐水泥是用于层位分隔及永久性封堵和弃置的首选材料。但是这种材料也存在一些使用顾虑，促使工程师们寻找一些替代材料。本章将重点介绍永久性封井过程中可能用作永久性井屏障的不同材料类型（表4.1）[1-2]。其中有一些材料已经被用作永久性井屏障元件，有些则还没有。永久性封堵和弃置材料类型的选择标准和要求因不同部门制定的法规而有所不同。

表 4.1　永久性井屏障元件材料类型[1-4]

类型	材料	例子
1	水泥（凝结）	硅酸盐水泥、火山灰水泥、高炉矿渣基水泥、磷酸盐水泥、地聚物、硬化陶瓷
2	原位地层	页岩、盐、黏土岩
3	水泥浆（非凝结）	疏松砂或黏土混合物、膨润土球团、重晶石塞、碳酸钙
4	热固性聚合物和复合材料	树脂、环氧树脂、聚酯、乙烯酯，包括纤维增强剂、聚氨酯泡沫、苯酚
5	热塑性聚合物和复合材料	聚乙烯、聚丙烯、聚酰胺、聚四氟乙烯（PTFE）、聚醚醚酮（PEEK）、聚苯硫醚（PPS）、聚偏氟乙烯（PVDF）和聚碳酸酯，包括纤维增强剂
6	金属	钢，其他合金，如铋基材料
7	改性原位材料	通过热或化学改性，由原位套管和（或）地层制成的屏障材料
8	弹性聚合物和复合材料	天然橡胶、氯丁橡胶、丁腈、乙丙二烯单体（EPDM）、氟橡胶（FKM）、氟橡胶（FFKM）、硅橡胶、聚氨酯、PUE 和膨胀橡胶，包括纤维增强剂
9	凝胶	聚合物凝胶、多糖、淀粉、硅酸盐凝胶、黏土凝胶、柴油/黏土混合物
10	玻璃	

4.1　凝结材料——硅酸盐水泥

纵观历史，凝结材料在古代扮演重要角色并得到广泛使用。罗马人发现一种可以在水下使用并且用于建造港口等的海洋建筑材料。随着科学的发展，不同类型的凝结材料被开发出来，如地聚物水泥、矿渣和硬化陶瓷[1-2]。最广为人知并且研究最多的凝结材料是硅酸盐水泥。

1842 年，Joesph Aspdin 进行了 2640°F 温度下煅烧石灰石和黏土混合物的研究，并获得了一种凝结材料的专利。生产出来的材料看起来像一种在英国广泛使用的波特兰石，因此他的发明被称为波特兰水泥（硅酸盐水泥）。从那时起，针对不同的应用开发出了不同类型的硅酸盐水泥。当石灰石（或其他碳酸钙含量高的材料）和黏土或页岩在 2640°F 煅烧时，会发生部分熔融并产生熟料，在熟料中加入少量的石膏（$CaSO_4$）并细磨成水泥。石膏可以控制凝结率，也可以用其他形式的硫酸钙来替代[5]。熟料的主要成分约为 67% 的 CaO、22% 的 SiO_2、5% 的 Al_2O_3、3% 的 Fe_2O_3 和 3% 的其他成分❶。熟料主要包含四大相：A-水泥石相、B-水泥石相、铝酸盐相和铁氧体相。A-水泥石相为三钙硅酸盐（$3CaO·SiO_2$ 或 "C_3S"），占普通硅酸盐水泥熟料的 50%～70%。B-水泥石相为二钙硅酸盐（$2CaO·SiO_2$ 或 "C_2S"），占普通硅酸盐水泥熟料的 50%～70%。铝酸盐相为铝酸三钙（$3CaO·Al_2O_3$ 或 "C_3A"），占大多数普通硅酸盐水泥熟料的 5%～10%。铁氧体相为四钙铝铁氧体（$4CaO·Al_2O_3Fe_2O_3$ 或 "C_4AF"），占普通硅酸盐水泥熟料的 5%～15%。虽然还有其他一些相，如碱硫酸盐和氧化钙，但它们的含量很少。

API 标准将水泥分成 9 种不同等级[6]：

（1）API A 级——普通硅酸盐水泥，适用于地面至 6000ft 深度。它不耐硫酸盐，在不需要特殊性能且井况允许的情况下可以使用。

（2）API B 级——普通硅酸盐水泥，适用于地面至 6000ft 深度。它有中等抗硫酸盐和高抗硫酸盐两种。

（3）API C 级——高早强水泥，用于需要早强水泥的地方。它的使用范围从地面到 6000ft，可分为普通、中等和高抗硫酸盐类型。

（4）API D 级——缓凝水泥，适用于 6000～10000ft 深度，在中高温和高压条件下使用。有中等和高抗硫酸盐类型可供选择。

（5）API E 级——缓凝水泥，适用于深度为 10000～14000ft，并在极端高温高压条件下使用。有中等和高抗硫酸盐类型可供选择。

（6）API F 级——适用于 10000～16000ft 的深度和超高压和高温条件的水泥。这类产品有中等抗硫酸盐和高抗硫酸盐两种。

（7）API G 级——用于地面至 8000ft 深度的基质水泥。在生产过程中，缓凝剂和速凝剂可以覆盖更大范围的井深和温度。这类产品有中等抗硫酸盐和高抗硫酸盐两种。

（8）API H 级——适用于从地面到 8000ft 深度的基质水泥作业，可与缓凝剂和速凝剂一起使用，覆盖广泛的井深和温度范围。它只作为中等抗硫酸盐型可用。

（9）API J 级———种特殊级别，仅用于 12000～16000ft 深度的使用。该等级适用于超高压和高温条件，使用缓凝剂和速凝剂可以覆盖更大范围的井深和温度。

表 4.2 列出了根据 API 进行识别和分类的常见油井水泥的性质。D 级、E 级和 F 级水泥很少用于油井固井。水泥等级 G 级和 H 级是最常见的。

表 4.3 和表 4.4 给出了表 4.2 中所示的各种 API 等级水泥典型的物理性能，并且在不同温度和压力下硬化。

还有一些胶凝材料已经有效地应用于油井固井作业，但它们不属于任何特定的 API 类别。这些材料包括[7]：

---

❶ 建筑水泥熟料。

表 4.2 常见油井水泥的 API 分类及性质[7]

类型	适用深度范围 /ft	静态温度 /°F	水灰比 /(gal/sk)	水泥浆密度 /(lb/gal)	体积 /(ft³/sk)	备注
A级（普通硅酸盐水泥）	6000	60~170	5.2	15.6	1.18	无抗硫酸盐型。可在条件允许的情况下使用
B级（普通硅酸盐水泥）			5.2	15.6	1.18	中抗硫酸盐型
C级（高早强水泥）			6.3	14.8	1.32	普通、中等和高抗硫酸盐型
G级（基质水泥）	8000	200	5.0	15.8	1.15	结合缓凝剂和速凝剂适用范围覆盖 A 级到 E 级
H级（基质水泥）			4.3	16.4	1.06	高密度，含水量高低
			5.2	15.6	1.18	

表 4.3 各种 API 等级水泥典型的物理性能（一）[7]

性质	A级	C级	G级和H级	D级和E级
相对密度（平均值）	3.14	3.14	3.15	3.16
比表面积（范围）/(cm²/g)	1500~1900	2000~2800	1400~1700	1200~1600
每袋质量 /lb	94	94	94	94
总体积 /(ft³/sk)	1	1	1	1
绝对容积 /(gal/sk)	3.6	3.6	3.58	3.57

表 4.4 各种 API 等级水泥典型的物理性能（二）[7]

性质		硅酸盐水泥	高早强水泥	API G 级水泥	API H 级水泥	减缓水泥
温度 /°F	压力 /psi	24h 典型抗压强度 /psi				
60	0	615	780	440	325	a
80	0	1470	1870	1185	1065	a
95	800	2085	2015	2540	2110	a
110	1600	2925	2705	2915	2525	a
140	3000	5050	3560	4200	3160	3045
170	3000	5920	3710	4830	4485	4150
200	3000	a	a	5110	4575	4775
性质		硅酸盐水泥	高早强水泥	API G 级水泥	API H 级水泥	减缓水泥
温度 /°F	压力 /psi	72h 典型抗压强度 /psi				
60	0	2870	2535	—	—	a
80	0	4130	3935	—	—	a

续表

性质		硅酸盐水泥	高早强水泥	API G 级水泥	API H 级水泥	减缓水泥
温度 /°F	压力 /psi	72h 典型抗压强度 /psi				
95	800	4670	4105	—	—	a
110	1600	5840	4780	—	—	a
140	3000	6550	4960	—	7125	4000
170	3000	6210	4460	5685	7310	5425
200	3000	a	a	7360	9900	5920

性质			硅酸盐水泥	高早强水泥	API G 级水泥	API H 级水泥	减缓水泥
深度 /ft	温度 /°F		高压增稠时间（min）				
	静态	循环					
2000	110	91	>240	>240	>180	237	a
4000	140	103	206	190	150	200	>240
6000	170	113	145	126	130	117	>240
8000	200	125	100（a）	97（a）	104	100	>240

注：a 表示一般不建议在这种温度下使用。

（1）火山灰质硅酸盐水泥——这是一种将普通硅酸盐水泥熟料与石膏、火山灰等材料互磨，或将各部分分别配制后混合而成的水泥。火山灰是天然或人工的反应性硅质材料，经过加工或未加工，在石灰和水的作用下开始水化，并形成胶结特性。大多数天然火山灰物质来源于火山灰；人造火山灰是由天然硅质材料如黏土、页岩、稻壳灰和某些硅质岩石煅烧而成[8]。粉煤灰是煤的燃烧副产物，是一种人工火山灰材料。在油井固井中，粉煤灰被添加到水泥中以提高其强度和水密性。

（2）石灰火山灰水泥——硅石灰或石灰火山灰水泥是硅质材料（如粉煤灰）、水合石灰和少量化学活化剂（如氯化钙）的混合物，它们与水水合生成硅酸钙。与硅酸盐水泥相比，它们在低温下的反应速度非常慢。因此，这些类型的水泥常用于中高温的井中[9]。不建议在温度低于 140°F 的井中使用这些材料。在广泛的井况条件下，使用添加剂可以加速或延缓反应。石灰火山灰水泥具有重量轻、在高温下强度稳定、浆料成本低、二氧化碳排放少等特点。

（3）树脂塑料水泥——API 等级分类中，A 级、B 级、G 级或 H 级水泥与水基树脂和催化转化器的混合物。这些类型的水泥用于封堵裸眼井和挤压射孔。温度适用范围为 60~200°F。

（4）石膏水泥——API 等级分类中，A 级、G 级或 H 级水泥与 8%~10% 石膏的混合物。石膏可以是半水化合物形式（$CaSO_4 \cdot \frac{1}{2}H_2O$）也可以是二水化合物形式（$CaSO_4 \cdot 2H_2O$）。石膏水泥凝固迅速，具有较高的早期强度和正膨胀性能，膨胀增幅在 0.3% 的范围内。石膏水泥常用于堵漏区。使用石膏水泥面临硬化水泥难溶解的挑战，因此它们只适用于无水的井中。减小硬化水泥水溶性的方法是使用等体积的水泥和石膏[7]。

（5）柴油水泥——柴油水泥已经被开发并且有选择地阻止钻井或生产井过程中多余水的产生[10]。在泥浆设计的过程中，由 API 等级分类中 A 级、B 级、G 级或 H 级水泥与带有表面活性剂的柴油混合。只要水不与浆体接触，这种类型的水泥有无限泵送时间。油包水乳化水泥是另一种类型的柴油水泥，其中水泥在液相中混合，液相由油作为外部或连续相和现有水作为液滴组成。柴油水泥和油包水乳化水泥具有低滤失、对产油区伤害小、对水敏性储层伤害小的特点。

（6）膨胀水泥——硅酸盐水泥的一个缺点是它的收缩会产生微环空。一定程度的膨胀可以补偿井筒应力变化，提高水力和剪切粘结强度[13]。因此，膨胀水泥或一些添加剂，如硫酸钠（Na_2SO_4）、火山灰、无水硫铝酸钙（$4CaO \cdot 3Al_2O_3 \cdot SO_3$）、硫酸钙（$CaSO_4$）和石灰被加到泥浆中。当水泥中的硫酸盐和铝酸钙组分存在时，就会形成钙矾石晶体，这是一种含水的钙铝硫酸钙矿物。由于矿物晶体的形成，产生了压力，这是主要的膨胀机制。

（7）铝酸钙水泥——这些类型的水泥被称为高铝水泥，其中铝土矿（铝矿）或其他铝质材料和石灰石在炉中加热液化。与硅酸盐水泥相比，这些类型的水泥硅含量较低[5]。铝酸钙水泥具有耐腐蚀性强、硬化快、高温稳定等特点。在铝酸钙水泥中加入硅酸盐水泥会加快凝固[17]。

（8）乳胶水泥——胶乳通常用于控制气体运移、流体流失和增强胶结物的粘结性能。乳胶水泥是 A 级、G 级或 H 级水泥与液体或粉末形式乳胶的混合物。被认定的乳胶有聚醋酸乙烯酯、聚氯乙烯和丁二烯-苯乙烯乳液[7]。丁二烯-苯乙烯乳胶常用于油井固井，但它们对温度、机械能和自由离子很敏感。由于乳胶由带电粒子组成，会在氯化钠、氯化钙等盐的存在下破乳并沉淀[17]。一种缓解方法是使用阴离子表面活性剂作为水泥浆的添加剂，以稳定存在盐的乳胶水泥。一些研究人员已经证明了乳胶水泥的防腐能力[18]。

（9）冻土环境水泥——由于硅酸盐水泥会结冰、永远不会凝固以及水化热导致永冻层融化[19]，在低于冰点区域胶结导管和表面套管是一项具有挑战性的任务。添加一些氯化钙盐、短链醇，如甲基、丙基或异丙基等缓解措施可以降低冰点[20]。但是氯化钙会加速水化反应，导致快速凝固。因此，当用氯化钙来降低凝固点时，用缓凝剂可以推迟凝固点的时间。有 4 种不同类型的混合水泥可用于冻土环境：API 等级中的 A 级和 G 级水泥与氯化钙、铝酸钙水泥与粉煤灰、耐火水泥以及石膏水泥共混物[21]。在这 4 种材料中，石膏水泥共混物和耐火水泥主要用于低于冰点区域的环境。Shryock 和 Cunningham[21]为多年冻土区测量了石膏—水泥混合料的可泵性和抗压强度，并发现了适用于多年冻土区的配方，见表 4.5。

使用封堵材料的目的是持久地承受井下条件。从永恒的视角来说是不可能的，因此了解预期封堵材料的长期耐久性非常重要。有必要将封堵材料置于井下化学物质中一段时间（有时应长达几年）[22-25]，然后对封堵材料在不同时间范围内的力学性能进行表征。然而，目前还没有一个国际标准来描述对封堵材料的测试，难以从持久性角度来进行确定。因此，研究人员选择了用不同剂量的化学物质来研究井下条件下油井水泥的降解。Vralstad 等在井下条件下，通过将样品暴露于盐水、原油和溶解 H_2S 的盐水中不同时间范围（最长可达 12 个月），对 G 级净水泥进行了老化测试[25]。他们还同时研究了水泥重量和体积变化。图 4.1 显示了 Vralstad 等得到的结果[25]。

表 4.5　低于冰点温度下石膏水泥的抗压强度[21]

泵送时间/h	氯化钠占比①/%	含水率/(ft³/sk)	固化温度20°F下的抗压强度/psi			
			4h	1d	3d	7d	14d
2	10	0.48❶	470	855	615	600	1095

泵送时间/h	氯化钠占比①/%	含水率/(ft³/sk)	固化温度15°F下的抗压强度/psi			
			4h	6h	8h	24h
2	10	0.48❶	345	530	635	545
3	10	0.48❶	38	ND	530	632
3	18	0.48❶	195	540	555	690

① 按混合水的重量计算。

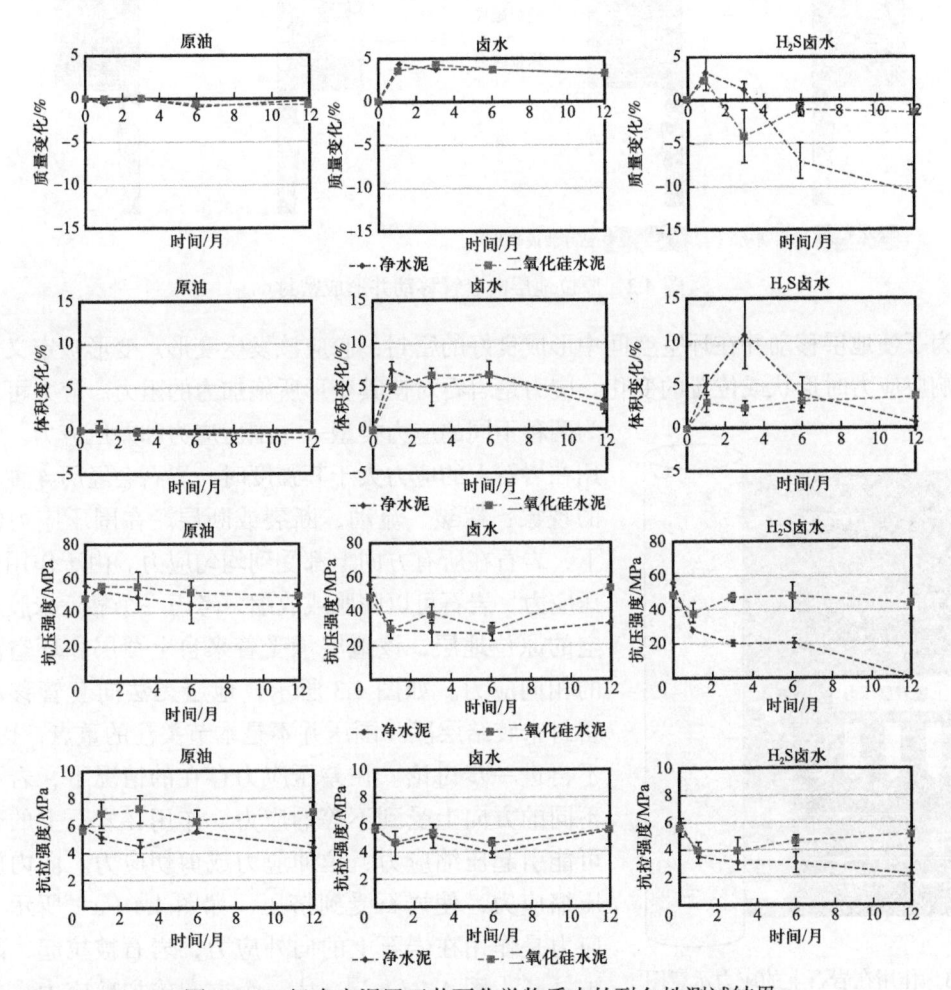

注：ND—不确定。

图 4.1　G级净水泥置于井下化学物质中的耐久性测试结果

❶ 原书为048，原书有误。——译者著。

4.2 原位地层（地层作为屏障）

在油气领域，传统的声波测井和超声波成像测井可以提供水泥顶部以上、没有水泥的或已报告固井效果不佳的深度的良好胶结信息。此外，套管漏失测试显示密封合格[26]。问题是这种情况是怎么发生的？在所有这些情况下，使用的钻井液都没有封堵的性能，也没有发现套管垮塌的报道。剩下唯一主要的参数就是原位地层，这些地层可能会向井筒环空移动或扩展，并形成良好的密封，如图 4.2 所示。如果原位地层移动并形成良好的密封，并且有足够的强度，则可视为最合适的永久封堵材料，因为它一直在覆盖层上，具有完整的长期耐久性。

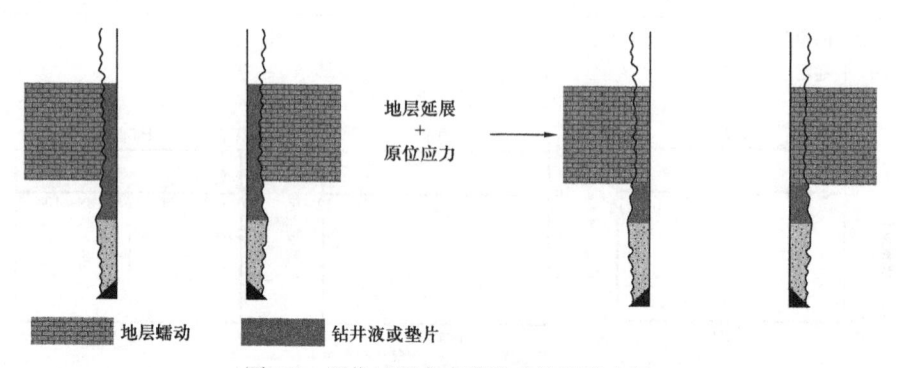

图 4.2 原位地层向套管移动并形成密封

为了使地层移动并在环空空间中形成良好的密封，它应该发生变形。变形被定义为岩体在响应应力时形状或位置的变化。应力是岩石对使其变形所施加力的阻力。应力可以分为两种不同的应力类型——围压应力和差压应力。当作用在岩石上的应力大于其强度时，岩石会经历 4 种不同的现象：褶皱、流动、断裂或断层。在围压应力情况下，岩石在所有方向上都受到均匀应力。由于作用的围压应力，岩石可以膨胀或收缩。考虑一个靠近未胶结环空的原位地层，该地层承受着来自上覆层和环空流体的相同应力。如图 4.3 所示，地层无法向套管移动来密封未胶结层段。围压并不是本节关注的重点，因此，不再进一步讨论。在差压应力存在的情况下，岩石在不同的方向上受到不等的应力。作用在岩石上的合力可能引起压缩应力、拉伸应力或剪切应力。向内施加压缩应力，使岩石受到挤压，如图 4.4（a）所示。拉应力是作用在岩石上的向外应力，岩石被拉起，随后被拉长［图 4.4（b）］。从一个方向施加剪应力，使岩石的一部分移动到静止的另一部分［图 4.4（c）］。

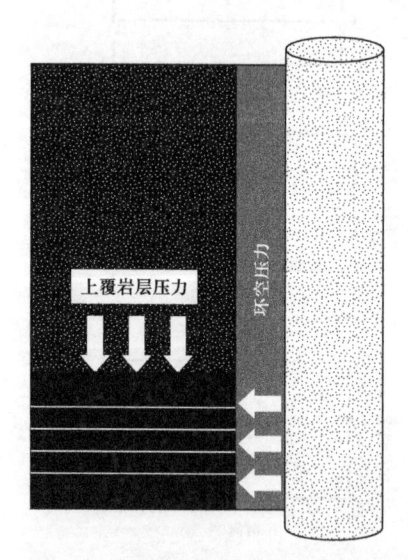

图 4.3 作用在岩石上的应力示意图

(a) 压缩应力

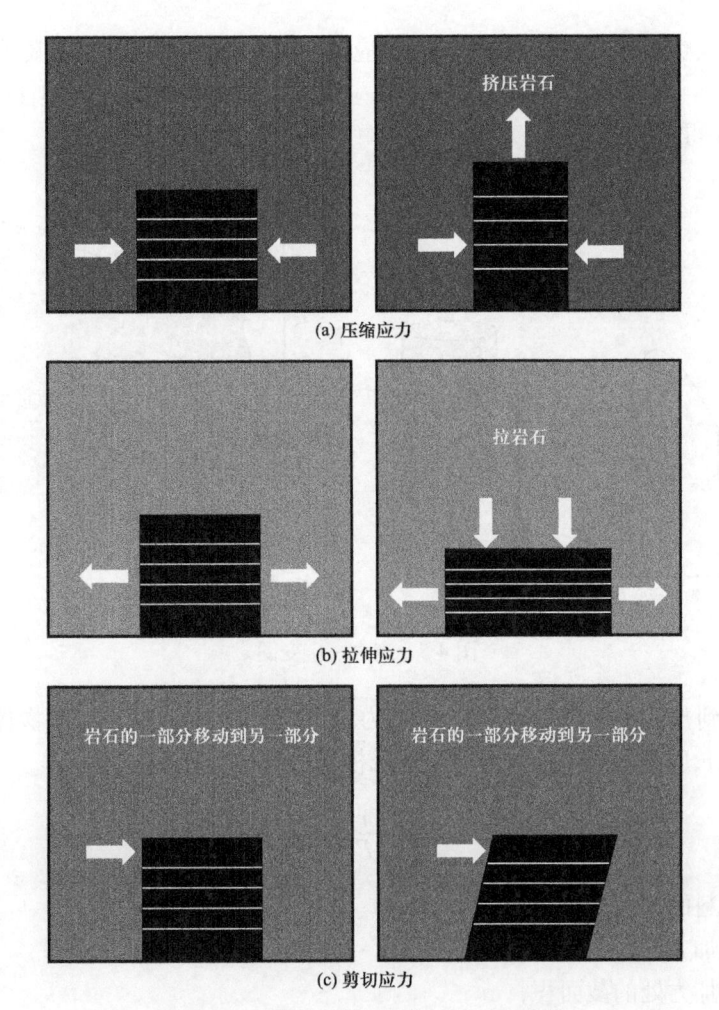

(b) 拉伸应力

(c) 剪切应力

图 4.4 受不同方向不等应力作用的岩样

随着时间的推移，当压差作用在岩石上时，就会发生变形。变形可以是可逆的，也可以是不可逆的。可逆变形是一种暂时的形状变化，在去除载荷后会自我逆转。换句话说，除去作用力后，它会恢复到原来的形状。这种类型的变形称为弹性变形。弹性变形通常发生在低水平的应力作用下，恢复之后应力消除。在弹性变形中，单个原子和晶格之间的键被拉伸，使材料变形。不可逆变形是一种永久的形状变化，当荷载卸除之后是不可逆的。换句话说，当作用力被去除时，岩石不会恢复到它原来的形状。不可逆变形称为塑性变形，在塑性变形中，施加在材料上的应力会在材料晶格中引起微观位错，如边缘位错和螺旋位错。

正如前面讨论的，当对岩石施加差压应力且应力高于岩石强度时，岩石就会变形。由应力（Stress）引起的岩石长度的变化称为应变（Strain）。在岩石力学中，用应力—应变图来测量岩石的力学性能，包括弹性和塑性变形极限。在应力—应变图上，当应力施加在岩石上时，应变表现为与施加的应力成正比。应力—应变图对应弹性变形的区域为线性部分，如图 4.5 所示。斜率被称为弹性模量 E：

$$Stress = E \times Strain \tag{4.1}$$

由弹性变形状态转变为塑性变形状态对应的应力称为屈服应力。屈服强度是引起塑性变形所需的应力。在塑性变形区域，应力—应变关系不是线性的，与弹性变形区域相比，材料的变形要快得多（图4.5）。

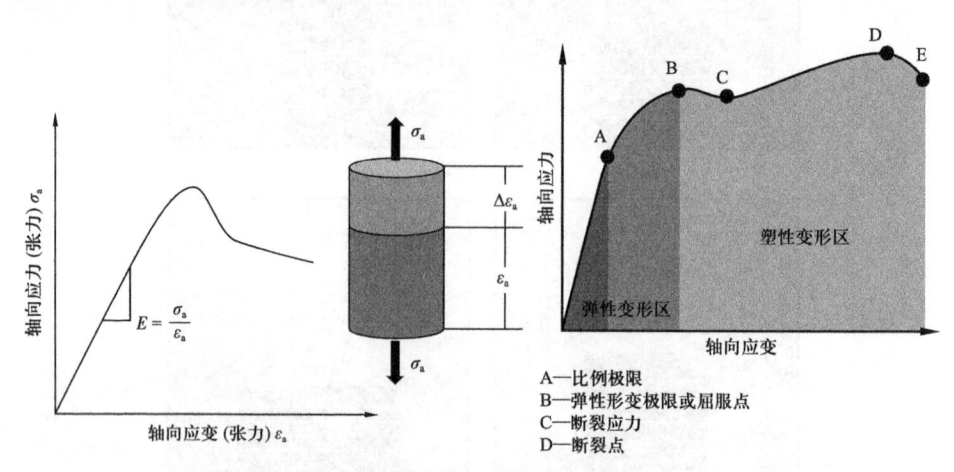

图 4.5　应力—应变图

当材料受到压应力或拉应力时，应力通过物体存在，可以将物体拉长或压缩（图 4.6）。材料长度的变化（Δl）可通过杨氏模量进行估算，有：

$$\Delta l = \frac{1}{E}\frac{F}{A}l_0 \qquad (4.2)❶$$

式中　E——材料的杨氏模量，GPa；
　　　F——施加力，N；
　　　A——施加力处的截面积，m^2；
　　　l_0——材料的初始长度，m。

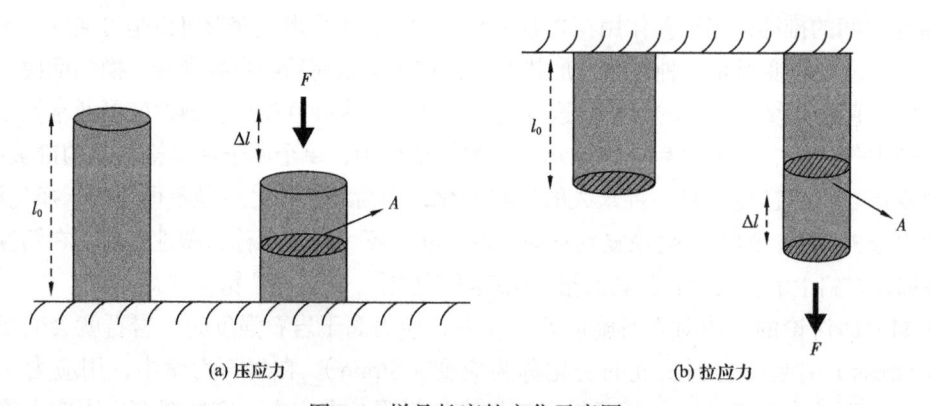

(a) 压应力　　　　　　　(b) 拉应力

图 4.6　样品长度的变化示意图

---

❶ 式（4.2）中物理量单位由译者补充。——编者注

剪切模量——当材料受到剪切应力时,其长度可以缩短,如图4.7所示。剪切应力引起的长度变化(Δl)以其剪切模量(也称为刚性模量)为特征,有:

$$\Delta l = \frac{1}{G}\frac{F}{A}l_0 \tag{4.3}❶$$

式中　G——材料的剪切模量,GPa;
　　　F——作用的剪切力,N;
　　　A——与剪切力方向平行的材料表面积,m^2;
　　　l_0——样本的初始长度,m。

体积模量——当材料受到来自各个方向的约束力的时候,其体积减小(图4.8)。

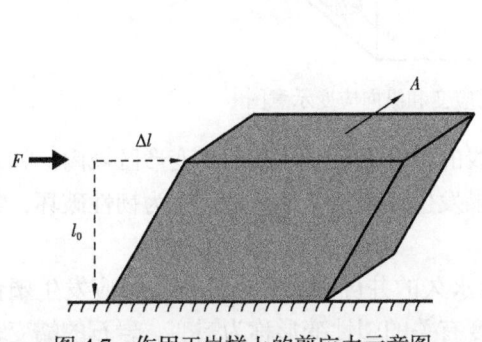

图4.7　作用于岩样上的剪应力示意图

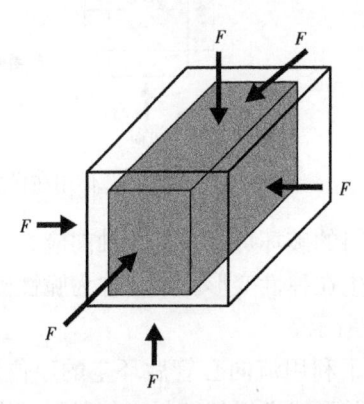

图4.8　作用在材料上的压缩力示意图（从各个方向都是一样的）

材料的体积变化由其体积模量决定,有:

$$\Delta V = -\frac{1}{B}\frac{F}{A}V_0 \tag{4.4}❶$$

式中　B——材料的体积模量,GPa;
　　　F——周围压力,N;
　　　A——受力的表面积,m^2;
　　　V_0——材料的初始体积,m^3。

体积变化也可以用施加压力或压力(Δp)变化表示,有:

$$\Delta V = -\frac{\Delta p}{B}V_0 \tag{4.5}$$

泊松比——当材料受到来自一个方向的纵向应力时,它将经历横向应变。因此,材料将在一个方向上收缩,而在垂直方向上拉长,如图4.9所示。横向收缩应变与纵向拉伸应变的比值,在拉伸力的方向上,称为泊松比ν,有:

---

❶ 式中物理量单位由译者补充。——编者注

$$\nu = -\frac{\mathrm{d}\varepsilon_{\mathrm{tran}}}{\mathrm{d}\varepsilon_{\mathrm{axial}}} \tag{4.6}$$

式中 $\mathrm{d}\varepsilon_{\mathrm{tran}}$——横向应变（侧向应变）；
$\mathrm{d}\varepsilon_{\mathrm{axial}}$——轴向应变（纵向应变）。

材料的泊松比一般为 $0 \leqslant \nu \leqslant 0.5$。

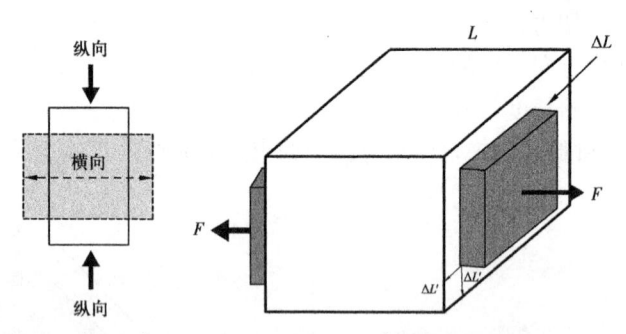

图 4.9 作用在样品上的横向应变和纵向应变示意图

材料的破坏可能发生在轴向应力—应变曲线的弹性变形区域或塑性变形区域内。如果破坏发生在弹性变形区域，称为脆性破坏，如果发生在塑性变形区域，称为韧性破坏，如图 4.10 所示。

为了利用流向套管后环空的原位地层作为永久的井屏障元件，原位地层应发生塑性变形，并形成良好的密封。与时间、应力和温度有关的塑性变形称为蠕变。岩石的蠕变是一种缓慢的变形，通常需要很长时间。因此，当原位地层向套管移动时，可以形成一个密封，作为永久封堵材料使用。

如果在原位地层中，环空压力产生的反作用力大于上覆岩层应力，则不会发生蠕变。因此，确定了地层屏障图，如图 4.11 所示。如果环空压力和原位应力的合成应力落在"封闭间隙"区域，则形成密封；而如果合力落在"打开间隙"区域，则环空保持打开状态，不产生密封。

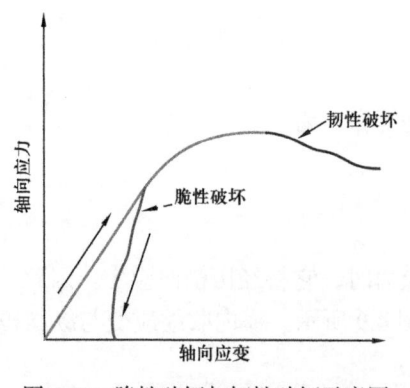

图 4.10 脆性破坏与韧性破坏示意图

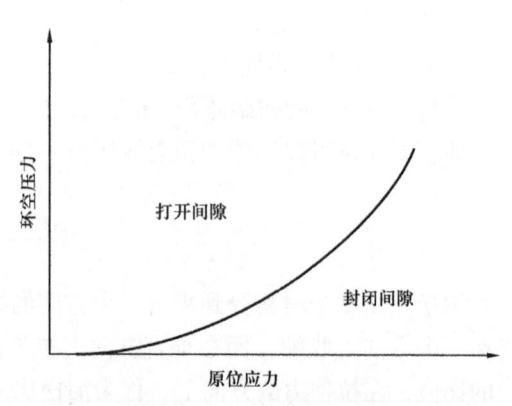

图 4.11 地层屏障图[27]

区分蠕变和膨胀两种现象很重要。膨胀是由页岩的水化作用引起的，黏土主要基质为非均质多孔介质。不同的理论提出了膨胀的驱动机制，包括毛细管压力、水力孔隙压力不平衡、渗透压力和页岩基质内带电黏土表面对水分子的极性吸引[28-30]。根据最后一种理论，当水分子进入处于恒定收缩应力下的饱和页岩时，页岩的总体积会增加。因此，膨胀应变在黏土层的边界发育。膨胀现象在脱水后是可逆的。换句话说，膨胀的页岩随着水分子的流失而收缩。因此，如果膨胀的页岩在套管后面的环空空间形成了密封，那么它可能就不是一种合适的永久封堵材料。

值得一提的是，并不是所有的地层都会发生天然蠕变，但是有一些会发生。例如，在挪威大陆架的挪威区域，Statfjord A 和 Grane 油田存在一个蠕变地层，在北海和挪威海的所有油田都观察到了不同程度的蠕变。然而，在巴伦支海中部/东部没有发现天然蠕变的地层。

有 6 种促使地层移动的替代机制[26, 31]：

（1）剪切或拉伸破坏——当环空流体施加的压力低于原位上覆岩层压力时，地层就会陷入不稳定状态。如果压差足够大，地层就会发生剪切或拉伸破坏。环空压降是施工后期常见的现象，由于钻井液中较重组分的分离，环空流体的钻井液密度随着时间的推移而降低。一些井的胶结测井显示，在移动的地层之间有一些岩层没有移动。然而，后面的上下地层在同一井中移动[26]。因此，这种驱动机制本身并不是导致地层移动的因素。

（2）压实破坏——当多孔岩石经历高静水压力或孔隙压力变化时，颗粒可能会松动或破裂。颗粒向开放空间的运动，可以视为重新定向，导致更紧密的填充。这个过程被称为压实破坏[31]。压实破坏在砂岩等多孔岩石中很常见。这种机制被认为是地层移动的后续反应，而不是一种触发过程。

（3）液化——一般来说，任何非液相按照流体动力学表现的过程都被称为液化。在岩石力学中，当疏松（未压实）的多孔岩石完全或部分饱和，并失去其强度，开始在任何施加应力的响应下流动时，这个过程称为液化。记录的胶结测井数据显示了良好的键合，这意味着固体材料填充了环空空间。因此，液化不是驱动机制。

（4）热效应或膨胀——一般来说，提高温度会减缓岩石的移动，并引起一定程度的膨胀。然而，在油井的生产寿命中，温度变化很小，而且在温度不高的井深浅部记录了地层运动。因此，热效应不可能是触发机制。

（5）化学效应——在使用油基钻井液和水基钻井液钻的不同井中，已经发现了地层向套管移动的现象。因此，化学效应不可能是主要因素，也不能被视为主要驱动机制。

（6）蠕变——这是一个与时间相关的参数，该现象发生在很长一段时间内。在一些油田，观察到岩石移动的过程是缓慢的，然而，在一些井中则相对较快。可以得出，在某些区域，蠕变可以被视为主要机制，而在另一些领域，蠕变和剪切破坏可以同时作为驱动机制。

迄今，已确定北海蠕变地层的岩性从渐新统（古近系）到上侏罗统不等。另一个使用蠕变地层作为井屏障的例子是在墨西哥湾，盐层通常被用作外部屏障[32]。

由于利用蠕变地层是一种经济有效和安全的方法，研究人员一直在努力了解地层开始蠕变的机制和条件。研究表明，热处理、化学活化、环空流体变化和突然压降等参数可能激活或加速地层蠕变。其中，突然的压降有可能成为一种快速激活机制[27]。改变环空液体可能会产生膨胀效应，因此，它并不是关注的重点。

地层已显示出其作为盖层的长期耐久性。但是，目前还没有对蠕变地层的耐久性进行研究。然而需要注意的是，人工激活地层蠕变可能会改变其性质。因此，建议对激活地层的力学性质和长期完整性进行研究。利用蠕变地层作为环空屏障有几个优点，但也有一些限制，见表4.6。

表4.6 使用蠕变地层作为环空屏障的优点和可能的限制

优点	可能的限制
（1）不需要分段铣削； （2）节约成本的封堵和弃置方法； （3）可靠耐用的堵漏材料； （4）无 HSE 问题； （5）耐用	（1）不是每个地层都会发生蠕变； （2）非蠕变地层的激活机制还不清楚； （3）权威机构规定的桥塞长度要求； （4）标准方法不明确； （5）人为激活地层可能会伤害其力学性能和长期耐久性

4.3 非凝结（水泥浆）——未固结砂浆

永久封堵材料在弃井和弃井后会受到不同应力的情形，如构造应力、储层压实、温度变化等。硅酸盐水泥是永久封堵和弃置的主要材料，但是存在相关问题，包括其脆性、收缩性、气体通过大块材料迁移、暴露于高温和化学物质的长期降解等，这促使研究人员寻找替代材料。由于固化材料具有一定的脆性，工程疏松材料已被建议作为替代的封堵材料[33]。这些类型的材料也有其他名称，如灌浆和非凝结材料[1]。在这些材料中，未固结的沙子或黏土混合物[33]、膨润土球团[34]、碳酸钙[35]和重晶石桥塞[36]是最为熟知的。

未固结的砂浆由两相组成—固相和液相。固相为工程粒径分布（PSD）的砂；液相是一种传导流体，由水、少量分散剂和提供混合物可泵性的增黏剂组成的混合流体。混合物通常由约75%体积分数的固体和25%体积分数的载液组成[33]，密度为17.9lb/gal。浆料是宾汉塑性材料，在低应力时表现为刚体，但在高应力时会发生流动，如图4.12所示。

颗粒被固体颗粒和导电流体之间的静电力（Zeta电势❶）填充[37]。图4.13显示了用于临时弃井和永久弃井作业的商业化未固结砂浆。

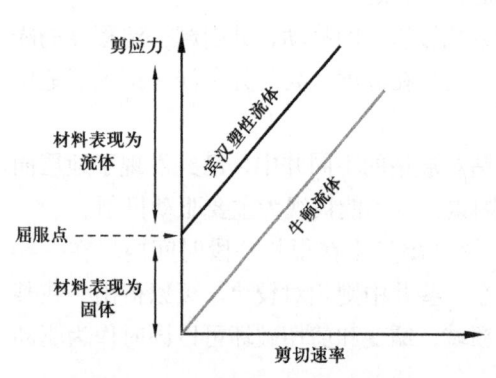

图4.12 宾汉塑性流体的流动行为

---

❶ 浸没在导电液体中的固体粒子表面之间的电位差。

图 4.13　疏松砂浆可作为替代的封堵材料（由 FloPetrol 井屏障提供）

图 4.14 为脱水松散砂浆的扫描电镜图像（SEM），不同颗粒的尺寸明显可见。

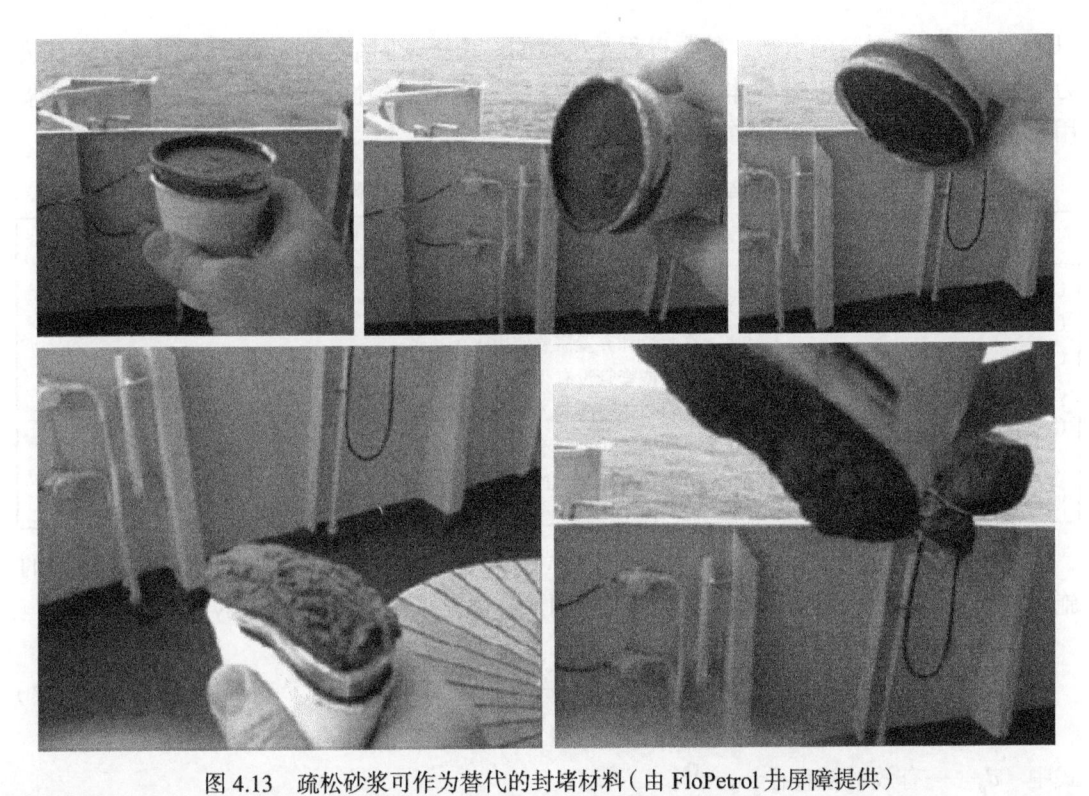

图 4.14　脱水疏松砂浆的扫描电镜图像（由 FloPetrol 井屏障提供）

未固结的砂浆在放置后不会凝固，因此不会收缩。由于材料不凝固，任何施加的应力都不能使其断裂。当井下剪切力超过材料极限时，材料开始流动，剪切力降低到屈服强度以下。这导致了材料的重塑，整个过程是机械的。由于未固结的砂浆由石英组成，具有热力学稳定性，并且在没有载体流体的情况下，桥塞保持均匀性。表 4.7 列出了未固结砂浆用于永久封堵和弃置的优点和可能的限制。

表 4.7 未固结砂浆在永久封堵和弃置方面的优点和可能的限制

优点	可能的限制
（1）灵活； （2）非降解； （3）不收缩的； （4）无毒； （5）自愈； （6）气密性； （7）无须等待凝固	（1）高屈服应力可能会给可泵性带来困难； （2）永久封堵和弃置需要使用永久基底； （3）与地层或套管没有化学粘结强度； （4）如果材料不受限制，则没有套管或地层密封； （5）常规验证方法可能不适用于寻找桥塞顶部； （6）无效泵送可能导致封隔

由于水泥浆不凝固，该材料可以用于层位分隔，如果有坚实的基底，也可以用于井的施工。此外，桥塞的渗透率（K）不能直接测量，因此采用 Blake–Kozeny 模型：

$$K = \frac{\varepsilon^3}{(1-\varepsilon)^2} \frac{d_p^2}{150} \tag{4.7}$$

式中　d_p——有效颗粒直径，μm❶；
　　　ε——介质孔隙度；
　　　150——几何项的经验因子。

Blake–Kozeny 模型表明，最大渗透率将由微米大小的粒子来决定。通过应用达西定律，将式（4.7）中的渗透率项代入，不可压缩流体通过介质的流速为：

$$v = \frac{d_p^2}{150\mu} \frac{\varepsilon^3}{(1-\varepsilon)^2} \frac{\Delta p}{\Delta L} \tag{4.8}$$

［例 4.1］考虑孔隙度为 0.25，有效颗粒直径为 $1\mu m$ 和 $0.1\mu m$ 的疏松砂浆，估算浆液的渗透性。

解：孔隙度为 0.25，有效颗粒直径为 $1\mu m$ 时，利用 Blake–Kozeny 方程，渗透率为：

$$K = \frac{0.25^3}{(1-0.25)^2} \times \frac{1^2}{150} = 1.85 \times 10^{-4} (D)$$

选择有效粒径为 $0.1\mu m$，估算的渗透率为：

$$K = \frac{0.25^3}{(1-0.25)^2} \times \frac{0.1^2}{150} = 1.85 \times 10^{-6} (D)$$

---

❶ 物理量计算单位由译者补充。——编者注

4.3.1 可泵性

任何封堵材料在井下条件下的可灌注性是一个主要要求。研究表明，通过调整粒径分布（PSD）设计来调节松散砂浆的可泵性。此外，还应仔细考虑增加的导电流体体积，因为不适当的液体含量可能增加颗粒之间的距离，从而改变孔隙度和渗透率。由于未固结的砂浆具有非常高的屈服应力，施加的泵摩擦可能具有一定挑战。实验表明，在不增加导流液体积的情况下，通过调节砂浆的颗粒尺寸分布可以控制屈服应力[33, 39]。

4.3.2 耐久性

使用永久性封堵材料的目的是为了持久地承受井下条件，因此应检查其长期耐久性。耐久性通常应根据公认的标准进行测试，但是水泥的替代材料没有这样的标准[37]。由于未固结的砂浆由石英砂、硅灰石和碎石组成，它们不太可能与井下化学物质相互作用。

4.4 热固性聚合物

热固性材料，又称热固性聚合物，是一种具有三维结构和低摩尔质量（<10000g/mol）的有机化合物。图4.15显示了化学科学中热固性材料之间的关系。多项聚合物用来描述由多个单体组成的大分子、重复单元［图4.16（a）］。聚合物的流变性和力学性能取决于几个因素，包括单体单元、单体之间的化学键、分子间力和存在于聚合物之间的分子内力。树脂是一种合成聚合物，可分为两类：热固性树脂和热塑性树脂。

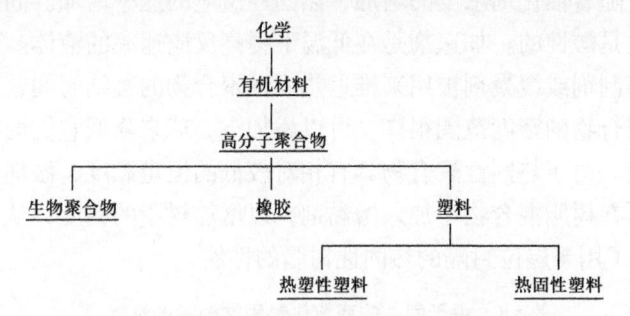

图4.15 化学科学中热固性材料之间的关系[40]

热固性聚合物彼此交联，如图4.16（b）所示。由于彼此交联，材料强度得到发展。这种交联可以通过加热或化学作用断开，但是条件非常苛刻。

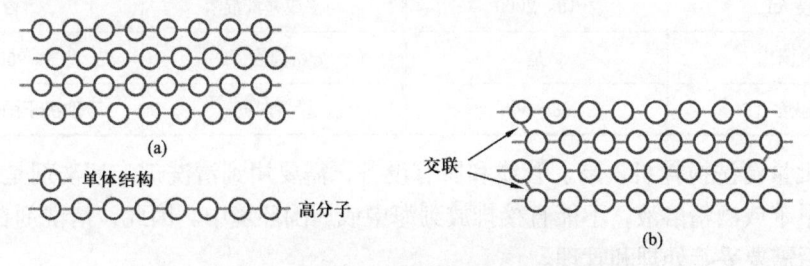

图4.16 由大分子和单体组成的聚合物结构

热固性树脂是在催化剂存在的情况下，通过加热和加压或两者的结合而固化的，该凝结过程不可逆。这意味着树脂固化后不能再加热和重塑。热固性树脂在固化前通常为液相，如图 4.17 所示。化学反应发生在加热过程中，并形成交联的强共价键。热固性树脂通常在负载下发生永久性或塑性变形。

热固性材料的稳定性取决于交联密度和聚合物的芳香族含量，但一般来说，随着交联密度的增加，产品的脆性存在问题[40]。

热固性材料应用于石油工业的历史可以追溯到 20 世纪 60 年代，当时人们建议用树脂来治理出砂[42]。从那时起，它们就被提出并应用于钻井液漏失控制、特别是在封堵微小泄漏、套管泄漏、射孔孔眼、管鞋和衬管顶部挤注等补救作业、防砂控砂以及树脂基水泥的生产[4, 41, 43-45]。由于每个井眼在特定深度、井下压力和温度、倾角、井眼几何形状和地层强度方面都是独特的，因此需要使用一系列添加材料来获取热固性聚合物适当的流变性和力学性能。这些材料包括催化剂、加速剂、抑制剂、质量填料、膨胀剂和增黏剂[46]。催化剂或硬化剂是液态，它能促进化学反应而不为反应所改变。随着催化剂浓度的增加，热固性反应的速率增加。固井中用于热固性聚合物的催化剂通常是酸性的。加速剂是在低温下提高反应速率的液体。由于升高的温度增加了反应速率，抑制剂或缓凝剂被用来推迟热固性聚合物的凝结时间，通常是使用抑制剂来解决。热固性聚合物的密度范围很广，可以添加空心球来降低它们的密度或添加重粒子来增加它们的密度。由于热固性聚合物具有相对较低的恒定黏度，添加重颗粒可能会导致颗粒偏析。因此，在树脂混合物中加入增黏剂，以增加树脂的黏度，从而提高树脂的提升能力。表 4.8 给出了用于层位封隔的热固性树脂的性能。

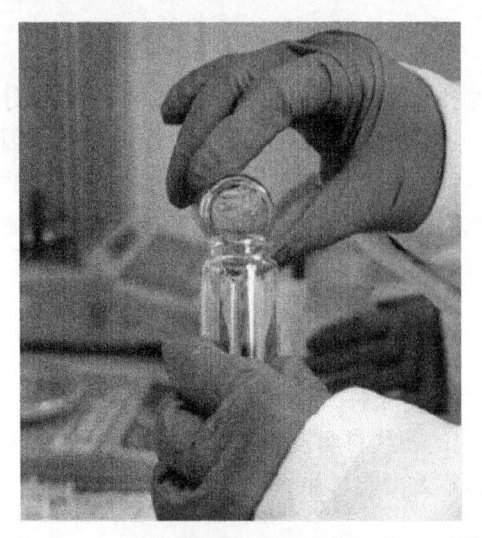

图 4.17 热固性树脂的物理性质和颜色外观[41]
（由 WellCem AS 提供）

表 4.8 用于固井的商业化热固性树脂的性能[46]

性质	范围	性质	范围
密度 /（lb/gal）	6.2～20.8	通过管道泵送	是
黏度 /cP	10～2000	与水或井液混溶	否
直角稠化	是	分解温度 /°F	900
目标温度 /°F	68～300	设置时间	取决于固化温度

为了批量清洗搅拌机、泵、管线和所有设备，需要用到清洗剂。清洗剂是化学溶液，通常是二甲苯或酒精溶液，不能直接排放到海中或周围环境中。因此，清洗剂在使用过程中和使用后需要妥善处理和管理。

表 4.9 比较了用于油气井层位封隔的硬化热固性树脂与纯 G 级水泥的性能。然而，热固性树脂的收缩系数、剪切粘结强度和水力粘结强度数据尚未公开。

表 4.9 用于油气井层位封隔的硬化热固性树脂与纯 G 级水泥的性能比较

类别	抗压强度 / kpsi	抗弯强度 / kpsi	弹性模量 / kpsi	弯曲应变 / %	渗透率 /mD 水	渗透率 /mD 油
热固性树脂	11.2	6.5	325	1.9	$<0.5 \times 10^{-6}$	$<0.5 \times 10^{-6}$
硅酸盐水泥	8.4	1.4	537	0.32	1.6×10^{-3}	不可用

4.4.1 主要降解机理

合成聚合物降解机制取决于其结构和暴露条件。一般来说，有机聚合物有 5 种主要降解机制：(1) 物理降解；(2) 化学降解；(3) 热降解；(4) 水热降解；(5) 生物降解[48, 49]。物理降解是由于机械应力、温度和时间造成聚合物形态的破坏，它造成可逆的物理性质的变化。化学降解主要是由于暴露于高温、污染物和微观宏观生物条件下导致。这种类型的降解大大改变了有机聚合物的物理性质，发生在分子水平上，是不可逆的。热降解发生在玻璃化转变温度以上，并且也是不可逆的。水热降解发生在存在水分的高温条件下，并导致永久性的物理性质的变化。在这种情况下，水分子渗透到聚合物基体中，高温使聚合物链之间的相互作用退化。可能导致基体的膨胀和聚合物基体的塑化。生物降解机制包括微生物对热固性有机物的分解。在石油工业中，利用热固性有机聚合物进行层位分隔和永久封堵和弃置，这些降解机制的组合可能是协同或拮抗的。为了了解热固性合成聚合物在井下条件下的耐久性，还需要进行大量的研究。

4.4.2 热固性树脂的长期完整性

4.4.2.1 暴露于井下化学品

任何推荐的封堵材料的长期耐久性都需要全面研究，因为重新进入和修复屏障可能是危险的、耗时的，甚至是不现实的。在井下条件下，热固性树脂与包括盐水、原油、H_2S、CO_2 和产热气体在内的井下化学物质的相互作用必须进行记录。

通过初步的实验公布了为油井应用设计的商用热固性树脂的耐久性（表 4.10）。采用原油、CO_2、H_2S 和甲烷气体代表井筒化学物质。热固性树脂体系在卤水环境下的老化试验结果不得而知。但是，水热降解是主要降解机制之一。

表 4.10 显示，原油在 212°F 和 266°F 时降解了热固性树脂体系，但甲烷气体是惰性气体，不与树脂体系相互作用。CO_2 对 212°F 和 266°F 时的抗压强度没有影响，但对 266°F 时的抗弯强度有影响。H_2S 降低了 212°F 和 266°F 时的抗压和抗弯强度。

在老化测试过程中，当热固性树脂体系暴露在井下化学品中时，有必要研究其质量和体积的变化。

由 $\ln[w]$ 对时间的曲线得到 $-k$。一旦知道了 E_a 和 A，就可以估计树脂体系在任何温度下的寿命。对不同树脂体系热特性的研究表明，当井下温度高于玻璃化转变温度（T_g）时，树脂体系的寿命可能是永久封井堵井应用的一个问题[49]。如果井下温度高于玻璃化转变温度，聚合物具有更高的自由体积和更高的渗透率。Jones 等[49]实验研究了三种树脂体系在高于 T_g 温度下的热降解。他们估计，在这些体系中，树脂需要 60~150 年的时间才能减轻 10% 的质量。但是，高压对热降解的影响尚未被研究。他们还得出结论，当温度高于 T_g 时，树脂降解会随着温度的升高而加剧。在设计树脂体系尤其是在永久封井时需要考虑 T_g。表 4.11 列出了使用热固性树永久封井方面的优势和可能的限制。

表 4.11 热固性树脂在永久封井方面的优势和可能的限制[47, 49-50]

优势	可能的限制和缺点
（1）气密性（非常低的渗透性）； （2）与地层和钢材的粘结性强； （3）机械性能好； （4）对井筒流体和岩石具有化学惰性； （5）户外储存没有害影响； （6）不需要特殊设备来制备混合物； （7）等待凝固时间短； （8）抗拉强度高； （9）树脂本身无固相（无颗粒）	（1）固态时通常易碎，它们的脆性与聚合物、固化压力和温度有关； （2）长期耐久性行为部分未知； （3）与盐水相互作用和解聚； （4）与毒性有关的 HSE 问题； （5）可泵性数据有限； （6）用于固井套管时的验证方法未知； （7）可能与修井液或泥浆相互作用； （8）高 pH 值介质会恶化热固性聚合物； （9）化学收缩； （10）没有与地层和钢材的水力粘结强度的数据

4.5 金属

如第 3 章所述，套管钢不能作为永久封堵材料，除非它的内外都有水泥或其他合适的材料保护。而一些其他类型的低熔点金属被建议用作永久封堵材料，包括金属铋、镓、锑或低熔点共晶合金（Cerro 合金）[51-52]。共晶合金是一种金属元素，它可在单一温度下熔化和凝固，该温度低于单独元素或任何组合的熔点。共晶合金没有固相或液相转变相，也就是完全固态或完全液态状态。石油工业中最著名的共晶合金是铋基合金。有一些概念表明使用共晶合金，如铋作为永久屏障。因此，下文将详细讨论铋合金。

铋是一种金属元素，符号为 Bi，原子序数为 83。铋很脆，是一种非常弱的放射性物质。铋合金已经在实验室以及一些现场试验中作为永久封堵材料进行了测试，用于修复持续的套管压力和封堵产水区域[52-54]。铋基合金用于制造金属对金属密封，其在石油工业中的应用可以追溯到 20 世纪 30 年代的斯伦贝谢兄弟时期。与其他金属相比，铋基合金熔点很低。纯铋元素在环境压力下的熔点为 520°F，凝固后膨胀 3%。但是据报道，它的合金熔点要低得多，可降至 174°F，膨胀系数也较低。

由于金属合金有很高的密度，液态金属需要一个基础作为基底。膨胀合金的设计使其熔化温度高于预期的最大井温。有两种不同的铋基合金的放置技术：将熔化的合金放置到容器内所需的深度；或将固体合金降低到所需的深度并在井下加热。在第一种技术中，熔融的合金通过一个容器携带，该容器可以提供高于合金熔点的温度。当合金到达所需深度时，容器口打开，液体合金从容器中流出。第二种技术最常见，采用不同的方式，包括：使用电阻或电磁感应进行一次井下加热，原位放热化学反应，或加热蒸汽注入[51, 55]。

使用铋基合金最大的挑战是当发生原位放热反应时，在桥塞的安装过程中对垂直热传播的控制。最近的一项进展是采用电缆作业作为铋合金桥塞放置技术（图4.19）。桥塞装置由点火系统、合金夹套、内管和裙座四大部分组成。内管充满铝热剂穿过铋合金夹套。在点火时，铝热剂反应产生热量，一旦加热，铋合金夹套熔化。由于熔化的铋合金密度高，无法保持其位置，裙部提供机械支撑，直到铋合金桥塞冷却凝固。采用这种方法，可以更有效地实现径向和垂直向的热控制。

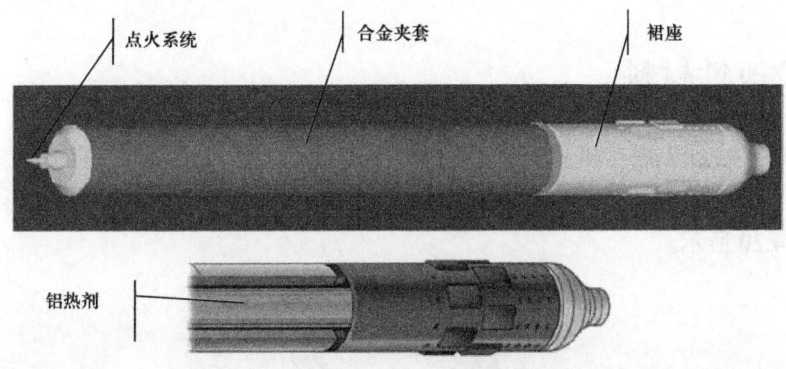

图 4.19　铋合金插头放置组件[55]

表4.12列出了可供选择的具有不同熔点范围的可膨胀铋合金。

表 4.12　铋基合金的几种典型熔点温度[56-58]

金属	x	熔点范围 /°F
$Bi_{100-x}Sn_x$	0～5	464～520
$Bi_{100-x}Cu_x$	0～45	520～1562
$Bi_{100-x}Hg_x$	0～45	530～520
$Bi_{100-x}Sn_x$	5～42	280～520
$Bi_{100-x}Pb_x$	0～44.5	255～622
$Bi_{100-x}Cd_x$	0～40	284～610

在永久封堵和弃置作业中，使用合金封堵材料既有优点，也有一些可能的局限性，见表4.13。由于铋合金与套管没有物理结合，所以它依靠膨胀来承受机械和液压载荷。此外，如果由于膨胀而对套管施加的力很大，那么套管水泥可能会发生潜在的变形，这可能会危及水泥的完整性。

表 4.13　用于永久性封堵和弃置的铋基合金的优势及可能的限制和缺点

优势	可能的限制和缺点
（1）极低渗透性或不渗透性； （2）无钻机作业； （3）不爆炸； （4）不收缩	（1）没有关于密封能力的数据； （2）没有关于耐久性的数据； （3）与地层或套管没有化学结合； （4）井下流体位移不确定； （5）安装过程中控制垂直热传播； （6）没有关于与地层和钢材的水力结合强度的数据； （7）金属相对脆弱； （8）屏障验证方法不明确； （9）屏障的最大长度有限； （10）如果在合金中使用汞或铅有毒

4.6　原位改性材料

最近出现了一种无需钻机、高效进行永久封堵和弃置作业的方法。在这个概念中，从井筒中选择一个目标层段，并将所有的原位元素熔化。冷却后，由原位材料形成一个固化屏障，如图 4.20 所示。

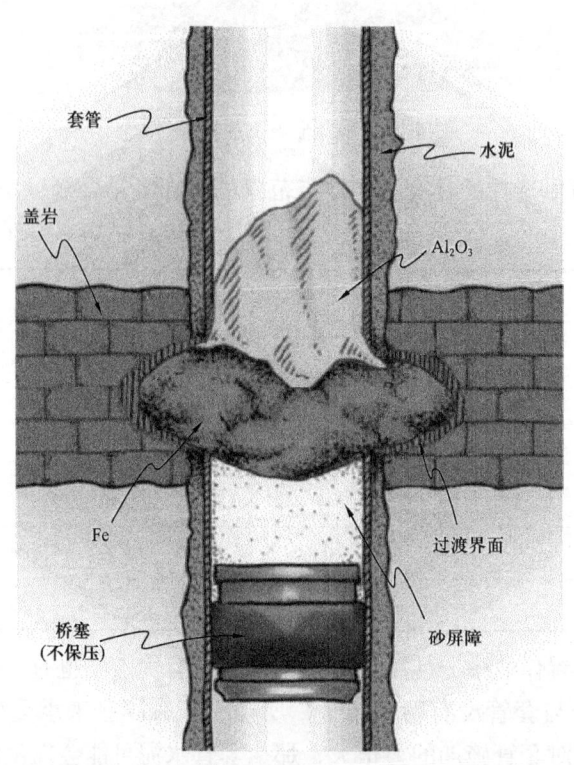

图 4.20　改良原位材料作为永久屏障的概念图[59]

为了熔化原位材料，铝热剂被用作产生所需热量的能源。1903年，戈德施密特首次提出了"thermit"一词[60]。铝热剂是一种金属粉末，它通过加热产生效果。该反应是放热氧化还原反应，由热引起的。反应的一般形式是[60]：

$$M+AO \longrightarrow MO+A+\Delta H \tag{4.13}$$

其中，M是金属或合金，A是金属或非金属，MO和AO是它们对应的氧化物，ΔH是反应过程中产生的热。

例如，下面是一个众所周知的反应：

$$2Al+Fe_2O_3 \longrightarrow 2Fe+Al_2O_3+\Delta H \tag{4.14}$$

该反应是一种单质置换反应，即铝与氧化铁反应并取代化合物中的铁。与铁相比，铝的反应性更强，它更容易提供电子，而且由于置换产生了大量的能量。上述反应产生的温度超过了5432℉。该反应消耗少量氧气，并且是自持续反应。一般来说，铝热剂反应需要燃料金属和氧化剂。燃料金属包括但不限于铝、钛、镁、硼、锌和硅。在这些材料中，铝由于成本低、沸点高而最受到关注。氧化剂包括但不限于氧化铋（Ⅲ）、氧化硼（Ⅲ）、氧化硅（Ⅳ）、氧化铁（Ⅱ）和氧化铜（Ⅱ）。表4.14给出了一些铝热剂反应的绝热温度（T_{ad}）及其产物的熔点（T_{mp}）。

表4.14 铝热剂反应的绝热温度和熔点[60]

类别	反应式	T_{ad}[①]/K	金属的T_{mp}[②]/K
Ⅰ.常见结构金属的形成	$Al+\frac{1}{2}Fe_2O_3 \longrightarrow Fe+\frac{1}{2}Al_2O_3$	3622	1809
	$Al+\frac{3}{2}NiO \longrightarrow \frac{3}{2}Ni+\frac{1}{2}Al_2O_3$	3524	1726
	$Al+\frac{3}{4}TiO_2 \longrightarrow \frac{3}{4}Ti+\frac{1}{2}Al_2O_3$	1799	1943
	$Al+\frac{3}{8}Co_3O_4 \longrightarrow \frac{9}{8}Co+\frac{1}{2}Al_2O_3$	4181	1495
Ⅱ.难熔金属的形成	$Al+\frac{1}{2}Cr_2O_3 \longrightarrow Cr+\frac{1}{2}Al_2O_3$	2381	2130
	$Al+\frac{3}{10}V_2O_5 \longrightarrow \frac{6}{10}Fe+\frac{1}{2}Al_2O_3$	3785	2175
	$Al+\frac{3}{10}Ta_2O_5 \longrightarrow \frac{6}{10}Ta+\frac{1}{2}Al_2O_3$	2470	3287
	$Al+\frac{1}{2}MoO_3 \longrightarrow \frac{1}{2}Mo+\frac{1}{2}Al_2O_3$	4281	2890

续表

类别	反应式	T_{ad}[①]/K	金属的T_{mp}[②]/K
Ⅱ.难熔金属的形成	$Al + \frac{1}{2}WO_3 \longrightarrow \frac{1}{2}W + \frac{1}{2}Al_2O_3$	4280	3680
	$Al + \frac{3}{10}Nb_2O_5 \longrightarrow \frac{6}{10}Nb + \frac{1}{2}Al_2O_3$	2756	2740
Ⅲ.其他金属和非金属的形成	$Al + \frac{1}{2}B_2O_3 \longrightarrow B + \frac{1}{2}Al_2O_3$	2315	2360
	$Al + \frac{3}{4}PbO_2 \longrightarrow \frac{3}{4}Pb + \frac{1}{2}Al_2O_3$	>4000	600
	$Al + \frac{3}{4}MnO_2 \longrightarrow \frac{3}{4}Mn + \frac{1}{2}Al_2O_3$	4178	1517
	$Al + \frac{3}{4}SiO_2 \longrightarrow \frac{3}{4}Si + \frac{1}{2}Al_2O_3$	1760	1685
Ⅳ.核金属的形成	$Al + \frac{3}{16}U_3O_8 \longrightarrow \frac{9}{16}Co + \frac{1}{2}Al_2O_3$	2135	1405
	$Al + \frac{3}{4}PuO_2 \longrightarrow \frac{3}{4}Pu + \frac{1}{2}Al_2O_3$	796	913

注：T_{ad}—绝热温度；T_{mp}—熔点。

燃料、金属和氧化剂的不同组合以可控的方式产生不同的能级。这种方法被称为"稀释"，以控制产生的热量。当产生足够的能量时，一些井下设备如套管、水泥、控制线和部分原位地层会被熔融。但要获得足够高的能量来熔化井下设备，就需要一定量的铝热剂，这取决于燃料和氧化剂的类型。

反应的产物通常是较重的金属相和较轻的氧化物相。由于重力的作用，较轻的相向上迁移，较重的相向下移动。在油井应用中，凝固点是至关重要的，在较轻的氧化相迁移之前，产品凝固可能会导致不连续的屏障。

在冷却之前，需要安装一个机械桥塞作为熔料的基础。因为高温可能会损坏机械桥塞，所以要在上面铺上沙子。电缆工具配有一个护套，其中包含铝热剂和一个点火器。该方法采用电缆作业来建立屏障。该工具主要由4部分组成：重载、分离器、铝热池和点火器［图4.21（a）］。电缆提供点燃铝热剂混合物所需的电力。当铝热剂反应开始时，铝热剂池中可用的铝热剂在反应中被消耗，反应加热并熔化邻近的设备。由于产生的能量很高，在较浅深度井下流体的快速膨胀可能是一个问题。因此，在冷却时对铝热池施加重载荷以压缩屏障［图4.21（b）］。由于高能量可能熔化相应重载荷，使用分离器加以保护。当屏障建立后，重载荷和分离器被回收［图4.21（c）］。

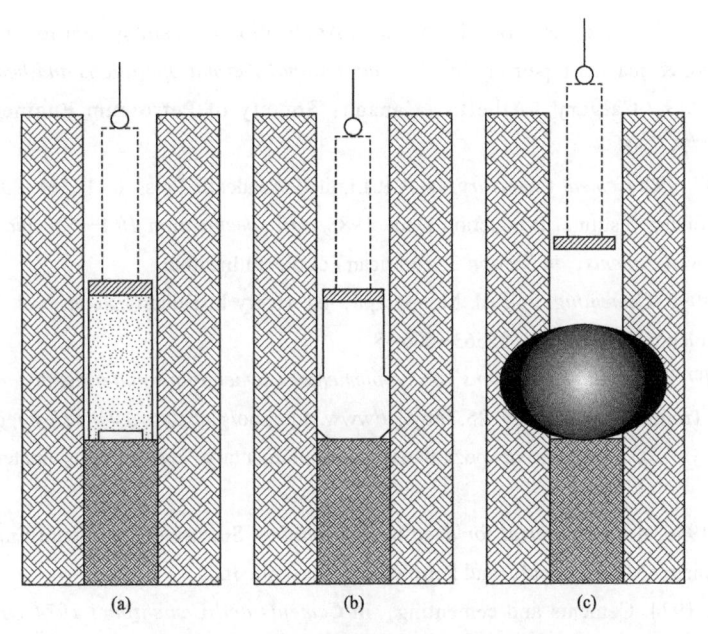

图 4.21 原位改性材料法建立永久屏障

如何在径向和垂直方向控制热传播，是这种方法相关的挑战之一。当建立屏障时，改性材料和非改性材料之间的过渡区域需要进行限定。目前，还没有确定的方法。此外，有限的数据可用性是另一个潜在的限制，并且屏障耐久性也需要关注，见表 4.15。

表 4.15 原位改性材料的优点和可能的限制和缺点[59-62]

优势	可能的限制和缺点
（1）无修井机作业的概念； （2）操作安全，设备强度低	（1）屏障主要由铁组成，这与长期耐久性有关； （2）在建立屏障时，井下流体的存在可能会破坏屏障的密封性； （3）已建立屏障的最大长度； （4）下入工具所需的最小井眼直径； （5）偏离截面的重力会导致桥塞在液相中时发生偏析； （6）冷却和凝固时的收缩可能会产生微裂缝； （7）数据可用性有限； （8）未商业化

参 考 文 献

[1] Oil & Gas UK. 2015. Guidelines on qualification of materials for the abandonment of wells. In *Bond strength*. The UK Oil and gas industry association limited: Great Britain p. 48-50.

[2] Vrålstad, T., A. Saasen, E. Fjær, et al. 2018. Plug & abandonment of offshore wells: Ensuring long-term well integrity and cost-efficiency. *Journal of Petroleum Science and Engineering*. https://doi.org/10.1016/j.petrol.2018.10.049.

[3] Khalifeh, M., A. Saasen, H. Hodne, et al. 2019. Laboratory evaluation of rock-based geopolymers for zonal isolation and permanent P&A applications. *Journal of Petroleum Science and Engineering* 175: 352-362. https://doi.org/10.1016/j.petrol.2018.12.065.

[4] Wasnik, A.S., S.V. Mete, and B. Ghosh. 2005. Application of resin system for sand consolidation, mud loss control & channel repairing. In *SPE international thermal operations and heavy oil symposium*. SPE-97771-MS, Calgary, Alberta, Canada: Society of Petroleum Engineers. https: //doi.org/10.2118/97771-MS.

[5] Taylor, H.F.W. 1992. *Cement Chemsitry*. 1st A.P. Limited. Academic Press. 0-12-683900-X.

[6] American Petroleum Institute. Production Dept. 1988. *API specification 10A—Specification for materials and testing for well cements*, in Section 2. American Petroleum Institute.

[7] Smith, D.K. 1990. *Cementing*. 2nd ed. Monograph, ed. Henry L. Doherty Series. vol. 4. New York City: Society of Petroleum Engineers. 1-55563-006-5.

[8] Østnor, T. 2007. *"Alternative pozzolans" as supplementary cementitious materials in concrete—State of the art*. SINTEF: Trondheim—Norway. 25. https: //www.sintef.no/globalassets/sintef-byggforsk/coin/sintef-reports/sbf-bk-a07032_alternative-pozzolans_-assupplementary-cementitious-materials-in-concrete.pdf.

[9] Smith, D.K. 1956. *A new material for deep well cementing*. Society of Petroleum Engineers: American Institute of Mining, Metallurgical, and Petroleum Engineers, Inc.

[10] Smith, D.K. 1974. Cements and cementing, In *Cements and Cementing (1974 DPM Chapter 16)*. Society of Petroleum Engineers. 0-87814-057-3.

[11] Haarmon, J.A. and H.D. Woodard. 1955. *Use of oil-cement slurries for decreasing water production*. American Petroleum Institute.

[12] Patchen, F.D., R.F. Burdyn, and I.R. Dunlap. 1959. *Water-In-Oil emulsion cements*. Society of Petroleum Engineers.

[13] Oyarhossein, M. and M.B. Dusseault. 2015.Wellbore stress changes and micro annulus development because of cement shrinkage. In *49th U.S. rock mechanics/geomechanics symposium*. ARMA-2015-118 San Francisco, California: American Rock Mechanics Association.

[14] Carter, L.G., H.F.Waggoner, and C. George. 1966. Expanding cements for primary cementing. *Journal of Petroleum Technology* 18 (05): 551-558. https: //doi.org/10.2118/1235-PA.

[15] Benge, G. 2005. *Cement* designs for high-rate acid gas injection wells. In *International petroleum technology conference*. IPTC-10608-MS, Doha, Qatar: International Petroleum Technology Conference. https: //doi.org/10.2523/IPTC-10608-MS.

[16] Pike, W.J. 1997. Cementing multilateral wells with latex cement. Journal of Petroleum Technology, 49 (08): p. 849-849. https: //doi.org/10.2118/0897-0849-JPT.

[17] Zeng, J., F. Sun, P. Li, et al. 2012. Study of Salt-tolerable Latex Cement Slurries. In *The twenty-second international offshore and polar engineering conference*. Rhodes, Greece: International Society of Offshore and Polar Engineers.

[18] Sun, F., G. Lv, and J. Jin. 2006. Application and research of latex tenacity cement slurry system. In *International oil&gas conference and exhibition in China*. SPE-104434-MS, Beijing, China: Society of Petroleum Engineers. https: //doi.org/10.2118/104434-MS.

[19] Bykov, V.V., S.A. Paleev, and Y.V. Medvedev. 2016. Improving the quality of cementing lines and conductors in the conditions of permafrost in the fields in eastern Siberia. In *SPE Russian Petroleum technology conference and exhibition*. SPE-181937-MS, Moscow, Russia: Society of Petroleum Engineers. https: //doi.org/10.2118/181937-MS.

[20] Morris, E.F. 1970. Evaluation of cement systems for permafrost. In *Annual Meeting of the American Institute of Mining, Metallurgical, and Petroleum Engineers*. SPE-2824-MS, Denver, Colorado: Society of Petroleum Engineers. https://doi.org/10.2118/2824-MS.

[21] Shryock, S.H. and W.C. Cunningham. 1969. Low-temperature (Permafrost) cement composition. In *Drilling and Production Practice*.API-69-048, Washington, D.C.: American Petroleum Institute.

[22] Duguid, A. 2009. An estimate of the time to degrade the cement sheath in a well exposed to carbonated brine. *Energy Procedia* 1(1): 3181-3188. https://doi.org/10.1016/j.egypro.2009.02.101.

[23] Lécolier, E., A. Rivereau, G. Le Saoût, et al. 2007. Durability of hardened portland cement paste used for oilwell cementing. *Oil & Gas Science and Technology*, 62 (3). https://doi.org/10.2516/ogst: 2007028.

[24] Noik, C. and A. Rivereau. 1999. Oilwell cement durability. In *SPE annual technical conference and exhibition*. SPE-56538-MS, Houston, Texas: Society of Petroleum Engineers. https://doi.org/10.2118/56538-MS.

[25] Vralstad, T., J. Todorovic, A. Saasen, et al. 2016. Long-term integrity of well cements at downhole conditions. In *SPE bergen one day seminar*. SPE-180058-MS, Grieghallen, Bergen, Norway: Society of Petroleum Engineers. https://doi.org/10.2118/180058-MS.

[26] Williams, S.M., T. Carlsen, K.C. Constable, et al. 2009. Identification and qualification of shale annular barriers using wireline logs during plug and abandonment operations. In *SPE/IADC drilling conference and exhibition*. SPE-119321-MS, Amsterdam, The Netherlands: Society of Petroleum Engineers. https://doi.org/10.2118/119321-MS.

[27] Fjær, E. and T.G. Kristiansen. 2017. *Activated creeping shale to remove the open annulus*. https://www.norskoljeoggass.no/Global/PAF%20seminar%202017/10%20Activated%20creeping%20shale%20to%20remove%20the%20open%20annulus%20-%20Erling%20Fj%C3%A6r, %20Sintef%20-%20Tron%20Kristiansen, %20AkerBP-20171022192329.pdf?epslanguage=no. Cited 2018 January 14.

[28] Al-Bazali, T.M., J. Zhang, M.E. Chenevert, et al. 2005. Measurement of the sealing capacity of shale caprocks. In *SPE annual technical conference and exhibition*. SPE-96100-MS, Dallas, Texas: Society of Petroleum Engineers. https://doi.org/10.2118/96100-MS.

[29] Chenevert, M.E. and S.O. Osisanya. 1992. Shale swelling at elevated temperature and pressure. In *The 33th U.S. Symposium on Rock Mechanics (USRMS)*. ARMA-92-0869, Santa Fe, New Mexico: American Rock Mechanics Association.

[30] Santos, H., A. Diek, J.C. Roegiers, et al. 1996. Can shale swelling be (easily) controlled?In *ISRM international symposium—EUROCK 96*. ISRM-EUROCK-1996-014, Turin, Italy: International Society for Rock Mechanics.

[31] Fjar, E., R.M. Holt, A.M. Raaen, et al. 2008. *Petroleum related rock mechanics*. Developments in Petroleum Science. vol. 53. The Netherlands: Elsevier Science. 9780444502605.

[32] Fredagsvik, K. 2017. *Formation as barrier for plug and abandonment of wells*. Department of Petroleum Engineering University of Stavanger: Stavanger, Norway.

[33] Saasen, A., S. Wold, B.T. Ribesen, et al. 2011. Permanent abandonment of a north sea well using unconsolidated well-plugging material. *SPE Drilling & Completion* 26 (03): 371-375. https://doi.org/10.2118/133446-PA.

[34] Englehardt, J., M.J. Wilson, and F. Woody. 2001. New abandonment technology new materials and placement techniques. In *SPE/EPA/DOE exploration and production environmental conference*. SPE-66496-MS, San Antonio, Texas: Society of Petroleum Engineers. https://doi.org/10.2118/66496-MS.

[35] Ogata, S., S.Kawasaki, N.Hiroyoshi, et al. 2009.Temperature dependence of calcium carbonate precipitation for biogrout. In *ISRM regional symposium—EUROCK*. ISRM-EUROCK-2009-052, Cavtat, Croatia: International Society for Rock Mechanics.

[36] Messenger, J.U. 1969. Barite plugs effectively seal active gas zones. In *Drilling and production practice*. API-69-160, Washington, D.C.: American Petroleum Institute.

[37] Vignes, B. 2011. Qualification of well barrier elements—long-term integrity test, test medium and temperatures. In *SPE European health, safety and environmental conference in oil and gas exploration and production*. SPE-138465-MS, Vienna, Austria: Society of Petroleum Engineers. https://doi.org/10.2118/138465-MS.

[38] Pacella, H.E., H.J. Eash, B.J. Frankowski, et al. 2011. Darcy permeability of hollow fiber bundles used in blood oxygenation devices. *Journal of Membrane Science* 382(1): 238-242. https://doi.org/10.1016/j.memsci.2011.08.012.

[39] Godøy, R., Svindland, A., Saasen, A., et al. 2004. Experimental analysis of yield stress in high solids concentration sand slurries used in temporary well abandonment operations. In *Annual transactions of the nordic rheology society* 12: Nordic Rheology Society. https://nordicrheologysociety.org/Content/Transactions/2004/Experimental%20analysis%20of%20yield.pdf.

[40] Dodiuk, H. and S.H. Goodman. 2014. *Handbook of thermoset plastics*, 3rd ed. United States of America: Elsevier. 978-1-4557-3107-7.

[41] Knudsen, K., G.A. Leon, A.E. Sanabria, et al. 2015. First application of thermal activated resin as unconventional LCM in the middle east. In *Abu Dhabi international petroleum exhibition and conference*. SPE-177430-MS, Abu Dhabi, UAE: Society of Petroleum Engineers. https://doi.org/10.2118/177430-MS.

[42] Strohm, P.J., M.A. Mantooth, and C.L. Depriester. 1967. Controlled injection of sand consolidation plastic. *Journal of Petroleum Technology* 19(04): 487-494. https://doi.org/10.2118/1485-PA.

[43] Degouy, D. and M. Martin. 1993. Characterization of the evolution of cementing materials after aging under severe bottom hole conditions. *SPE Drilling & Completion*, 08(01). https://doi.org/10.2118/20904-PA.

[44] Morris, K., J.P. Deville, and P. Jones. 2012. Resin-based cement alternatives for deepwater well construction. In *SPE deepwater drilling and completions conference*. SPE-155613-MS, Galveston, Texas, USA: Society of Petroleum Engineers. https://doi.org/10.2118/155613-MS.

[45] Sinclair, A.R. and J.W. Graham. 1978. An effectivemethod of sand control. In *SPE Symposium on Formation Damage Control*. SPE-7004-MS, Lafayette, Louisiana: Society of Petroleum Engineers. https://doi.org/10.2118/7004-MS.

[46] Sanabria, A.E., K. Knudsen, and G.A. Leon. 2016. Thermal activated resin to repair casing leaks in the middle east. In *Abu Dhabi international petroleum exhibition&conference*. SPE-182978-MS, Abu Dhabi, UAE: Society of Petroleum Engineers. https://doi.org/10.2118/182978-MS.

[47] Beharie, C., S. Francis, and K.H. Øvestad. 2015. Resin: An alternative barrier solutionmaterial. In *SPE Bergen One Day Seminar*. SPE-173852-MS, Bergen, Norway: Society of Petroleum Engineers. https://doi.org/10.2118/173852-MS.

[48] Bakir, M., C.N. Henderson, J.L. Meyer, et al. 2018. Effects of environmental aging on physical properties of aromatic thermosetting copolyester matrix neat and nanocomposite foams. *Polymer Degradation and Stability*, 147(Supplement C): 49-56. https://doi.org/10.1016/j.polymdegradstab.2017.11.009.

[49] Jones, P., C. Boontheung, and G. Hundt. 2017. Employing an arrhenius rate law to predict the lifetime of oilfield resins. In *SPE international conference on oilfield chemistry*. SPE-184557-MS, Montgomery, Texas, USA: Society of Petroleum Engineers. https://doi.org/10.2118/184557-MS.

[50] Khoun, L., and P. Hubert. 2010. Characterizing the cure shrinkage of an epoxy resin in situ. *Plastic Research Online*. https://doi.org/10.2417/spepro.002583.

[51] Bosma, M., E.K. Cornelissen, K. Dimitriadis, et al. 2010. *Creating a well abandonment plug*. U.S. Patent, Editor. https://www.google.com/patents/US7640965.

[52] Carpenter, R.B., M.E. Gonzalez, V. Granberry, et al. 2004. Remediating sustained casing pressure by forming a downhole annular seal with low-melt-point eutectic metal. In *IADC/SPE drilling conference*. SPE-87198-MS, Dallas, Texas: Society of Petroleum Engineers. https://doi.org/10.2118/87198-MS.

[53] Carpenter, R.B., M. Gonzales, and J.E. Griffith. 2001. Large-scale evaluation of alloy-metal annular plugs for effective remediation of casing annular gas flow. In *SPE Annual Technical Conference and Exhibition*. SPE-71371-MS, New Orleans, Louisiana: Society of Petroleum Engineers. https://doi.org/10.2118/71371-MS.

[54] M2M, W.-L. *Alaska pilot test*. 2017. https://www.norskoljeoggass.no/Global/PAF%20seminar%202017/09%20Field%20experience%20of%20alternative%20sealing%20materials%20and%20barriers%20-%20Paul%20Carragher, %20BiSN-20171022192332.pdf?epslanguage=no. Cited 13 Dec 2017.

[55] Abdelal, G.F., A. Robotham, and P. Carragher. 2015. Numerical simulation of a patent technology for sealing of deep-sea oil wells using nonlinear finite element method. *Journal of Petroleum Science and Engineering*, 133(Supplement C): 192-200. https://doi.org/10.1016/j.petrol.2015.05.010.

[56] Braga, M.H., J. Vizdal, A. Kroupa, et al. 2007. The experimental study of the Bi-Sn, Bi-Zn and Bi-Sn-Zn systems. *Calphad* 31(4): 468-478. https://doi.org/10.1016/j.calphad.2007.04.004.

[57] Chakrabarti, D.J. and D. Laughlin, E.. 1984. The Bi-Cu(Bismuth-Copper) system. *Bulletin of Alloy Phase Diagrams* 5(2): 148-155. https://link.springer.com/content/pdf/10.1007/BF02868951.pdf.

[58] Senapati, M.R. 2006. *Advanced engineering chemistry*. New Delhi, India: Laxmi Publications(P)LTD. 8170088895.

[59] Mortensen, F.M. 2016. *A New P&A technology for setting the permanent barriers*. Department of Petroleum Engineering. University of Stavanger: Norway. p. 98.

[60] Wang, L.L., Z.A. Munir, and Y.M. Maximov. 1993. Thermite reactions: their utilization in the synthesis and processing of materials. *Journal of Materials Science* 28(14): 3693-3708. https://doi.org/10.1007/BF00353167.

[61] Stein, A. 2016. Meeting the demand for barrier plug integrity assurance & verification of well abandonment barriers. In *SPE Asia Pacific Oil&Gas Conference and Exhibition*. SPE-182468-MS, Perth, Australia: Society of Petroleum Engineers. https://doi.org/10.2118/182468-MS.

[62] Wittberg, S.A. 2017. *Expanding the well intervention scope for an effective P&A Operation*, in *department of industrial economy*, 118. Norway: University of Stavanger.

开放获取

本章根据知识共享署名4.0国际许可协议（http://creativecommons.org/licenses/by/4.0/）进行授权，允许以任何媒介或格式使用、分享、改编、发布和复制，只要您适当地注明原始作者和来源，提供知识共享许可协议的链接，并指出是否进行了修改。

本章中的图像或其他第三方材料均包含在本章的知识共享许可协议中，除非在材料的版权说明中另有说明。如果您使用的材料不包含在本章的知识共享许可协议中，这是不被法律许可，也超出了允许的使用范围，您需要直接获得版权持有人的许可。

第 5 章 不同类型的钻井作业装置

油气井位于海上还是陆地是考虑油气井的永久封井弃井时的关键因素。对于陆上油井，井深、井下压力和操作复杂性决定了作业装置的类型。对于海上油井，设施类型、水深、井下压力和工作装置的可用性是选择作业装置的主导因素。这些作业装置用于平台作业，也可以进行海底作业。本章将根据钻井位置和设施类型（图 5.1），使读者熟悉用于永久封井弃井的不同作业装置。此外，船舶也被视为新一代作业装置，但由于不计入钻井平台，因此不包括在图 5.1 中。

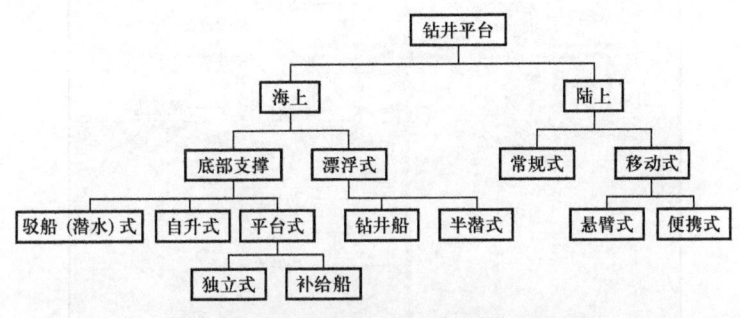

图 5.1 基于井位的不同钻井作业装置

5.1 陆上钻井装置

陆上油井是最常见的油气井。已知的第一口陆上钻井的历史可以追溯到公元前 347 年的中国[1]。1859 年，Edwin L.Drake 钻出第一口成功的商业化油井，从那时起，随着能源需求的增加，为开发油气资源的钻井项目越来越多。随着油气井井深的增加，人们开发了不同类型的陆上钻机。陆上钻机的设计基于便携性和最大作业深度被分为两大类：常规陆上钻机和移动式陆上钻机。

5.1.1 常规陆上钻机

常规陆上钻机在现场搭建，并在完成钻井后留在现场。该钻机可用于油井整个生命周期内的修井作业。然而，由于钻机建造成本高，引入了移动式钻机以及可以移动和重复使用的井架。图 5.2 展示了陆上旋转钻机及主要部件。

5.1.2 移动式陆上钻机

移动式陆上钻机分为悬臂井架和便携式井架。悬臂井架在现场地面组装，然后利用钻

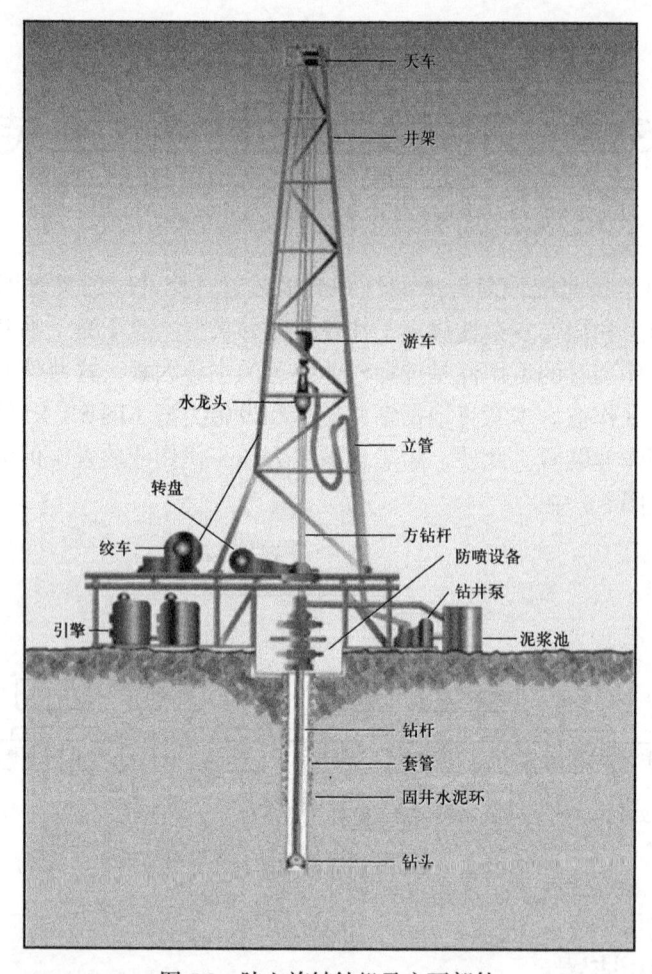

图 5.2 陆上旋转钻机及主要部件

机提升设备或绞车提升至指定位置。便携式井架通常作为一个整体安装在轮式卡车上，并运输至目的地，通过使用承载装置上的液压活塞将其提升至指定位置。根据作业地区、作业深度和动力要求，设计并提供不同类型的陆地钻机。适用型钻机是一种专门为偏远地区如沙漠、北极等环境恶劣，交通条件不足的地区设计的陆地钻机。

旋转钻机的主要部件包括：动力系统、提升系统、循环系统、旋转系统和井控系统[2]。这些部件都是钻井和永久封井弃井作业所必需的，因此，本章将对其进行全面讨论。

5.2 海上钻井装置

随着世界对化石燃料能源需求的增加，油气资源的勘探和生产逐步向边远地区发展。在近海区块，尽管钻机及其主要系统的功能可能不受位置的影响，但需要改进陆地钻机以适应水下钻进。因此，开发和引进了移动式海上钻井装置或称钻井平台（MODUs 或 Rigs）。海上钻机的主要设计特点是轻便性和最大作业水深。海上钻井平台大致分为浮式支撑或底部支撑。浮式钻井平台分为半潜式钻井平台和钻井船。底部支撑钻机分为驳船、自升式钻机和平台钻机[3]。

5.2.1 潜水/驳船钻井平台

潜水/驳船钻井平台用于浅水钻井，工作水深小于40ft，且没有严重波浪的环境。钻井平台安装在大型浮筒状结构的驳船上，由拖船拖至现场。就位后，浮筒装满水，平台部分或全部下沉，并靠在锚上。钻井作业完成后，抽水，平台准备移动到新位置。如果驳船支撑在海底，则将其视为底部支撑钻井平台。

5.2.2 半潜式钻井平台

半潜式钻井平台（图5.3）不仅可以支撑在海底，在处于浮动时也可进行钻井作业。与潜水钻井平台（也称为瓶型半潜钻井平台）相比，该类型的钻井平台通常造价和运营成本较高，且具有良好的稳定性和耐波性，因此被用于深水钻井。当半潜式钻井平台不能支撑在海底时，它可以锚定在该位置，或用动态定位系统保持在该位置。

5.2.3 钻井船

钻井船是一种将钻机安装在船上的浮船（图5.4）。钻井船通常配备先进的动态定位系统用于海上勘探。由于钻井船受益于动态定位系统，因此与半潜式钻井平台相比，通常成本要高得多。近年来，钻井船已用于深水和超深水区域的作业，其中有几代钻井船只配备系泊系统或一般动态定位系统，与半潜式钻井平台相比成本更低。钻井船具有在钻井位置之间的高效调动和高速行驶的优势，但伴随的不足是它对大浪、风和海流非常敏感。

近年来，无立管施工船被用于取心等小型钻井活动[4]。该类型的小型钻井船能够配备油井施工设备，如连续油管装置。这些船只的成本远低于其他类型钻机，但是等待适合作业的天气的时间更长。本章稍后将对船舶进行介绍。

图5.3 半潜式钻井平台（由Seadrill提供）

5.2.4 自升式钻井平台

自升式钻井平台是最常见的底部支撑钻井平台，由驳船型船体（三角形驳船形式）和三个支架组成，如图5.5所示。当钻井平台就位时，支架下降以调整至给定位置。自升式钻井平台是一种独立的钻井装置，可以很容易地组装和拆卸。根据它们的大小，可以在500ft 深的水中作业[5]。

图 5.4　钻井船就位（由 Seadrill 提供） 　　图 5.5　自升式钻井平台（由 Seadrill 提供）

5.2.5　平台钻机

平台钻机通常在海上油田的开发阶段使用。大型平台也被称为独立式平台，能够容纳钻机或模块化钻机并钻取多口定向井（图 5.6）。因为不需要系泊系统或动态定位系统，平台钻机的装配时间通常会比大多数海上钻机少。但在某些情况下，由于等待天气，钻机安装时间可能会增加。

图 5.6　操作中的平台钻机（AkerBP）

5.2.6　补给船钻井平台

有些情况下，平台很小，无法容纳钻机或储存设施的所有部件。在这种情况下，浮船被锚定在平台旁边（图 5.7）。浮船作为钻井平台的补给船，包含储存设施、钻机部件和生活区。

图 5.7　锚定船舶运行时的补给船钻井平台（由 Seadrill 提供）

5.2.7　钻探船

钻探船是小型商用船，能进行一些基本操作，如油井基本施工和锚处理。与钻井船相比，钻探船的日费率要低得多。这些类型的船舶分为轻型井施工船和锚处理船。

5.2.7.1　轻型井施工船

轻型井施工船（LWIV）已在英国北海地区使用超过 25 年。轻型井施工船可用于水下单井或多井作业，具有独立、灵活且高成本效益的优势。如图 5.8 所示，它们可以容纳电缆装置和连续油管装置。

图 5.8　轻型井施工船（由 Helix Energy Solutions Group 提供）

Te—等效吨

典型的轻型井施工船作业[6]包括油井关井、修井作业，比如注水泥塞、机械维修或油井维护、射孔和注水泥塞、井口切割和移除、测井、远程操作潜水器（ROV）服务和泵送作业。未来轻型井施工船将用于永久封井弃井作业。然而目前技术仍存在不足，具体见表 5.1。

表 5.1　用于永久封井弃井操作的 LWIV 的优点和可能的局限性[7]

优点	可能的局限性
（1）配有井控包； （2）绳索作业； （3）连续油管作业； （4）井口切割和移除； （5）建立临时废弃的活动； （6）钻杆排放； （7）固井适配器工具； （8）灵活且经济高效	（1）拉力有限； （2）由于面积小，等待天气的时间很长； （3）甲板空间有限； （4）高动作增加了更多的风险

5.2.7.2　锚处理船（AHV）

锚处理作业可能占海上勘探钻井总成本的 10%～20%[8]。在常规的锚处理操作中，钻机的绞车用于张紧锚、锚处理船运输和部署锚，连接所需的链条、钢丝和聚酯绳。锚处理船可以在钻机到达之前预先铺设锚，节省钻井或封井弃井作业总时间。

5.3　海上油井类型

根据油田开发规划，海上油井可以作为水下井和平台井。根据井型的不同，封井弃井作业将有所不同。因此，了解水下井和平台井之间的主要区别非常重要。

5.3.1　水下井

在水下油井中，井口、采油树和生产控制设备均位于海底，可以单独、成组或在模板上实现钻井和完井。

单个水下井——单个水下井是作为一口独立的井实现钻完井。每完成一口井，钻井装置就要拆卸并移动到下一口井处施工，导致相关成本增加。

集群式水下井——集群式水下井先钻取单个井，如图 5.9 所示，将其连接到总管，然后将总管连接到生产装置。在这种情况下，通过节省流动管线和控制管线，可以降低油田开发成本。

模块化水下井——模块化水下井是另一种海底油田开发方式。通过使用模块钻井，在施工完成后可以直接移动到下个位置，相关的费用将降至最低。

水下井的模板是一种由钢制成的大型支撑结构。模板可以作为临时导向基座，也可以作为永久导向基座定位的锚。模板上有一个或多个开口，钻头可以通过该开口进行钻井，如图 5.10 所示。水下永久导向基座最初用于钻井、悬挂和支撑导管、井口和水下采油树。此外，模板可以保护油气井结构。

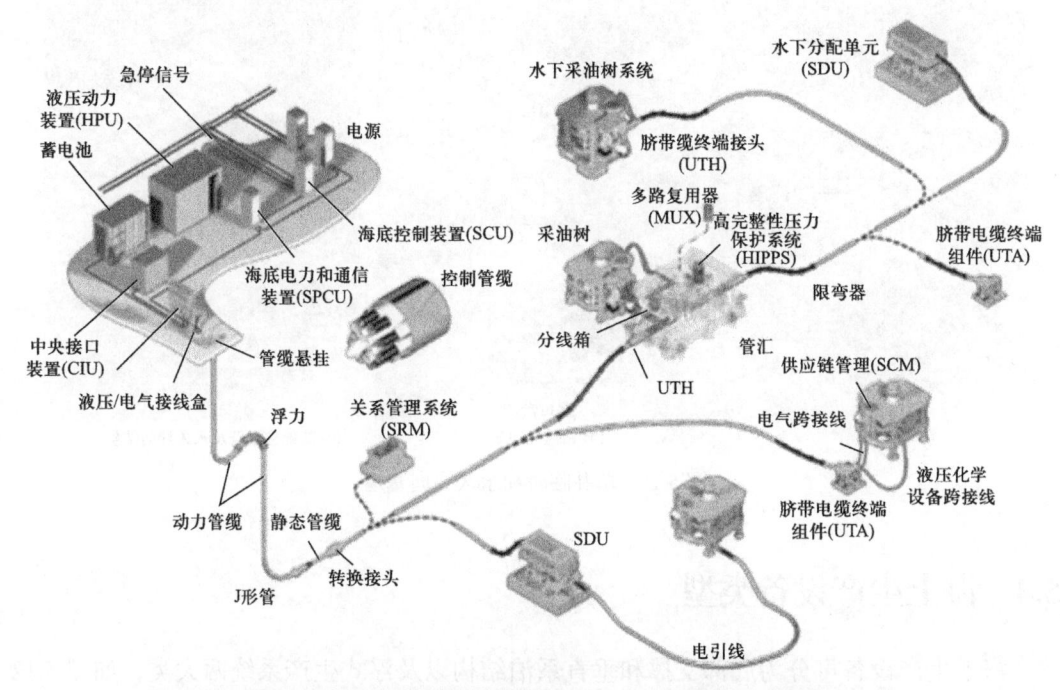

图 5.9　连接到总管的集群式水下井（由 TechnipFMC 提供）

图 5.10　模块化海底施工现场（由 Claxton 提供）

如图 5.11 所示，永久导向基座是一个安装在临时导向基座上的钢结构。

5.3.2　平台井

平台井的井口装置、采油树和生产控制设备位于生产平台上，平台的大小取决于井的数量、水深和顶部设施，如钻机、生活区、直升机停机坪等。

(a) 井口盘　　(b) 钻柱导向架　　(c) 基础桩套管及永久导向结构

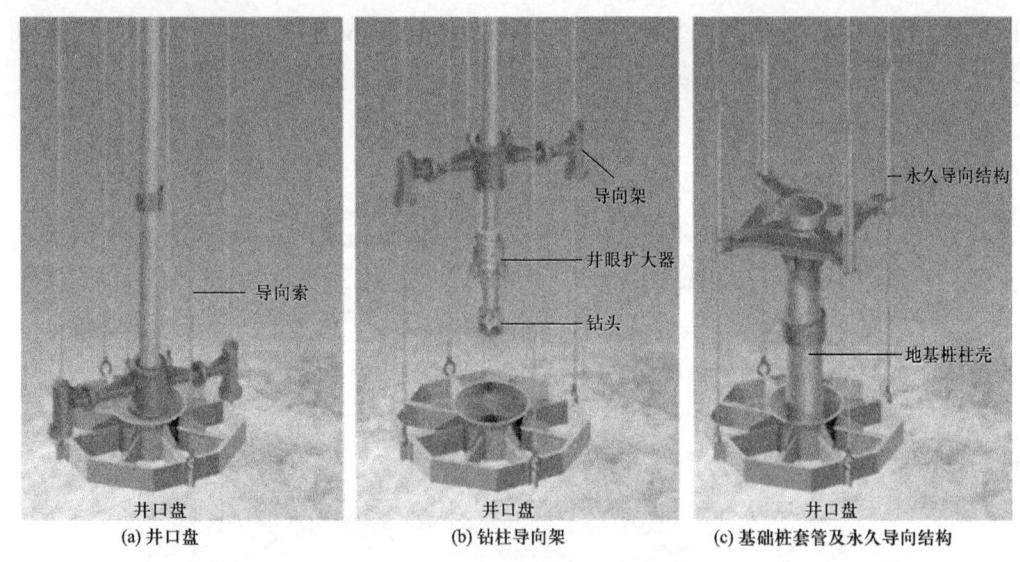

图 5.11　单井临时和永久导向基座

5.4　海上生产设备类型

海上生产设备可分为底部支撑和垂直系泊结构以及浮式生产系统两大类，如图 5.12 所示，图中显示了不同类别的海上平台。

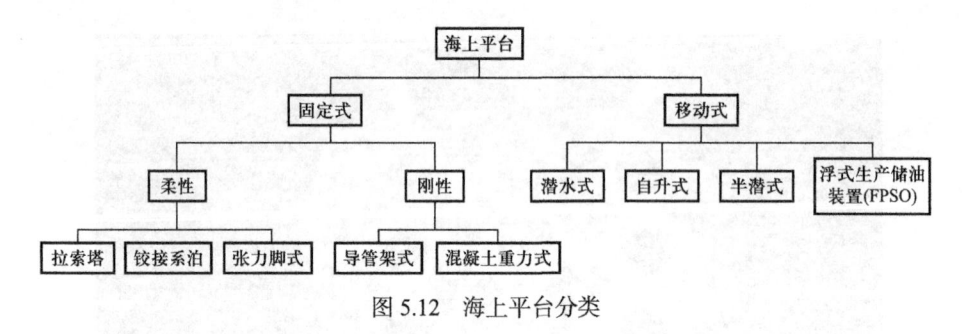

图 5.12　海上平台分类

5.4.1　底部支撑和垂直系泊结构

底部支撑和垂直系泊的海上平台可分为四大类型（图 5.13）：

（1）固定平台——固定平台依靠底部的钢筋混凝土柱支撑，固定在海底。适合在 400m 以下的中等水深中长期使用。固定平台依靠钢套管、混凝土沉箱、浮式钢、浮式混凝土等结构固定，其中钢套管是由管状钢构件制成，直接插入海底以保护管道。固定平台的甲板主要为一个主甲板、一个底层甲板和一个直升机甲板，依靠甲板腿支撑，而甲板腿又位于钢套管内的桩基上，桩基向下固定在海底，向上延伸支撑平台。

（2）顺应塔式平台——顺应塔式平台能够随着作用在结构上的外力移动，即结构的顺应特性可以响应所施加的外力[9]。顺应塔式平台是由一个狭窄的顺应塔组成，由桩基

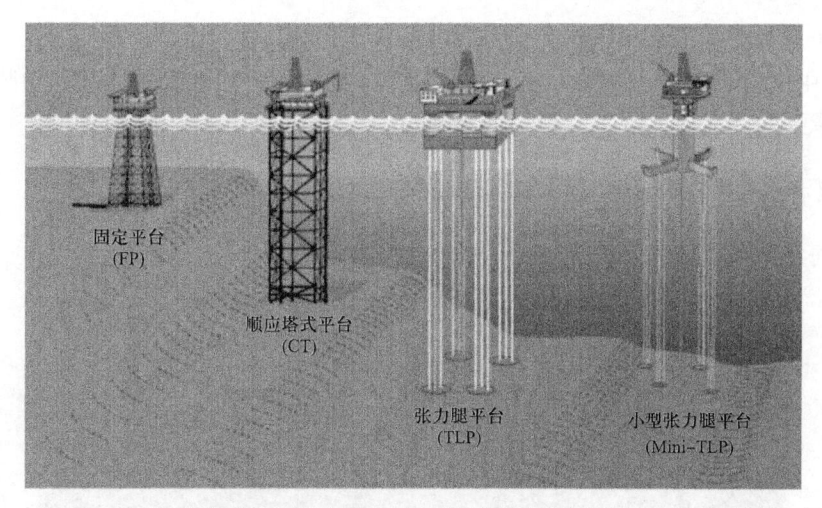

图 5.13 各种类型的底部支撑和垂直系泊的海洋平台。（BOEM 提供）

支撑。桩基向下固定在海底，支撑配备钻机和生产设施的甲板，其结构特性能够允许平台在水流、波浪和风中摆动。然而顺应塔式平台一般不用于钻井作业，其理论作业水深为 1400~3000ft。顺应塔式平台按照不同结构还可分为拉线塔、铰接式塔和张力腿平台。

（3）张力腿平台——张力腿平台是顺应塔式平台的一个子类别，都可以水平移动，如图 5.14 所示。张力腿平台为四柱结构，每个柱都通过系绳永久的系泊在海床上。系绳是一根垂直的钢管，一组系绳被称为张力腿，这种结构设计可以消除平台的垂直运动，这也意味着所有的系绳都处于预张力状态，这一特点允许将井口装置放置在甲板上，并通过使用刚性立管连接到水下装置。由于张力腿处于张力状态，平台对上部载荷的变化很敏感。

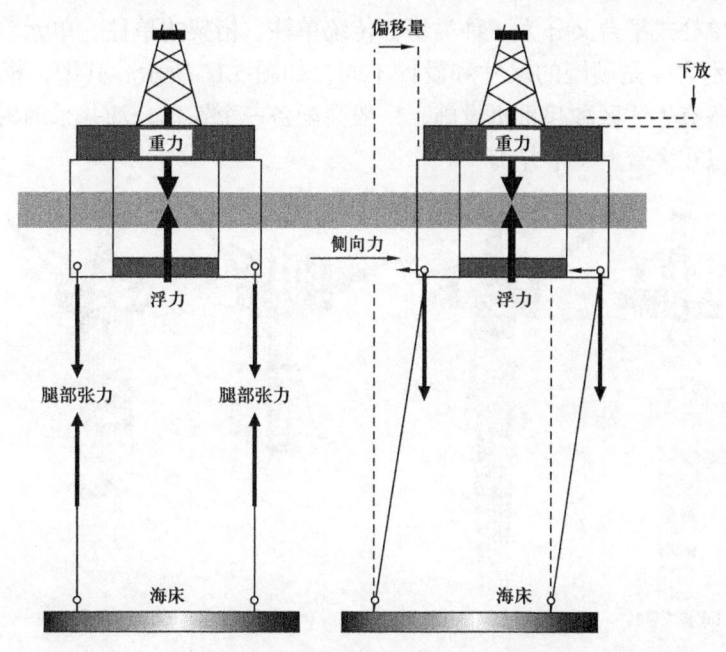

图 5.14 一种垂直方向受约束而水平平面高度柔性的张力腿平台

（4）小型张力腿平台——这类平台既有浮式平台的简洁特性，又保持了张力腿平台的优势[10]，由甲板、塔架、船体、水平浮桥和系绳组成。一般情况下小型张力腿平台水平面较低，承受的环境载荷较小，具有良好的响应特性。

5.4.2 浮式生产系统

这类海洋平台可分为三大类型（图5.15）：

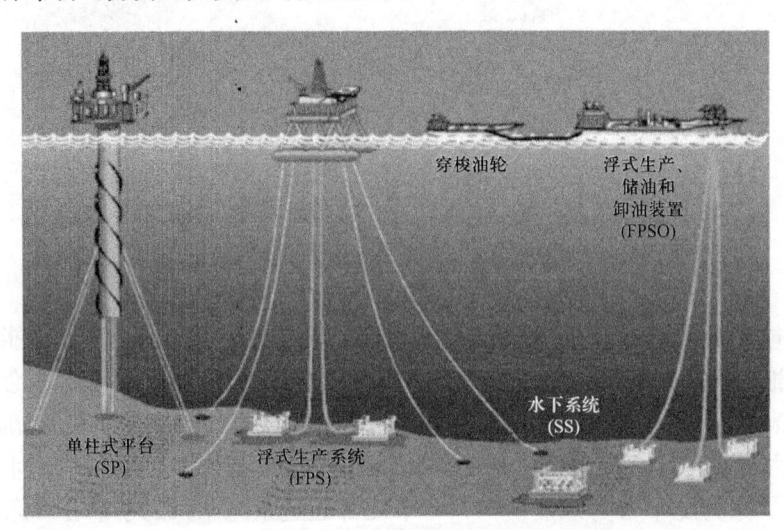

图5.15 浮动生产系统概述（由BOEM提供）

（1）单柱式平台——单柱式平台是一种浮式生产设备，由一个大直径的单垂直圆筒（硬罐）组成，其顶部支撑着平台甲板。单柱式平台通过一个扩展系泊系统永久地垂直固定在海床上。单柱式平台又分为4种类型：传统单柱、桁架式单柱、单元单柱和迷你轻型单柱，主要区别之一是硬罐的尺寸和设计不同，如图5.16所示。其中，桁架式单柱平台最为常见，配备有生活区和起重机设施，一般会配备一个钻机，油井采油树既可以在海底（湿井），也可以在平台上（干井）。

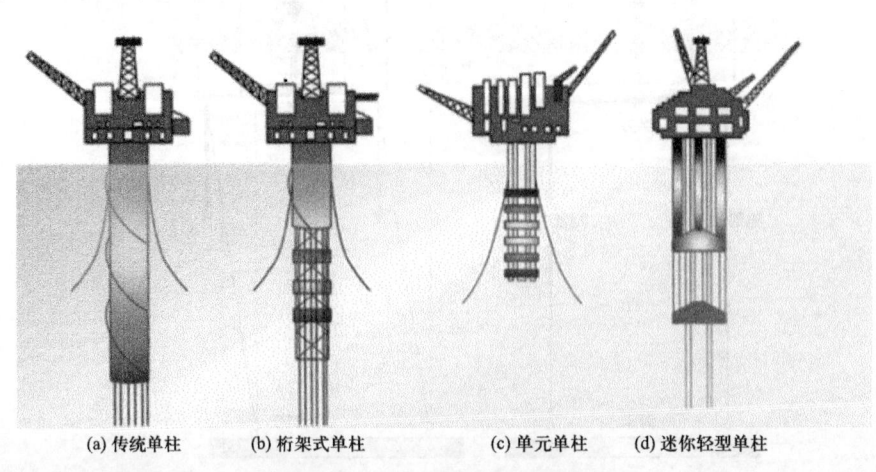

图5.16 4种不同类型的单柱式平台

（2）浮式生产系统（FPSs）——浮式生产系统由单体结构组成，并配有作业设施。浮式生产系统由系泊系统固定，因此弃井后仍可以调动和重复使用。浮式生产系统通常用于水下油井，其他如采油、储油和卸油系统也是浮式生产系统的一种。

（3）浮式生产、储油和卸油装置（FPSO）——浮式生产、储油及卸油装置是浮式生产系统的一种，常用于水下油井。浮式生产、储油及卸油装置只是船型漂浮物，不提供钻机或作业装置[11]。

5.5 载人平台和无人平台

固定平台可分为两类：载人平台和无人平台。

5.5.1 载人平台

所有能至少容纳一个人在24h内工作超过12h的海上建筑设施，被称为载人平台，同时配有油井作业装置或配套钻机。

5.5.2 无人平台

无人平台是一种自动化海上平台，平台上无持续性工作人员，而是在陆上基地进行远程操作。按照可用井数量以及是否配备直升机甲板、消防水系统和起重机，它们可以分为5种不同的类型，见表5.2。

这些类型的平台体积很小，在顶部可以提供直升机停机坪，但除了用于处理人员紧急情况的避难所之外，没有生活区。配备的起重机通常是轻质的，不能用于起重设备，如连续油管。由于这类平台很小，当工作人员使用平台进行日常活动，例如维修和油井作业时，通常借助位于平台旁边的补给船或起吊装置。备用单元为船上人员提供足够的甲板空间和生活区。当需要在无人平台进行更多的人员活动时，由于平台可能没有提供足够的救援船只或固定的消防水系统，因此需要额外的安全措施。

设计和建造简化的海上设施主要是为了降低初始成本；因此，在无人平台上作业时应考虑一些重要因素，包括安全关键系统、甲板空间、人员工作空间和天气情况。由于无人平台的极简化，平台没有配备所有的安全关键系统，如固定消防水泵和更大容量的救生艇；紧凑设计使得甲板空间也非常有限。因此，在作业期间，为了安全起见，除非作业是在备用工作单元进行，否则只允许最低限度的人员在无人平台上工作。在无人平台上执行作业需要考虑的另一个主要因素是天气。由于甲板空间、起重能力等方面的限制，通常采用海上支援钻机（备用工作单元）进行作业，否则恶劣天气可能会导致灾难性后果，如平台与工作单元之间的碰撞或压力控制程序破坏。无人平台的停机时间主要取决于季节，在北海，当使用浮动工作单元进行修井和封井弃井作业时，无人平台的停机时间可高达50%。

综合上述，无人平台的难点主要为生活区、设备限制（如数量、大小和重量）以及人员的快速转移，选择适当的备用工作单位可以弥补无人平台的不足之处。除了海上钻探装置外，普通的锚泊拖船、补给船和动力定位船也可以解决问题[12-13]。

表5.2　5种海上无人平台

类型		参数指标
类型0	带直升机坪的复杂平台	（1）配备固定式消防给水系统； （2）配有各种工艺设备，包括起重机（起重能力50~60tf）； （3）自动； （4）通常允许远程操作1~5周； （5）适用于连续油管和电缆作业
类型1	带直升机坪的简易平台	（1）通常支持2~12口井； （2）可使用吊车（起重能力10~50tf）； （3）没有消防给水系统； （4）配有测试分离器或多相计量； （5）通常允许远程操作2~3周； （6）可用于连续油管和电缆作业，也可仅用于电缆作业
类型2	无直升机坪的简易平台	（1）通常支持2~10口井； （2）小型起重机可用（起重能力1~2tf）； （3）没有消防给水系统； （4）无工艺设施； （5）通常允许远程操作3~5周
类型3	简约平台	（1）通常支持2~12口井； （2）无起重机； （3）没有消防给水系统； （4）无工艺设施； （5）可远程操作6个月至2年； （6）所有修井作业都需要海上支撑钻机
类型4	超级简约平台	（1）通常支持1口井； （2）一个小甲板； （3）井与管道直接相连； （4）所有修井作业都需要海上支撑钻机

5.6　浮式单元的系泊系统

在考虑海上作业时，设备的浮动对操作成本和操作风险有很大影响。对于浮式平台和浮式作业单元，浮动意味着气候停工，以及增加操作成本。也就是说，系泊系统的主要任务就是减少平台或工作单元的浮动。而固定平台和固定工作单元不需要系泊系统。研究表明，系泊作业的开支占钻井成本的近25%。因此，水下井或需要浮动单元辅助作业的平台井进行封井和弃井作业时，需要考虑有效的系泊系统。系泊系统的组成有：系泊链（锚链）、纤维绳、绞车、锚和系泊绞车。

系泊系统可以是临时的，也可以是常驻的。临时系泊提供的服务时间相对较短。服务周期可以是数周或数月一次。大部分进行封井和弃井作业的移动设备都要依靠临时系泊系统。而常驻系泊系统则可以将设备固定在相同位置长达数年。通常情况下，常驻系泊系统被用来栓固浮动生产设备。考虑到临时系泊系统和常驻系泊系统的差异，可以在设计过程中考虑系泊部件种类、系泊部件尺寸以及根据系统类型，对安装方法、检修手册等的标准进行分析。系泊系统一般主要分为三类（图5.17）：展开式系泊系统［图5.18（a）］、转塔式系泊系统［图5.18（b）］以及常规浮标系泊系统［图5.18（c）］。

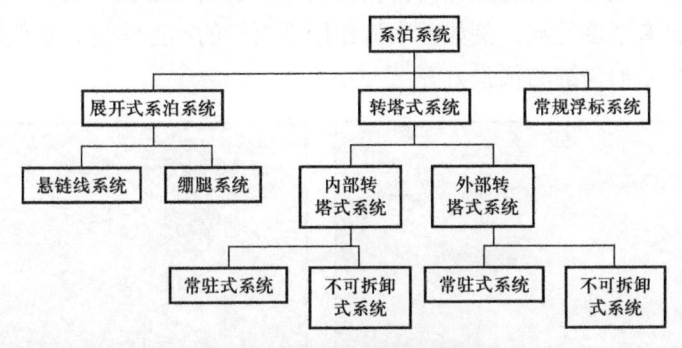

图 5.17 系泊系统的主要类型

资源来源：HESS
(a) 展开式系泊系统

资源来源：NOV APL
(b) 内部转塔系泊系统

资源来源：SOFEC
(c) 浮标系泊系统

图 5.18 系泊系统

5.6.1 展开式系泊系统

该系统内，系泊链布置在多个点位上，并且系统将作业单元或平台维持在固定方向上。展开式系泊系统内，系泊线配置主要分为两种：悬链线系统和绷腿系泊系统。

对于悬链线系统，抛物线形的锚链锚定在海床上。在该配置内，悬链线一端铺设在海床，另一端则在远离海床的位置与浮动单元的接头连接。通常情况下，悬链线为钢制链条，具有体积大，占据空间大，运输难度高的特点。并且在使用钢制链条时，也要考虑链条的腐蚀。

对于绷腿系泊系统，锚链同样在两固定端之间，一端固定在海床上，另一端固定在浮动单元接头上（图5.19），绷腿系泊系统的锚链使用的是聚酯纤维材料，与钢制链条相比有许多优点，包括：聚酯纤维链更轻，占据空间小，运输难度低，所以绷腿系泊系统可以进行软系泊，并且有诸多优点，例如：水流作用下更好的动态响应，更低的成本，无需担心腐蚀，以及减少系泊锚链的预张力等[14]。

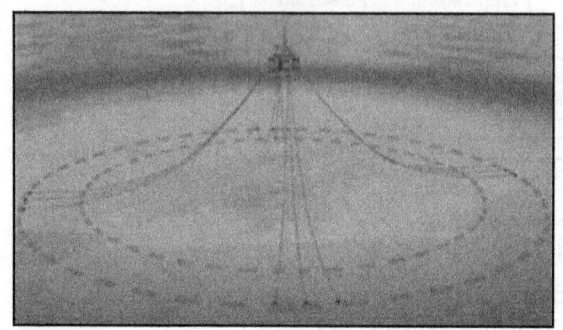

资料来源：C-Ray Media
悬链线系统关键属性
- 用于钢缆/钢丝绳/钢链系泊
- 短期深水钻井设施的首选系泊系统类型
- 与绷腿类型相比占地面积更大

(a) 悬链线系统

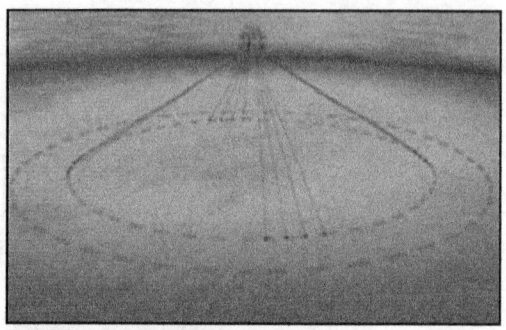

资料来源：C-Ray Media
绷腿系泊系统的关键属性
- 用于带吸桩的聚酯系缆
- 长寿命深水生产设施的首选系泊系统类型
- 与悬链线类型相比，占地面积减少40%

(b) 绷腿系泊系统

图5.19 展开式系泊系统使用的系泊链

资源来源：SIGMA OFFSHORE

图5.20 带干式系泊台的外部转塔

5.6.2 转塔式系泊系统

转塔式系泊系统主要分为两种：内部转塔式系泊系统和外部转塔式系泊系统（图5.20）。极端作业条件下内部转塔式最为常见。内部转塔式系泊系统置于船体内部［图5.18（b）］，有常驻式和不可拆卸式[15-17]，常驻式内部转塔系泊系统位于月池内。内部转塔系统主要用于中等至深水深度的系泊作业以及有大量柔性立管作业的场景。外部转塔系统也分为常驻式或不可拆卸式。转塔式系泊系统通常用于进行悬浮、生产、存储以及卸载作业的浮动系统和钻井船作业。

5.6.3 常规浮标系泊系统

传统的浮标系泊系统［图 5.18（c）］通常由浮标、系泊腿和锚点组成。典型的常规浮标系泊系统有 3~4 个浮标，这些浮标主要通过系泊腿、大抓力锚或者系泊桩固定在海床上。

5.6.4 海上系泊模式

对于临时和常驻停泊系统，有不同类型的海上系泊模式（图 5.21）。依据海上浮动装置的用途、作业类型、作业位置等，可以选用不同配置的设备。

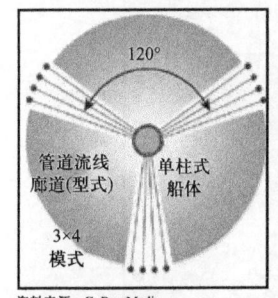

(a) 典型的桅杆系泊

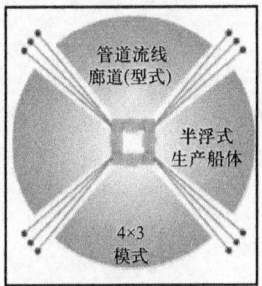

(b) 半浮式生产系统系泊

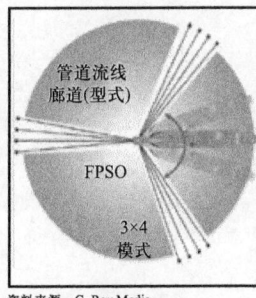

(c) 外部转塔式浮式 FPSO

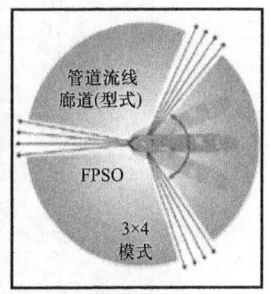

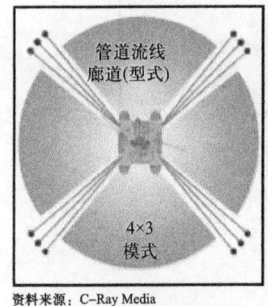

(d) 内部转塔浮式 FPSO

(e) 钻机（MODU）系泊

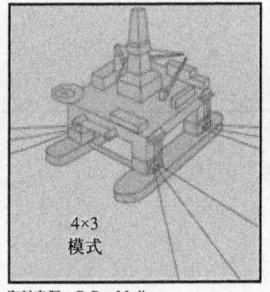

(f) MODU 船体和系泊线透视角度

(g) 带链条束的 TLP

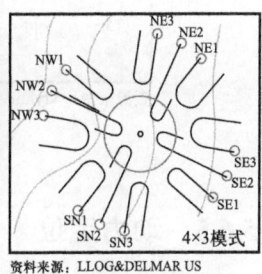

(h) 典型的海底预设系泊模式（WHD DAT SEMI-FPS）

(i) SPAR 系泊模式，4 个通道中有 1 个用于输油管、注水管线、管缆和出口管道

(j) BP 的 Quad 2024 FPSO 采用 4×5 系泊模式，有 4 条通道用于输送管线，以及位于 UK Cont 的管缆

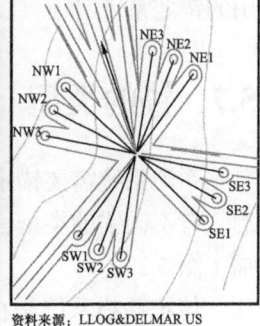

(k) 大陆架锚和系泊避免区，通常每边 500ft

图 5.21　临时和常驻海上系泊配置

系泊链由不同的部件组成（图 5.22）。部件的制造和选择取决于系泊作业的时间及浮动装置的大小、位置、水深等。系泊线的重量和空间分配在设计过程中极为重要，它会影响到系泊系统的设备配置。

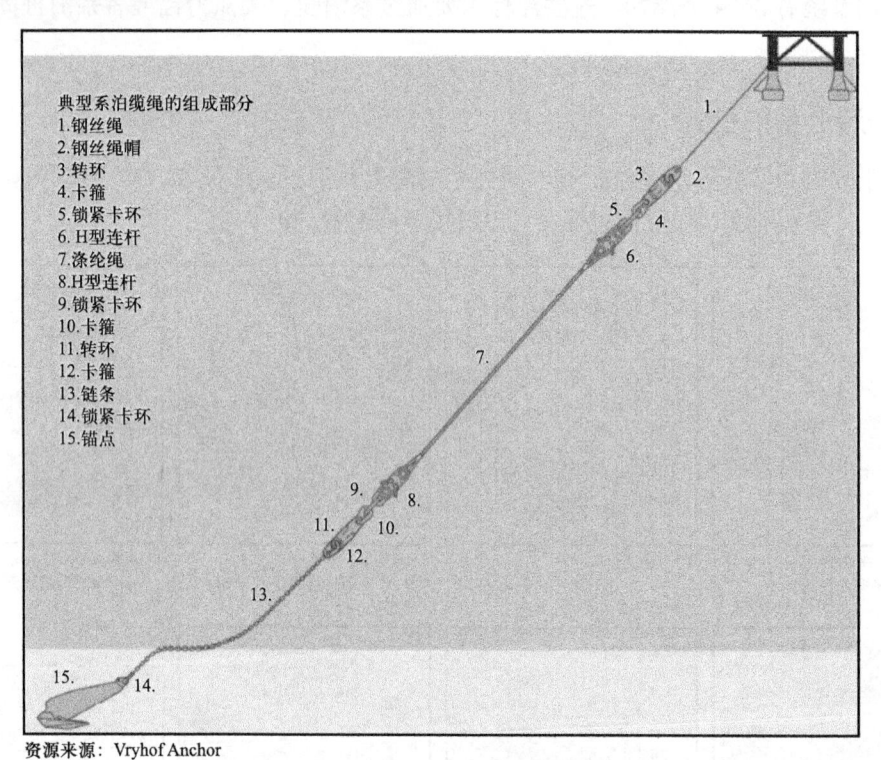

典型系泊缆绳的组成部分
1. 钢丝绳
2. 钢丝绳帽
3. 转环
4. 卡箍
5. 锁紧卡环
6. H型连杆
7. 涤纶绳
8. H型连杆
9. 锁紧卡环
10. 卡箍
11. 转环
12. 卡箍
13. 链条
14. 锁紧卡环
15. 锚点

资源来源：Vryhof Anchor

图 5.22 系泊链组成

5.6.5 动力定位

当推进器独立运行或与系泊系统结合使用时，可以将装置保持定位在原地，这样的系统被称为动力定位系统或 DP 系统。该系统为深水和超深水的浮动单元作业提供了高度通用的锚定系统[18]。

5.7 锚的类型

系泊系统需要锚定在海床上。海洋地锚的设计是根据其承受的提升力和水平阻力设计的。有不同锚的类型，包括配重块、打入桩、拖锚、吸力桩、鱼雷桩（抛锚）和垂直载荷锚（图 5.23）。

传统系泊系统是在作业单元就位时建立的。然而，由于钻井平台的日租金成本极高，该方法如今并未普遍采用。

预放置系泊系统是一种经济高效的替代方案。采用该系统时，在放置作业单元前，作业船舶队散开作业，建立系泊系统。

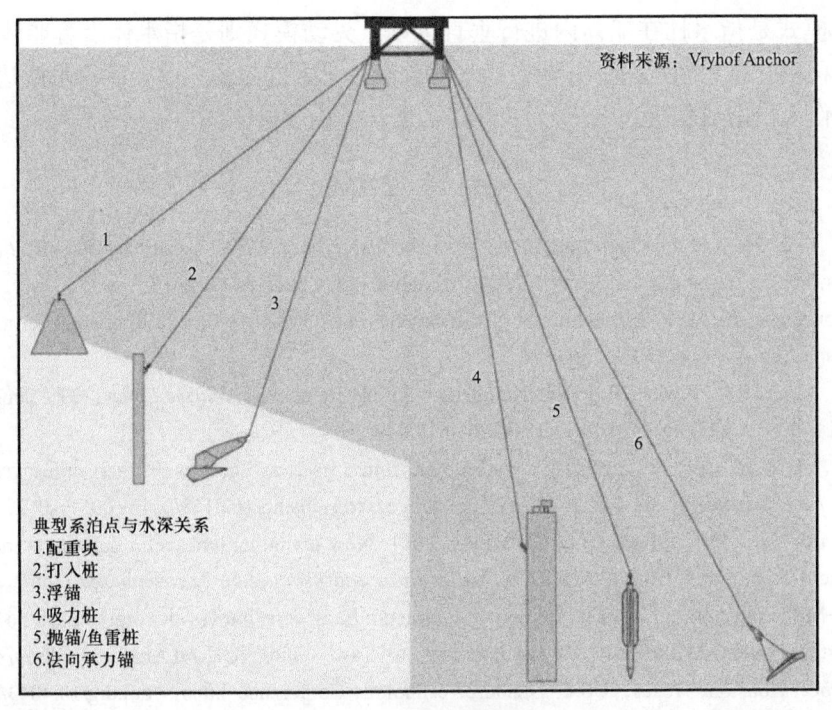

图 5.23　不同的锚类型

典型系泊点与水深关系
1. 配重块
2. 打入桩
3. 浮锚
4. 吸力桩
5. 抛锚/鱼雷桩
6. 法向承力锚

资料来源：Vryhof Anchor

5.8　月池

月池是位于作业船或钻井船上的一个开放区域，为进入水体作业提供了途径。月池的布局类型有矩形、倒漏斗形等不同类型（图 5.24）。月池的尺寸、配置和数量会影响封井弃井作业的效率，因为月池内可同时进行的作业量以及工人数都取决于这些因素。当作业单元处于工作模式时，船体行进速度为 0，月池被打开并且大量附连水进入月池内。附连水的运动有振荡和晃动两种模式。

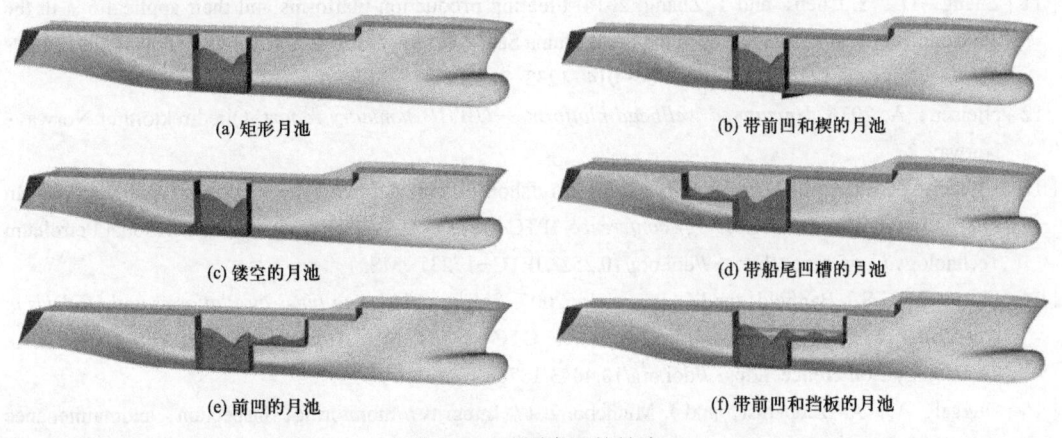

(a) 矩形月池
(b) 带前凹和楔的月池
(c) 镂空的月池
(d) 带船尾凹槽的月池
(e) 前凹的月池
(f) 带前凹和挡板的月池

图 5.24　不同类型的月池

振荡模式是指水柱在船体内进行垂直运动。晃动模式则是指水体沿着船体长轴方向进行来回移动。某些情况下，月池中的水体会产生异常剧烈的运动，使得水位达到甲板位置，对工作人员造成伤害。

参 考 文 献

［1］ Totten，G.E. 2004. *A timeline of highlights from the histories of ASTM committee D02 and the petroleum industry*. https：//www.astm.org/COMMIT/D02/timeline.pdf. Cited 18 Dec 2017.

［2］ A.T. Bourgoyne Jr.，K.K. Millheim，M.E. Chenevert，et al. 1991. Applied drilling engineering. *Society of Petroleum Engineers*. 978-1-55563-001-0.

［3］ Kaiser，M.J. and B. Snyder. 2013. The five offshore drilling rig markets. *Marine Policy*，39（Supplement C），201-214. https：//doi.org/10.1016/j.marpol.2012.10.019.

［4］ Wilson，A. 2016. Core drilling using coiled tubing from a riserless light-well-intervention vessel. *Society of Petroleum Engineers*，68（06）. https：//doi-org.ezproxy.uis.no/10.2118/0616-0051-JPT.

［5］ Englehardt，J.，M.J. Wilson，and F. Woody. 2001. New abandonment technology new materials and placement techniques. In *SPE/EPA/DOE exploration and production environmental conference*. SPE-66496-MS，San Antonio，Texas：Society of Petroleum Engineers. https：//doi.org/10.2118/66496-MS.

［6］ Bosworth，P. and O.Willis. 2013. Rigless intervention：Case studies，UKand Africa. In *Offshore technology conference*. Houston，Texas，USA：Offshore Technology Conference. https：//doi.org/10.4043/24065-MS.

［7］ Franklin，R.，I. Collie，and C. Kochenower. 2000. *Subsea Intervention From a NonDrilling-Rig-Type Vessel*. in *Offshore Technology Conference*. OTC-12126-MS，Houston，Texas，USA：Offshore Technology Conference. https：//doi.org/10.4043/12126-MS.

［8］ Saasen，A.，M. Simpson，B.T. Ribesen，et al. 2010. *Anchor Handling and Rig Move for Short Weather Windows During Exploration Drilling*. in *IADC/SPE Drilling Conference and Exhibition*. SPE-128442-MS，NewOrleans，Louisiana，USA：Society of Petroleum Engineers. https：//doi.org/10.2118/128442-MS.

［9］ Bai,Y. and Q. Bai. 2010. *Subsea engineering handbook*. USA：Gulf Professional Publishing.978-1-85617-689-7.

［10］ Bhattacharyya，S.K.，S. Sreekumar，and V.G. Idichandy. 2003. Coupled dynamics of SeaStar mini tension leg platform. *Ocean Engineering* 30（6）：709-737. https：//doi.org/10.1016/S0029-8018（02）00061-6.

［11］ Zhang，D.，Y. Chen，and T. Zhang. 2014. Floating production platforms and their applications in the development of oil and gas fields in the South China Sea. *Journal of Marine Science and Application* 13（1）：67-75. https：//doi.org/10.1007/s11804-014-1233-2.

［12］ Nielsen，A. 2016. *Unmanned wellhead platforms—UWHP summary report*. Oljedirektoratet Norway：Norway. 27.

［13］ Alyafei，O. 2014. Well services operations in offshore unmanned platform；challenges and solutions. In *International petroleum technology conference*. IPTC-17231-MS，Doha，Qatar：International Petroleum Technology Conference. https：//doi.org/10.2523/IPTC-17231-MS.

［14］ Flory，J.F.，S.J. Banfield，and C. Berryman. 2007. *Polyester Mooring Lines on Platforms and MODUs in DeepWater*. in *Offshore Technology Conference*. OTC-18768-MS，Houston，Texas，U.S.A.：Offshore Technology Conference. https：//doi.org/10.4043/18768-MS.

［15］ Duggal，A.，A. Izadparast，and J. Minnebo. 2017. Integrity，monitoring，inspection，andmaintenance of FPSO turret mooring systems. In *Offshore Technology Conference*. OTC-27938-MS，Houston，Texas，USA：Offshore Technology Conference. https：//doi.org/10.4043/27938-MS.

［16］Mack, R.C., R.H. Gruy, and R.A. Hall. 1995. Turret Moorings for extreme design conditions. In *Offshore technology conference*. OTC-7696-MS, Houston, Texas: Offshore Technology Conference. https://doi.org/10.4043/7696-MS.

［17］Pollack, J., R.F. Pabers, and P.A. Lunde. 1997. Latest breakthrough in turret moorings for FPSO systems: The forgiving Tan kerrrurret interface. In *Offshore technology conference*. OTC-8442-MS, Houston, Texas: Offshore Technology Conference. https://doi.org/10.4043/8442-MS.

［18］Shneider, W.P. 1969. Dynamic positioning systems. In *Offshore technology conference*. OTC-1094-MS, Houston, Texas: Offshore Technology Conference. https://doi.org/10.4043/1094-MS.

［19］Hammargren, E. and J. Tornblom. 2012. Effect of themoonpool on the total resistance of a drillship. In *Department of Shipping and Marine Technology*. Chalmers University of Technology: Sweden.

开放获取

本章根据知识共享署名4.0国际许可协议（http://creativecommons.org/licenses/by/4.0/）进行授权，允许以任何媒介或格式使用、分享、改编、发布和复制，只要您适当地注明原始作者和来源，提供知识共享许可协议的链接，并指出是否进行了修改。

本章中的图像或其他第三方材料均包含在本章的知识共享许可协议中，除非在材料的版权说明中另有说明。如果您使用的材料不包含在本章的知识共享许可协议中，这是不被法律许可，也超出了允许的使用范围，您需要直接获得版权持有人的许可。

第6章　封堵和弃置代码系统与时间和成本估算

6.1　封堵和弃置代码系统

简要解释永久废弃一口井或几口井的复杂性可能有些困难，封堵和弃置代码系统可以解决这个问题。封堵和弃置代码系统旨在对油井进行分类以进行废弃成本估算。封堵和弃置代码系统根据三个因素对油井进行分类[1]：

（1）井位；
（2）封堵和弃置作业阶段划分；
（3）封堵和弃置作业复杂性。

井位由两个字母后跟三个数字表示，其中每个数字代表每个弃置阶段的废弃作业的复杂性。

6.1.1　井位

井位表示井的物理位置——陆地、平台或海底。因此，封堵和弃置代码中前两个字母含义如下：LA—陆上井，PL—平台井，SS—海底井。

6.1.2　封堵和弃置作业阶段划分

封堵和弃置作业可分为三个不同的阶段：第一阶段—油藏废弃，第二阶段—中间部分废弃，以及第三阶段—井口和导管切割与移除。这些阶段与井的位置无关。封堵和弃置的主要目标是在没有钻机的情况下尽可能执行完整的作业，并尽可能少地移除钢材。占地面积也应保持较小。因此，经验丰富的人员应充分了解所需内容。

6.1.2.1　第一阶段——油藏废弃

该阶段包括以下活动：检查井口，准备废弃物处理系统，进行电缆测试，如果可能，将水泥挤入储层射孔孔眼中。如果水泥延伸穿过盖层并合格，则将其视为主要的永久性屏障。到目前为止，这些活动都是在采油树到位的情况下执行的，并且是无钻机作业。如果挤入的水泥不合格，则应设置一级和二级永久性井屏障以保护储层。该步骤可以在无钻机或使用钻机的情况下进行。当需要钻机时，需要建立井控系统。第一阶段作业期间需要使用钻机的情况包括：通过油管进入井屏障深度受到限制、缺乏通过生产油管对套管水泥测井的技术、下入生产套管之后的固井质量差或没有固井、由于控制线在屏障深度而需要收回生产油管、盖层上方的永久封隔器、环空安全阀（ASV）的存在以及由于油气或超压而导致的持续套管带压。

6.1.2.2 第二阶段——中间部分废弃

在此阶段，需要隔离所有已识别的上覆岩层中具有流动潜力的区域。所有油气潜力层均由一级和二级永久井屏障保护。通过建立一个永久性井屏障，将没有流动潜力的油气区和含水区隔离开来。如果含水区是承压区，则需要两个永久性井屏障，即一级和二级井屏障。在第二阶段的最后部分，安装了通常称为环保桥塞的顶部堵塞器。该阶段可以使用钻机或无钻机进行。在第二阶段，决定使用钻机的情况包括：来自于储层的油气或者在井屏障深度处的超压而导致环空带压，进入套管受限，没有独立的含水层或浅层气体。此外，井屏障深度处的固井质量差或未胶结套管，缺少相关技术对第二套管柱后套管水泥进行测井，或控制管线的存在（如果在第一阶段未回收）等情况均可以决定使用钻机。

6.1.2.3 第三阶段——井口和导管切割与移除

这一阶段是永久性封堵和弃置作业的最后阶段，在此阶段，井控系统被拆除，井口和导管被切割和拉出。当井口被移除时，由于无法安装井控系统，几乎不可能再进入井筒。可以使用钻机、导管千斤顶、船舶（海底井）或重型起重船（海上井）进行切割和移除。在第三阶段可能需要使用钻机的情况包括：导管完整性差、平台可能无法在拉动过程中支撑导管负载（海上油井）、水深超出锚固切割的限制。导管的完整性差可能是由腐蚀、连接处薄弱或浅层损坏引起的。

6.1.3 弃井复杂度

弃井复杂度用一个从 0 到 4 的数字表示，每个弃井阶段都有区别。

复杂度 0——不需要作业。弃井阶段已经完成，不需要进一步的工作。

复杂度 1——简单的无钻机作业。用电缆装置、泵送、起重机和千斤顶等操作。海底井可用无立管轻型修井船。

复杂度 2——复杂的无钻机作业。作业期间使用电缆装置、连续油管装置、液压修井装置。（HWU）、起重机和千斤顶。海底井可用带有立管的重型修井船。

复杂度 3——简单的基于钻机的作业。作业需要回收油管和套管。

复杂度 4——复杂的基于钻机的作业。由于进入屏障深度有限，套管固井质量差，或没有套管固井，需要回收油管和套管，并且需要分段铣削和水泥修复。

为了弄清楚每个阶段的复杂性，建议考虑一些基于经验的标准，见表 6.1 至表 6.3。与油气或超压相关的持续套管带压表明存在与初级固井失效相关的井完整性问题。需要在盖层层面缓解水泥失效，并且存在井控失效风险。因此，作业非常复杂，需要井控设备。未固井的套管或固井质量差意味着需要进入环空并建立新的环空屏障。在传统的封堵和弃置作业中，需要截面铣削等技术。因此，该作业十分复杂，并涉及 HSE 问题。特别是在封堵和弃置作业的第一阶段，需要最小设置深度以下建立永久屏障。由于井下矿物或化学物质的塌陷或沉积，漂移直径可能会受到限制。这种情况可以通过注入化学品来缓解，或者通过切割和拉动作业或铣削来收回生产油管。在某些情况下，由于进入受限，生产油管从近地表一直铣削到所需的井屏障深度。高扭矩和高循环使作业复杂度达到 4 级。生产油管如果发生泄漏也会带来问题，因为无法进行流体或水泥的循环。如果连续油管装置不能用于循环或泵送水泥，则需要回收生产油管。尽管测试表明局部隔离是可能的，但大多数专家不接受将控制线和井下仪表作为永久井屏障的一部分。由于控制线与生产油管相连，因此需要回收油管，这需要很大的拉力。应该注意的是，回收生产油管意味着更高的管道回收和处理成本、人员的安全问题以及运输到处置地点的成本。

表 6.1 对永久性封堵和弃置作业第一阶段的复杂性进行分类的标准[1]

序号	复杂性描述	井筒弃置复杂度			
		类型 1	类型 2	类型 3	类型 4
		简单不需要钻机	复杂不需要钻机	简单需要钻机	复杂需要钻机
1	油气或超压导致的持续套管带压（持续套管压力）	×	×	×	√
2	井屏障深度处的未胶结套管或衬管（盖层岩石）	×	×	×	√
3	进入油管受限	×	×	√	○
4	井屏障深度处存在电线或液压管线	×	×	√	○
5	存在环空安全阀（ASV）	×	×	√	○
6	盖层上方有封隔器	×	×	√	○
7	现场不允许连续油管/液压修井机泵送作业	×	×	√	○
8	多层油气藏需要封隔	×	√	○	○
9	管线泄漏（如：腐蚀）	×	√	○	○
10	封隔器上方倾角>60°（电缆接入）	×	√	○	○
11	井完整性良好	√	○	○	○

注：×—不适合；√—需要；○—可选。

表 6.2 对永久性封堵和弃置作业第二阶段的复杂性进行分类的标准[1]

序号	复杂性描述	井筒弃置复杂度			
		类型 1	类型 2	类型 3	类型 4
		简单不需要钻机	复杂不需要钻机	简单需要钻机	复杂需要钻机
1	油气或超压导致的持续套管带压（持续套管压力）	×	×	×	√
2	进入油管受限	×	×	×	√
3	水层未被隔离	×	×	×	√
4	屏障深度处的未胶结套管或衬管（盖层岩石）	×	×	×	√
5	浅层气未被隔离	×	×	×	√
6	现场不允许连续油管/液压修井机泵送器作业	×	×	√	○
7	初级套管固井质量差	×	×	√	○
8	井内没有油管	×	√	○	○
9	封隔器上方倾角>60°（电缆接入）	×	√	○	○
10	井完整性良好	√	○	○	○

注：×—不适合；√—需要；○—可选。

表 6.3 对永久性封堵和弃置作业第三阶段的复杂性进行分类的标准[1]

序号	复杂性描述	井筒弃置复杂度			
		类型 1	类型 2	类型 3	类型 4
		简单不需要钻机	复杂不需要钻机	简单需要钻机	复杂需要钻机
1	导管完整性差	×	×	×	√
2	回收时平台不能承载导管的负荷	×	×	√	○
3	水深超过海底井切割的作业深度	×	×	√	○
4	需要切割导管/无钻机作业	√	○	○	○

注：×—不适合；√—需要；○—可选。

环空安全阀代表当流体或水泥循环通过油管时所需的最大流量。当永久封隔器位置高于估计的最小设置深度时，工作管柱无法通过为了主要和次要的永久性井屏障，则需要对封隔器进行研磨。

如第 5 章所述，实际的海上设施可能无法容纳船员、储存设备、使用起重机或承受负载能力。因此可能需要一个支援船。一个典型的情况是需要隔离多个油藏或多个高压区，这可能需要钻机来移除完井封隔器等井下设施。多个储层的永久堵塞和废弃意味着更高的作业复杂性。当永久性井屏障安装在倾斜度大于 60° 的井中，需要使用牵引机进行电缆作业，例如设置电缆封堵器。在高倾斜度下，几乎不可能进行电缆作业。因此，井屏障处的高倾角带来了多重挑战。具有良好完整性的油井永久性封堵和弃置作业可以在无钻机的情况下进行，因为内部封堵器只需要安装在合格的环空屏障上。这样的作业可以利用连续油管来完成。

水层、异常压力含水层和浅层含气区需要通过安装横截面屏障进行隔离。如果这些区域隔离不良或相应的环形空间未胶结，则应实现进入地层以建立永久性井屏障。这样的作业可能需要分段铣削和井控系统。

由腐蚀、连接器薄弱、连接器泄漏等引起的导管完整性差需要有应急计划的程序。在某些情况下，平台或移动式海上作业装置在拆除导管期间无法承受导管负载。当内套管被水泥胶结时，这种情况会更加严重。对于海底井，通常使用锚处理船或轻型修井船切割和回收井口和导管。但是，如果水深超出轻型修井船的作业水深，则可能需要重型海上装置。水深会给井口的切割和移除带来挑战。例如，由于压缩机容量的限制，目前 500m 的水深是对井口或导管进行研磨切割的极限。

［例 6.1］位于超深水区的一口海底井将被永久堵塞和废弃。该井在 A 环空和 B 环空承受持续的套管压力。测井数据显示有一个浅层气区没有正确隔离。该井的封堵和弃置代码是什么。

解决方案：由于该井是一口海底井，前两个字母是 SS。该井受到持续套管压力的影响，意味着存在盖层层面的井完整性问题。参照表 6.1，第一阶段作业的封堵和弃置复杂度为 4。浅层气层需要保护，由于气层深处有未胶结套管，参照表 6.2，第二阶段作业复杂度为 4。该井位于超深水区域，超出常规船舶。参照表 6.3，作业复杂度为 4。因此，该井的封堵和弃置代码为：SS-4-4-4。

6.2 封堵和弃置作业的时间和成本估算

由于永久性封堵和弃置的候选井不会盈利，并且与之相关的所有封堵和弃置成本都无法收回，因此成本估算是一个重要的过程。要了解封堵和弃置作业的必要时间和成本，有必要识别影响作业的因素并量化它们之间的相互作用。然而，识别封堵和弃置作业的所有特征是不切实际的。因此，在实践中，重要的是要充分考虑代表封堵和弃置作业的那些因素。影响因素可分为可观察因素或不可观察因素。可观察的因素是直接测量和量化的，例如井的特性，或者可能需要用代理变量来表示的因素，例如作业者的经验。不可观察因素是指那些也影响封堵和弃置运作但无法量化的因素，如项目管理能力、沟通能力、人员准备水平等。可观察和不可观察的因素既可以是因变量，也可以是自变量。估计封堵和弃置作业的时间后就能估计作业成本。

6.2.1 影响因素说明

有许多因素和事件会影响与封堵和弃置作业相关的时间和成本。这些因素可以包括油井特征、井复杂性、场地特征、作业装置、经营理念、地方法规、外生事件、因变量和不可观察的变量。

6.2.1.1 油井特征

在封堵和弃置作业中，井长、井眼直径和井斜等特性会影响时间、成本和HSE风险。例如，所需水泥塞的直径和长度决定了封堵和弃置材料的体积，以及要从井中移除的材料。

6.2.1.2 井复杂性

井的复杂性可能由于不同的原因而增加，包括但不限于：对完井类型、高压和高温条件以及井的完整性问题。因此，井复杂性的增加会增加封堵和弃置作业的持续时间和成本。井的复杂性也可以直接影响所需工作装置的类型。

6.2.1.3 场地特征

地理位置、油井到最近的综合站的距离以及海上油井处的水深是主要的现场特征。

6.2.1.4 作业装置

船上作业装置和人员的类型，直接占封堵和弃置总成本的很大一部分。作业装置的选择取决于其他因素，例如油井复杂性、场地特征、海上油井的船舶可用性、环境标准等。因此，该因素是一个依赖因素。

6.2.1.5 经营理念

运营商决定何时永久封堵和弃置、需要什么类型的合同以及如何进行作业。另外，工期、封堵和弃置设计、工作规范（单井或井组封堵和弃置）和策略是主要参数，这些参数都基于运营商的偏好，用于确定封堵和弃置的时间和成本。

6.2.1.6 地方法规

如第1章所述，对于油井的永久性封堵和弃置，不同的主管部门有自己的要求。当地法规可能会影响作业的时间和成本。在北海，英国法规要求30m的连续合格水泥塞，而挪威法规要求50m的连续合格水泥塞。

6.2.1.7 外生事件

在某些情况下,封堵和弃置作业可能会延迟。设备故障就是这种情况的一个例子。如果没有备件,则作业会延迟。有时,设备或设备的零件可能会在井中丢失,可能需要打捞落鱼。对于海上封堵和弃置,作业可能会因天气而显著延迟。因天气而造成的停机时间可能成为影响运营总时间和成本的一个重要因素。恶劣的天气条件可能导致补给船延迟交付缺少的设备或材料。天气也会影响浮动工作装置的锚定和移动时间。在某些地理位置,例如北海,可能由于天气过于恶劣而导致作业暂停。因此,封堵和弃置需要考虑天气状况和等待适合作业的天气的时间。

6.2.1.8 因变量

完成第一阶段至第三阶段所花费的时间定义为封堵和弃置的时间,包括系泊和下锚(如果需要)、调研井况、起下管柱、屏障安装和验证、等待适合作业的天气以及井口的切割和拆除所花费的时间。

6.2.1.9 不可观察的变量

已知有许多因素难以量化并直接纳入时间和成本分析,例如独特的封堵和弃置设计、准备期间的事件、项目管理和领导技能、技术和技术的可用性以及人员技能。

(1)封堵和弃置的设计和准备——成功完成封堵和弃置项目需要对井况进行评估和仔细规划。封堵和弃置设计的第一步是确定需要隔离的不同渗透区。关于确定要安装的水泥塞数量有两种不同的方法:传统方法或基于风险的方法。在传统方法中,每个油气区都需要永久性井屏障。然而,在基于风险的方法中,仔细研究了组合含有流体的地层的后果。如果对环境造成任何损害或井屏障失效的风险较低,则将两个或多个分组并为其安装屏障。安装的屏障由主要和次要永久性井屏障组成。每种方法都会对时间和成本产生影响。

(2)项目管理和领导技能——适当的项目管理和领导必须具有全面和综合的工程规划,具有协调的技能和明确的突发事件应对能力。项目中所有团队成员合作,在尽可能短的时间内执行所有任务。

(3)技术和技巧——技术和技巧对封堵和弃置作业的影响很大。由于学习效应,新技术可以从能够应用到发展创新或者兼而有之,并且随着时间的推移将从能够应用转变为发展创新。一般来说,运用新技术的成本较高,但如果新技术能提高作业性能和安全性,那么成本就会下降。很难准确估算新技术对作业时间和成本的影响,比如一种射孔、清洁和水泥技术一体化工具,通过消除截面铣削来减少封堵和弃置作业的时间(见第 8 章)。

(4)人员技能——作为不可观察变量的一部分的另一个因素是人员技能和经验。在封堵和弃置设计过程中,经验丰富的工程师可以将他们从其他作业中学到的知识包括在内,这会显著影响作业时间和成本。在作业过程中,经验丰富的人员经过交叉培训,可以在现场通过他们的经验来解决问题，而不是等待另一个站点有经验的人员。因此，受过适当培训的人员可以显著降低作业成本。

6.2.2 作业时间估算的传统方法

传统的封堵和弃置作业时间是使用确定性值来进行估算。这种使用数学模型来精确估计结果的统计方法，也称为确定性方法。确定性模型通过可观察和可量化因素之间的已知关系来控制结果（图6.1）。然而这种方法没有考虑到不可观察的和可变的因素。在这种方法中，给定的输入将始终产生相同的输出，这意味着模型定义了变量之间的精确关系，从而可以预测一个变量对另一个变量的影响。

确定性方法有其优点和局限性。优点包括方法简单、假设清晰[2]。局限性在于预测结果过于乐观，没有呈现出所有可能的结果，与作业相关的不确定性没有考虑到[2]。

图6.1 确定性模型根据输入因素精确估计结果

6.2.3 作业时间估算的概率方法

概率方法，也称为随机方法，使用表示随机现象概率的数学模型。在这种方法中，事件再次发生的概率是根据历史数据和管理统计分析模型来估计的。即使初始条件相同，概率模型也可能产生不同的结果。因此概率模型中考虑了每个数据的变化和不确定性，如图6.2所示。概率模型包括确定性成分和随机误差成分。

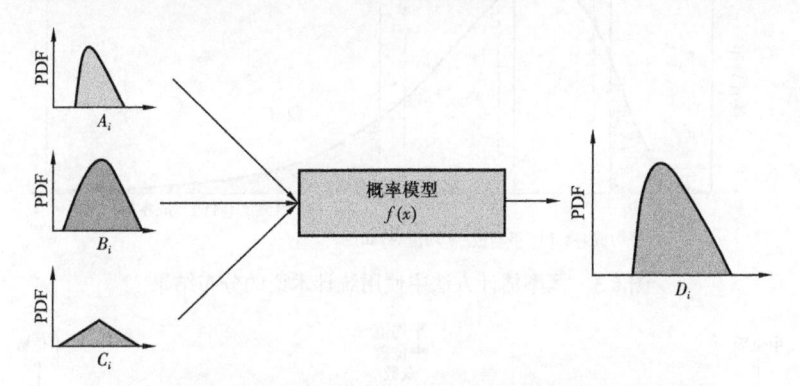

图6.2 概率模型中输入数据的不确定性和结果值的不确定性
PDF—概率分布函数；A_i，B_i，C_i，D_i—随机变量或输入参数

概率方法的优势在于可以反映不确定性，呈现一系列可能的结果，包括意外事件，可以对其进行敏感性以及作业之间的互相影响分析，并且可以改进作业的决策过程[2]。尽管概率方法引入了有利的特征，但也存在与之相关的局限性和主观性。概率模型不能考虑到所有风险，因为未知因素始终存在。只取概率方法的结果而不考虑其背后的逻辑，能起到的作用是有限的。该方法中各个输入参数之间的关系并不是确定的[3]。

6.2.3.1 统计量 ❶

避免对通过概率估计获得的结果产生任何误解是很重要的。因此有些参数需要详细说明并正确使用。最常用的参数是百分位数、众数、平均值和中位数[4]。

百分位数（也称为"P"数）——在概率方法中，模型产生的结果范围分为100份，并由99个百分位数表示，即$P_1 \sim P_{99}$。每个百分位数包含1%的结果概率。在这些百分位中，三个百分位是讨论结果时最常用的，包括P_{10}、P_{50}和P_{90}（图6.3）。P_{10}说明有10%或更少的结果有可能落在$P_1 \sim P_{10}$的范围内。P_{90}说明有10%或更少的结果有可能落在$P_{90} \sim P_{99}$的范围内。换句话说，$P_1 \sim P_{10}$和$P_{90} \sim P_{99}$是不太可能的结果。P_{50}也称为中位数，是50%的结果等于或超过最佳估值的概率。相似地，50%的结果等于或小于最佳估值。结果的分布曲线可以是对称的或不对称的（倾斜的），如图6.4所示。对于非对称分布，P_{50}和平均值的数值不相等。

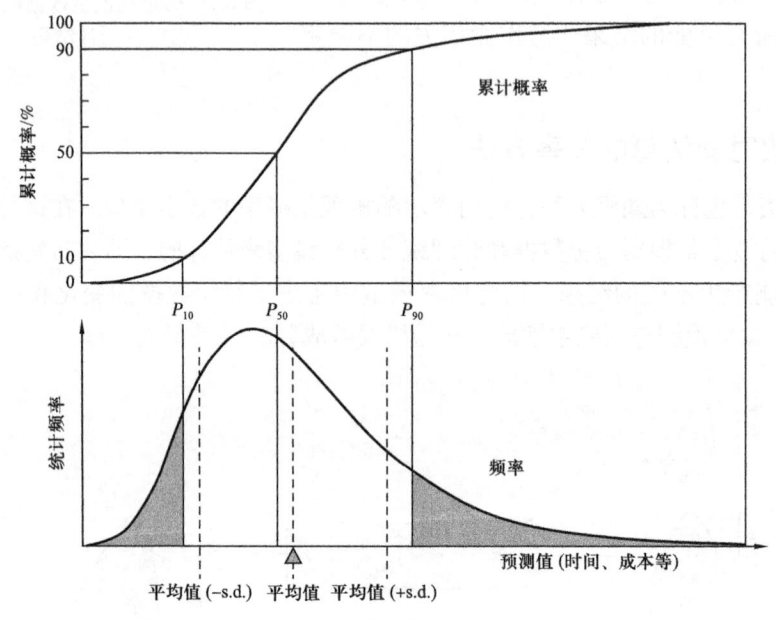

图6.3 概率估计方法中使用统计术语的分布结果

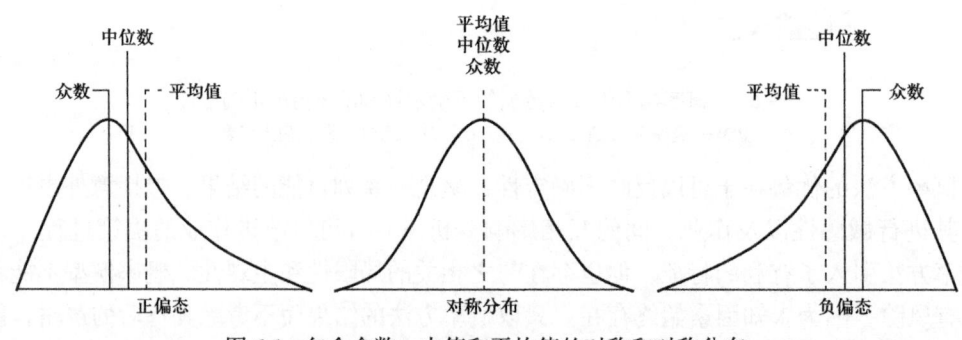

图6.4 包含众数、中值和平均值的对称和对称分布

---

❶ 原文标题为 refreshing statistics（刷新统计数据）与内容不符，故改为统计量便于读者理解。——译者注

众数（也称为最可能值）——这是数据集中在数千次时间或成本估算迭代期间出现的最常见值。在概率频率图上，众数是最高点的值（图6.4）。

平均值（也称为期望）——这是模拟迭代的所有结果的算术平均值，即数据集的值的总和除以值的数量。如果将平均值加在一起所得的结果通常用于开支权（AFE）或单井分析。

中位数（也称为"P_{50}"）——这是分隔数据集较大和较小结果的中间值。

6.2.3.2 概率分布

在概率方法中，偏差是该值的起点与给定点之间的距离。概率分布用于表征随机变量的行为。为了拟合偏差，有几种概率分布可供选择：正态分布、三角分布、对数正态分布和均匀分布[5]。其中，两个被广泛接受的概率分布是均匀分布和三角分布（图6.2中显示的两个左下分布）。均匀分布是最简单的，用最小值和最大值来描述。三角形分布是均匀分布的扩展形式，添加了最可能的值。

在考虑概率分布时，需要区分三个术语：概率质量函数（PMF）、概率分布❶函数（PDF）和累积分布函数（CDF）。为了阐明这些术语之间的区别，有必要了解两种主要类型的随机变量分布：离散和连续。连续随机变量分布是一条曲线，上面有无数个值，用于表征随机变量的分布。

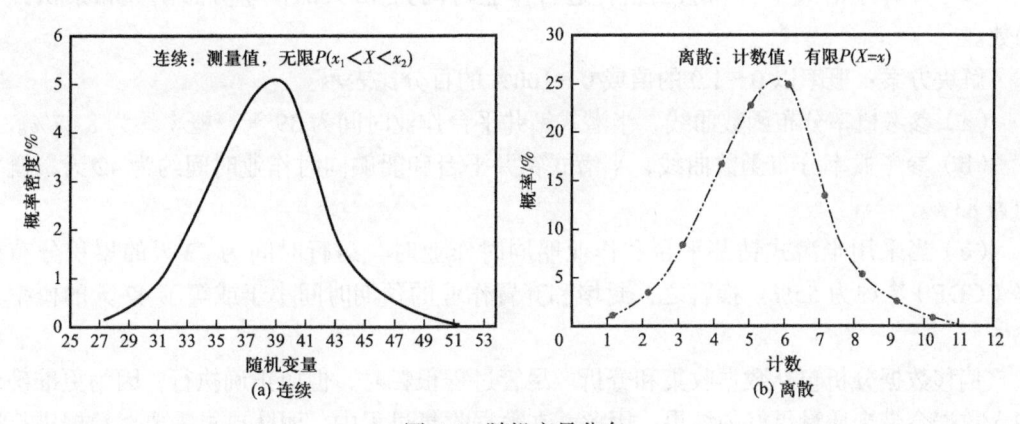

图6.5 随机变量分布

连续分布上单点的概率值不能被确切给出，但可以给出一个区间内的概率值。因此，要确定连续分布上区间内的概率需要概率分布函数[图6.5（a）]。其中一个连续随机变量的例子是金融中的时间和资产回报。离散随机变量分布是通过计数获得的，这是一种有限测量[图6.5（b）]，随机变量的概率是一个精确值，所以采用概率质量函数呈现结果。简而言之，连续随机变量的概率需要被计算，离散随机变量的概率是通过计数获得的。

当考虑随机变量的连续分布时，使用概率分布函数表示概率，在相同输入时可获得近似的结果。但是为了呈现输入值的结果概率，可以使用累积分布函数。

---

❶ 在一些参考文献中，分布也被称为密度。

[**例 6.2**] 图 6.6 显示了海底单井封堵和弃置时间估计的蒙特卡罗模拟结果。在一种情况下，整个作业应该由半潜式钻井平台执行，而在另一种情况下，作业一部分由半潜式作业装置执行，另一部分由船舶执行。

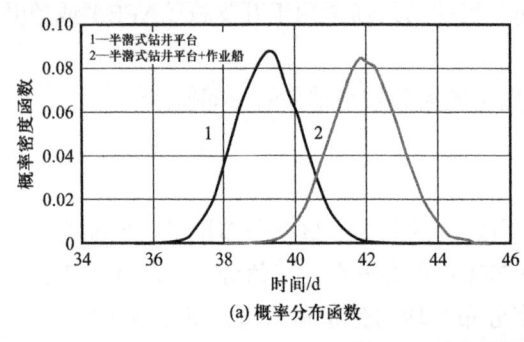

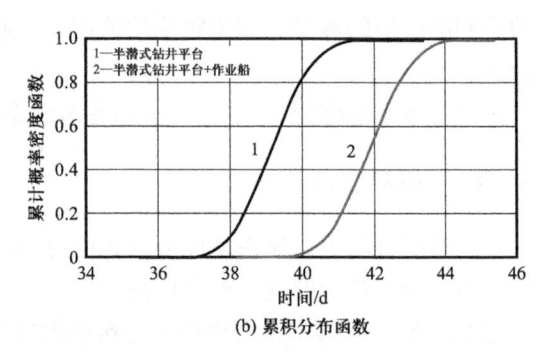

图 6.6 单井封堵和弃置时间分布[2]

（a）完全部署半潜式平台进行作业时，该作业的时间最可能值是多少，最可能值的发生概率是多少？

（b）采用半潜式平台和作业船组合进行作业时，本次作业的时间最可能值是多少，最可能值的发生概率是多少？

（c）计算半潜式平台和船舶组合进行作业时间为 42 天的概率分布函数和累积分布函数。

解决方案：概率以 0～1.0 的值或 0～100% 的百分比表示。

（a）参考概率分布函数曲线，半潜式钻井平台作业时间为 39 天，概率约为 85.7%。

（b）参考概率分布函数曲线，半潜式钻井平台和船舶同时作业时间约为 42 天，概率约为 83%。

（c）当采用半潜式钻井平台和作业船同时作业时，运行时间为 42 天的累积分布概率（CDF）❶ 约为 55%。换言之，封堵和弃置作业的预期时间小于或等于 42 天的概率是 55%。

偏移数据分析包括数据收集和分析。尽管过程很耗时，但应正确执行，因为更准确地输入数据会带来质量更好的结果。因此，在数据收集过程中，团队成员需要对数据进行讨论和分析。非生产时间（NPT）应分为预测和非预测偏移数据，并分别进行分析。记录偏移数据的分析很重要。

考虑到封堵和弃置作业的时间估算，有限或质量差的偏移数据主要需要专家判断。然而这可能会成为一个挑战，因为专家的经验有主观性，可能会导致评估存在不确定性。

6.2.3.3 中心极限定理

在构建时间估算模型时，可以使用中心极限定理（CLT）。根据中心极限定理，任何分布形状的独立随机分布，其概率分布的总和趋于正态分布。

---

❶ 原文为 CFD，应为 CDF 累积分布函数。——译者注

为了减少中心极限定理的影响并避免不切实际的估值，有三种主要方法：限制输入变量的数量，避免使用太窄的输入范围并且客观评价不确定性，以及通过使用相关性来解决输入变量之间的依赖关系[4]。

6.2.3.4　时间估算的蒙特卡罗模拟

蒙特卡罗的概念是由波兰裔美国数学家 Stanislaw Ulam 在 20 世纪 40 年代后期提出的。在开发蒙特卡罗模拟之前，使用统计抽样来估计确定性模拟的不确定性。蒙特卡罗模拟是一种通过运用推论统计原理来估计未知量值的方法。推论统计对总体（一组示例）和样本（总体的适当子集）进行推断和预测。换句话说，蒙特卡洛是一种基于现有证据预测结果的数值型技术[6]。预测结果取决于输入变量的大小和方差。自从蒙特卡洛方法的引入和计算机技术的进步，该技术已应用于解决不同的领域，包括石油工业中的各种问题[2, 4, 7-11]。

蒙特卡罗模拟方法可以分为 5 个步骤（图 6.7）：模型定义、数据收集、定义输入分布类型、输入分布取样以及编译和结果分析。

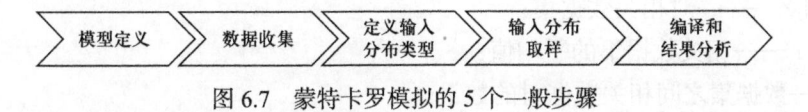

模型定义 → 数据收集 → 定义输入分布类型 → 输入分布取样 → 编译和结果分析

图 6.7　蒙特卡罗模拟的 5 个一般步骤

定义模型——蒙特卡罗模拟从模型开始。首先需要明确分析的范围，包括待确定的意外事件和可能性。然后为模型指定适当的输入参数，计算输出值。这些参数均被视为随机参数[5]。

数据收集——在封堵和弃置作业中，假设模型输入的确切值是未知的，因此使用偏移数据，这意味着建模中的不确定性。数据收集对于量化这种不确定性是必要的。偏移数据是蒙特卡洛预测的关键步骤。

定义输入分布类型——当偏移数据准备好时，定义概率分布并完成对模型的每个不确定输入值的采样。这个过程可以细分为两个步骤：选择分布形态（例如均匀、正态、对数正态等）和分布参数（例如最小值、标准、偏差、P_{90} 百分位数等）。

输入分布采样——蒙特卡罗模拟从输入分布中执行随机采样并进行大量试验。试验是为每个输入选择一个值并计算输出或可能结果的过程。模拟是存储输出的一系列数百或数千次重复试验。从输入分布中选择随机数会对结果产生重大影响。

最终结果范围的主要驱动因素是相关性。相关性被定义为两个输入量之间的任何关系或依赖关系，这些依赖关系促使它们的联合分布偏离统计独立性[4, 11]。相关性是物理现实的一部分，由于输入量之间的关系通常无法量化，因此相关性非常主观且无定形[12]。斯皮尔曼等级相关系数、Pearson 相关系数和 Kendall Tau 相关系数是考虑依赖关系的一些常见相关性系数[13]。输入之间的相关性用一个介于 −1～1 之间的值来表示，完全独立性显示为 −1，完全相关性则为 1。斯皮尔曼等级相关系数是衡量两个变量秩之间的统计相关性的指标。对于 X 和 Y 的两个数据集，Spearman 的秩相关系数由式（6.1）给出[13]：

$$\rho = 1 - \frac{6 \times \sum (\Delta r^2)}{n(n^2 - 1)} \tag{6.1}$$

其中

$$\Delta r = x - y \tag{6.2}$$

式中　n——数据集之间相关数据对的数量；

　　　x，y——对应于数据集的秩。

应该注意的是，斯皮尔曼等级相关系数与数据分布无关。

两个数据集的 Pearson 相关系数由式（6.3）给出：

$$P = \frac{\sum_{i=1}^{n}(X_i - X')(Y_i - Y')}{\sqrt{\sum_{i=1}^{n}(X_i - X')^2}\sqrt{\sum_{i=1}^{n}(Y_i - Y')^2}} \tag{6.3}$$

式中　X_i 和 Y_i——一对相关数据集；

　　　X'，Y'——相关数据集的平均值；

　　　n——数据集之间相关数据对的数量。

这种相关性的主要缺点之一是两者之间的非线性变换没有体现。这种相关性没有捕捉到两个变量之间的非线性关系。

与斯皮尔曼等级相关系数和 Pearson 相关系数不同，Kendall Tau 相关系数捕捉两个变量之间的依赖模式。Kendall Tau 相关系数由式（6.4）给出：

$$\tau = \frac{(\text{协调对的数量}) - (\text{不协调对的数量})}{\dfrac{n(n-1)}{2}} \tag{6.4}$$

式中　n——样本的大小，一致对是沿相同方向移动的对，不一致对是沿相反方向移动的对。

编译和结果分析——概率分布函数和累积分布函数是蒙特卡罗模拟的基本结果[2]。为了避免任何错误的结果，使用之前必须进行一些质量保证或敏感性分析。当该过程成功完成时，分布曲线就可以用于封堵和弃置作业的各种过程，包括风险分析和决策、预算分配、设定目标和期望[4, 11]。

6.2.4　时间估算的回归方法

回归方法使用的模型应用了确定性和概率模型。回归模型中确定性部分为输出结果取决于输入值，概率部分则不允许产生输出值的精确值，而是和概率相关。

参 考 文 献

[1] Oil and Gas UK. 2011. *Guideline on well abandonment cost estimation*. The United Kingdom Offshore Oil and Gas Industry Association: United Kingdom.

[2] Moeinikia, F., K.K. Fjelde, A. Saasen, et al. 2015. A probabilistic methodology to evaluate the cost efficiency of rigless technology for subsea multiwell abandonment. *SPE Production and Operations* 30(04): 270-282. https://doi.org/10.2118/167923-PA.

[3] Moeinikia, F., E.P. Ford, H.P.Lohne, et al. 2018. Leakage calculator for plugged-and-abandoned wells. *SPE Production and Operations* 33(04): 790-801. https://doi.org/10.2118/185890-PA.

[4] Akins, W.M., M.P. Abell, and E.M. Diggins. 2005. Enhancing drilling risk and performance management through the use of probabilistic time and cost estimating. In *SPE/IADC drilling conference*. SPE-92340-MS, Amsterdam, Netherlands: Society of Petroleum Engineers. https://doi.org/10.2118/92340-MS.

[5] Murtha, J.A. 1994. Incorporating historical data into Monte Carlo simulation. *SPE Computer Applications* 06(02). https://doi.org/10.2118/26245-PA.

[6] Stoian, E. 1965. Fundamentals and applications of the Monte Carlo method. *Journal of Canadian Petroleum Technology* 04(03). https://doi.org/10.2118/65-03-02.

[7] Adams, A., C. Gibson, and R.G. Smith. 2010. Probabilistic well-time estimation revisited. *SPE Drilling and Completion* 25(04). https://doi.org/10.2118/119287-PA.

[8] Banon, H., D.V. Johnson, and L.B. Hilbert. 1991. Reliability considerations in design of steel and CRA production tubing strings. In *SPE health, safety and environment in oil and gas exploration and production conference*. SPE-23483-MS, The Hague, Netherlands: Society of Petroleum Engineers. https://doi.org/10.2118/23483-MS.

[9] Sawaryn, S.J., K.N. Grames, and O.P. Whelehan. 2002. The analysis and prediction of electric submersible pump failures in the milne point field, Alaska. *SPE Production and Facilities* 17(01). https://doi.org/10.2118/74685-PA.

[10] Sawaryn, S.J. and E. Ziegel. 2003. Statistical assessment and management of uncertainty in the number of electrical submersible pump failures in a field. *SPE Production and Facilities* 18(03). https://doi.org/10.2118/85088-PA.

[11] Williamson, H.S., S.J. Sawaryn, and J.W. Morrison. 2006. Monte Carlo techniques applied to well forecasting: some pitfalls. *SPE Drilling and Completion* 21(03). https://doi.org/10.2118/89984-PA.

[12] Purvis, D.C. 2003. Judgment in probabilistic analysis. In *SPE hydrocarbon economics and evaluation symposium*. SPE-81996-MS, Dallas, Texas: Society of Petroleum Engineers. https://doi.org/10.2118/81996-MS.

[13] Moeinikia, F., K.K. Fjelde, A. Saasen, et al. 2015. Essential aspects in probabilistic cost and duration forecasting for subsea multi-well abandonment: simplicity, industrial applicability and accuracy. In *SPE Bergen one day seminar*. SPE-173850-MS, Bergen, Norway: Society of Petroleum Engineers. https://doi.org/10.2118/173850-MS.

开放获取

本章根据知识共享署名4.0国际许可协议（http://creativecommons.org/licenses/by/4.0/）进行授权，允许以任何媒介或格式使用、分享、改编、发布和复制，只要您适当地注明原始作者和来源，提供知识共享许可协议的链接，并指出是否进行了修改。

本章中的图像或其他第三方材料均包含在本章的知识共享许可协议中，除非在材料的版权说明中另有说明。如果您使用的材料不包含在本章的知识共享许可协议中，这是不被法律许可，也超出了允许的使用范围，您需要直接获得版权持有人的许可。

第 7 章 打水泥塞的基本原理

注永久水泥塞和弃井的最佳实施方案是需要一个横截面屏障，即岩石间屏障。屏障放置在合适的深度，使地层能够承受预期的最大压力。为了满足这一要求，通常会遇到两种情况：裸眼注水泥塞或套管井筒注水泥塞。

7.1 裸眼注水泥塞

为了在裸眼井中放置永久性水泥塞，需要用水泥替换井内液体。由于钻井（或磨铣）液与水泥浆的成分和性能差异很大，钻井液与水泥浆的界面会因不相容而发生严重污染。因此，在打水泥塞过程中除液是一项至关重要的任务。

7.1.1 除液

多年来，固井工程师一直对除液感兴趣。为了达到上述目标，必须将钻井液和洗井液完全从裸眼井段清除，并完全置换为水泥或其他封堵材料。钻井液清除过程与井眼质量、循环和驱替效率、流体调节以及钻井液、隔离液和清洗液的性能有关[1-6]。实施除液过程主要通过两种不同的方式：液压或机械。在液压过程中，具有特定黏性的隔离液被泵送到水泥浆柱前面，以取代钻井液或磨铣液。与钻井或磨铣液相比，这些隔离液对水泥的污染作用较小。

当考虑在永久封井弃井过程中进行磨铣作业时，一个主要的区别是，对套管磨铣开窗以连通地层，因此使用磨铣液而不是钻井液。所以，水泥与磨铣液的兼容性在很大程度上取决于磨铣液的化学性质和性能。

7.1.2 磨铣液

当套管被磨除时，产生的碎屑（图 7.1）需要被带到地面或留在井底，这将在第 8 章中讨论。由于钻井液不具备携带碎屑的能力，因此使用了一种特殊的流体，即磨铣液。磨铣液通常是水基的。磨铣液有以下几种：膨润土/碳酸氢盐泥浆、膨润土/MMH（混合金属氢氧化物）泥浆、黄原胶/海水泥浆，和甲酸钾研磨液[7-9]。考虑到循环系统的几何形状和磨铣流体的非牛顿特性，磨铣过程中碎屑输送和井眼清洁的流体动力学，与钻井时的岩屑输送和井眼清洁的流体动力学是相同的。然而，考虑到切削碎屑要大得多（图 7.1），与岩屑相比具有更高的密度和不规则的形状，问题是不同的[7]。理想的磨铣液应具有高输送能力和低剪切速率黏度。在考虑磨铣液对碎屑的输送时，碎屑在静态流体和动态流体中的沉降速度和碎屑的输送速度是很重要的。实验研究表明，在静态流体中，除碎屑的形状、表面积和沉降方向外，磨铣液的凝胶强度和有效黏度是影响磨屑沉降的关键因素。凝胶强度会导致磨屑悬浮，但当磨屑锋利时，凝胶强度可以被克服。

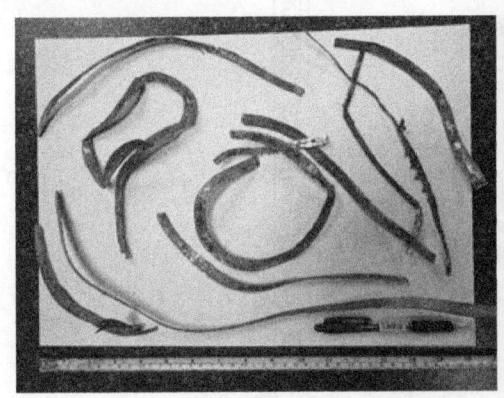

图 7.1　北海磨铣作业中的磨屑（由 equinor 提供）

当碎屑在动态条件下流动时，防止碎屑沉降所需的平均循环速度明显较高。在动态条件下，靠近壁的区域流速接近于零，大量的碎屑将停留在未剪切区[7]。

7.1.3　水力除泥

隔离液或驱替液是一种能最大限度地减少水泥污染并提高流体去除效率的流体。任何能在物理上将一种特殊液体与另一种特殊液体分离的液体称为隔离液。在大多实际作业中，水泥浆必须具有紊流条件才能驱替钻井液。但由于操作上的限制，常无法达到紊流状态。因此，需要选择隔离液，使其达到湍流或拟层流，以去除残余流体。顶替液通常用于将水泥浆从工作管柱中挤出或注入套管外的环空。

隔离液应具有以下特性：与特定类型的钻井液或磨铣液兼容，包括膨润土泥浆和聚合物基泥浆。隔离液的性能不应影响水泥浆的黏度，也不应改变泵送时间；耐高固相和泥饼；允许添加润湿剂、分散剂、减磨剂和缓凝剂；低失水特性；在低泵速条件下允许湍流流动，以有效去除泥浆[10-14]。虽然隔离液用于清除钻井液和滤饼，但如果不使用机械辅助工具，是不太可能清除滤饼的。

7.1.4　机械去除滤饼

为了清洁地层界面，实现封堵材料与地层之间更好的结合效果，可以使用称为井壁清洁器的机械设备。泥浆清洁器或滤饼刷（有时称为泥浆搅拌器）是一种机械设备，用于清除泥浆或调节钻井液滤饼使之从裸眼井壁上脱落，以获得更好的剪切粘结强度和水力粘结强度。清壁作业不同于扩眼和下扩眼。扩眼作业是利用机械装置扩大井筒。然而，在打水泥塞过程中要避免扩大井眼，因为这会给水泥充填带来挑战。机械清壁器固定在工作管柱的外面用于搅动泥浆，使其更容易置换。引入的运动模式破坏了泥浆滤饼的凝胶强度，在清洗液的帮助下，钻井液更容易被置换。常用的有旋转式和往复式两种类型，如图 7.2 所示。

(a) 旋转式滤饼刷　　(b) 往复式滤饼刷

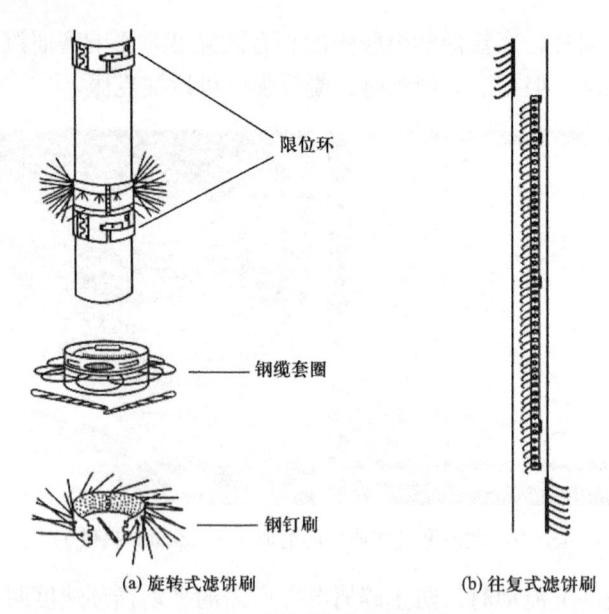

图 7.2　常用的两种滤饼刷

旋转式滤饼刷在工作管柱旋转时清洁地层。如图 7.2（a）所示，连成一段的滤饼刷固定在工作管柱上。在工作管柱上按照不同的相位安装钢钉或钢丝环，以提高清洗效率。

往复式滤饼刷清洗地层，滤饼刷有钢针或钢缆两类。根据待清洗区域的长度，在作业管柱外部安装一个或多个滤饼刷。每个滤饼刷由两个环或夹子限定在所需的位置：一个在上，另一个在下，如图 7.2（b）所示。当钻柱上下移动时，这类刮擦器就可以清洁地层。

在机械清洗过程中，泵入清洗液来置换并清洗泥浆和滤饼。如果水泥塞是悬空塞，在清洁完井段后，泵入活性黏滞剂，为水泥塞打下基础，并使水泥塞固定在该位置，如图 7.3 所示。活性黏滞剂是一种含硅酸盐组分的钻井液的特殊混合物，其密度高于水泥浆。当水泥中的钙与活性药剂发生反应时，会形成一种凝胶，阻止水泥和药剂之间的流动。活性黏滞剂与水泥浆相容，其高屈服应力在水泥凝固时提供基座的作用。当活性黏滞剂就位后，水泥浆被注入其上方然后覆盖清洗后的地层段。

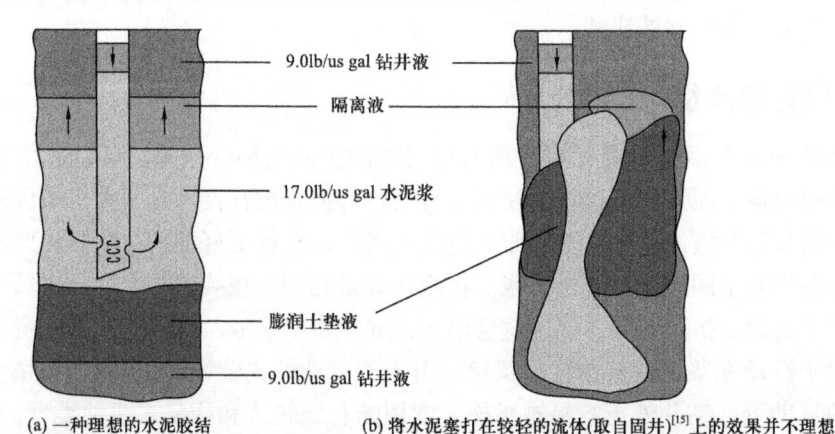

(a) 一种理想的水泥胶结　　(b) 将水泥塞打在较轻的流体（取自固井）[15]上的效果并不理想

图 7.3　裸眼井段内，在稠浆垫上打水泥塞

如果井眼中的钻井液是油基的，则必须在打入黏滞剂的前后使用黏性隔离液，以尽量减少混浆污染。不同的作者研究了裸眼水泥塞的失效根源，包括以下情况[16]：

（1）除泥效果差；
（2）水泥浆性能设计不当；
（3）料浆体积估计不正确；
（4）井下温度估计不准确；
（5）糟糕的施工和注浆工艺；
（6）界面和置换不稳定。

水泥塞注入完成后，使之处于不受干扰状态，直到硬化到具有足够高的强度。当水泥塞充分凝固后，将水泥塞顶部修整掉（将水泥面顶部钻掉，直到到达坚硬的水泥）。由于水泥塞位于裸眼井段，测试压力没有意义。因此，需要探水泥塞面，并在其上部压一定的重量。如果水泥的位置没有变化，则认为水泥塞合格。然而，如果水泥塞不能承受重量，或探到的水泥塞面不在合适的深度，则认为该水泥塞不合格，需要重新打水泥塞。与使用钻杆相比，在使用电缆和连续油管的情况下，最大可压重量受到限制。

7.2 套管井筒注水泥塞

在考虑套管井打水泥塞时，可以考虑两种不同的情况：环空屏障合格或环空屏障不合格。两种情况可以采用不同的操作。

7.2.1 环空屏障合格

如果套管外的环空屏障合格，则安装机械桥塞为水泥塞充当基座。机械底座不是永久性井屏障围护结构的一部分，但具有以下优点：在水泥候凝时避免气体侵入，在水泥凝固时避免水泥脱出，最大限度地减少水泥污染。安装机械桥塞后，需要进行试压。如果成功通过压力测试，就在它上面浇注水泥塞并保持不动，直到它凝固达到足够高的强度。当水泥凝固后，将顶部水泥面修整掉，并探塞面。由于机械桥塞已经通过了耐压试验，水泥塞的耐压试验就没有意义。然而，如果机械桥塞没有经过测试或没有成功通过压力测试，则需要对水泥塞进行压力测试并记录在案。水泥塞压力试验失败意味着需要再打一个水泥塞。不同的权威机构要求的水泥塞长度和试压等级是不同的。

7.2.2 环空屏障不合格

凡套管水泥环质量不合格或没有环空水泥的，应建立通往套管外环空的通道，以便在套管内外设置合格的屏障。传统的方法是截面磨铣。通过磨铣或加工套管来去除部分套管的操作称为截面磨铣。为了磨掉套管钢，要使用专用铣刀。截面磨铣将在第8章阐释。有新工艺叫作射孔、洗井和固井（PWC）。下一章将介绍射孔、洗井和固井工艺。

7.3 注水泥塞技术

7.3.1 平衡塞法

平衡塞法是最常用的注水泥塞技术。将工作管柱下至预定水泥塞深度的底部。由于工作管柱被钻井液包围，需在水泥浆前后泵送隔离液和化学冲洗液，以避免钻井液污染，并确保套管或地层表面浸润。通过工作管柱泵入水泥浆，向上返入管柱与套管或地层之间的环空。计算水泥浆前后的隔离液体积，使工作管柱内外的隔离液高度相同，如图7.4所示。

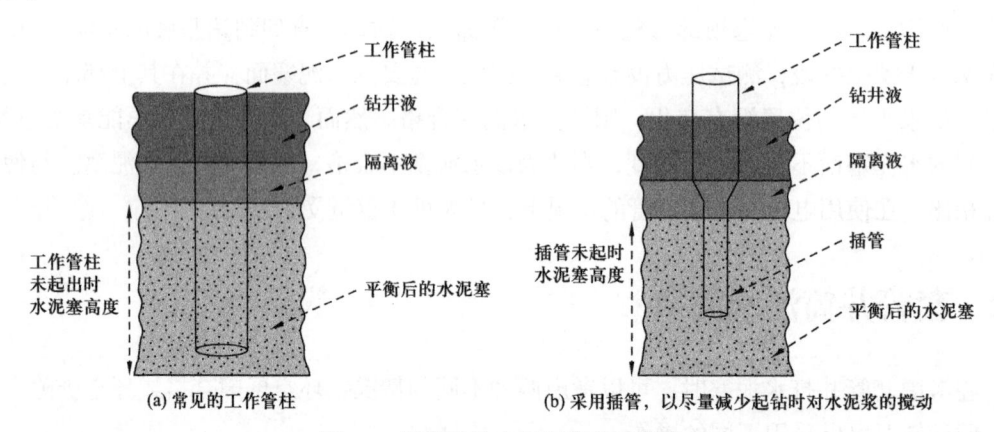

图 7.4 平衡法注水泥塞技术示意图

[例7.1] 需在合适的地层中打一个平衡塞，水泥塞底座应该位于10000ft的测量深度。对于此施工，将用 $4\frac{1}{2}$in 钻杆作为 $8\frac{3}{4}$in 裸眼的工作管柱。水泥塞长度预计为200ft，在水泥浆前泵入24bbl淡水作为隔离液。其他信息：管柱容量为0.01422bbl/ft，环空容量为0.0547bbl/ft。假设井筒垂直。

（1）计算所需水泥浆体积。
（2）计算工作管柱未起出时的水泥塞高度。
（3）计算水泥浆后面所需的隔离液体积。
（4）计算驱替液体积。

解：注平衡塞技术的目标是，在水泥塞底部保持钻杆内压力和环空压力相等（图7.5）。它可以写成：

$$\Delta p_{CD}+\Delta p_{WD}+\Delta p_{MD}=\Delta p_{CA}+\Delta p_{WA}+\Delta p_{MA}$$

$$p_D = p_A \tag{7.1}$$

式中 Δp_{CD} ——工作管柱内水泥浆产生的静液柱压力；
Δp_{WD} ——工作管柱内隔离液的静液柱压力；
Δp_{MD} ——工作管柱内钻井液的静液柱压力；

Δp_{CA}——环空水泥浆的静液柱压力；
Δp_{WA}——环空隔离液的静液柱压力；
Δp_{MA}——环空钻井液的静液柱压力；
p_D——钻杆内压力；
p_A——环空压力。

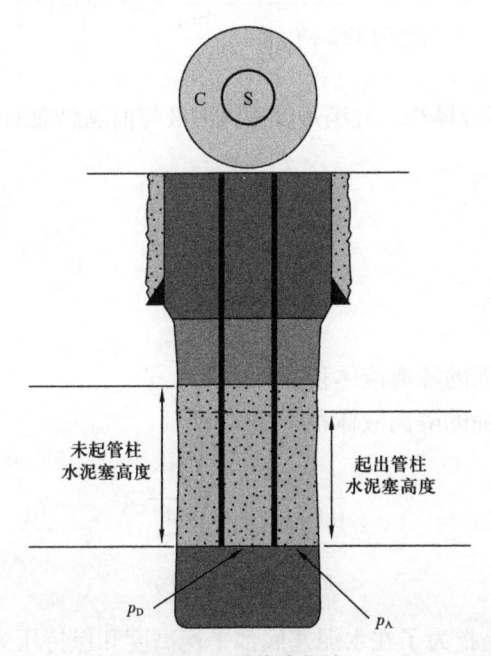

图 7.5 平衡水泥塞
工作管柱内外的隔离液处于相同高度，且化学成分相同

本例中，水泥浆前后的隔离液是同种类型，具有相同特性。然而，在某些情况下，水泥浆前后的隔离液是不同的。后一种情况在本章末尾探讨。

（1）假定没有被掺混的水泥浆体积：

$$V = \frac{\pi D^2}{4} h \tag{7.2}$$

式中 D——井筒直径，ft；
h——水泥塞内无工作管柱时的长度。

$$V = \frac{\pi \times 8.75^2}{4} \times 200 \times \frac{(1\text{ft})^2}{(12\text{in})^2} = 83.517 \left(\text{ft}^3\right)$$

（2）当钻柱在水泥塞内时，水泥塞高度由式（7.3）算出[15]：

$$H = \frac{V}{C+S} \tag{7.3}$$

式中 C——环空容量，bbl/ft；

S——工作管柱内容积，bbl/ft；
V——水泥浆体积，bbl；
H——管柱在塞内时的水泥塞高度，ft。

$$H = \frac{83.517(\text{ft}^3) \times \frac{1\text{bbl}}{5.615\text{ft}^3}}{(0.01422+0.0547)\frac{\text{bbl}}{\text{ft}}} = 215.814(\text{ft})$$

（3）水泥浆后的隔离液体积，应满足使后隔离液与前隔离液的高度相同。它的意思是：

$$L_{sp2}=L_{sp1} \tag{7.4}$$

那么，它可以写成：

$$\frac{V_{sp2}}{S} = \frac{V_{sp1}}{C} \tag{7.5}$$

式中　V_{sp1}——水泥浆前面的隔离液体积，bbl；
　　　V_{sp2}——水泥浆后面的隔离液体积，bbl。

$$\frac{V_{sp2}}{0.01422} = \frac{24}{0.0547}$$

$$V_{sp2}=6.24（\text{bbl}）$$

（4）驱替液体积，是指为了在水泥塞底部平衡高度和保持压力相等，需在后置液之后泵入的液体量。替浆量可由式（7.6）给出：

$$V_{dis}=S[L_{dis}-(H+L_{sp2})] \tag{7.6}$$

式中　V_{dis}——替浆量，bbl；
　　　L_{dis}——预定替浆段长度，用测量深度表示，ft；
　　　L_{sp2}——水泥浆段之后的隔离液长度。

$$V_{dis}=0.01422×[10000-（215.814+438.7）]=132.89（\text{bbl}）$$

水泥塞污染是平衡塞相关的主要挑战之一，可能通过三种不同的方式发生：泵送过程中的泥浆污染，从水泥塞中抽出工作管柱时搅动水泥造成的污染，以及水泥塞候凝时的置换。在泵送水泥浆过程中，水泥浆—隔离液界面可能会发生污染，以及从地层或套管表面去除泥浆的效果不好。将影响降到最低的最佳做法，是适当设计隔离液和化学冲洗液的类型、体积和排量，或使用双塞法。

7.3.2　双塞法

为了尽量降低前后流体对水泥塞的污染，采用双塞法（图7.6）。在使用该工艺技术时，先下入一个胶塞在水泥浆之前（在隔离液和领浆之间），在水泥浆的后面（尾浆和隔离液之间）下入另一个胶塞。因此，从地面往下到靠近尾管或中心插管的这段行程，水泥浆与隔离液完全隔开，从而降低了污染的风险。每个胶塞都有翼片，它将压力保持在一定范围，并在更高的压力下破裂。工作管柱在靠近中心插管或尾管的地方装有定位短节。当第一个胶塞坐落在定位短节上时，压力不断增加，直到尾翼片破裂，水泥通过第一个胶塞。然后，第二个胶塞到达第一个胶塞顶部遇阻，造成压力上升。继续上升使翼片破裂，隔离液通过胶塞。

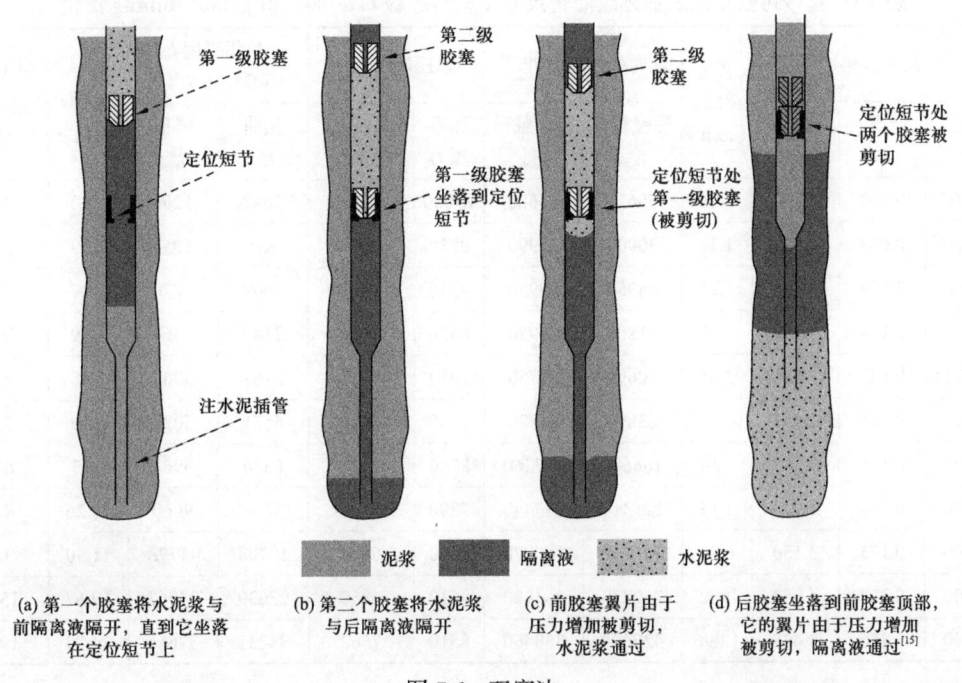

(a) 第一个胶塞将水泥浆与前隔离液隔开，直到它坐落在定位短节上

(b) 第二个胶塞将水泥浆与后隔离液隔开

(c) 前胶塞翼片由于压力增加被剪切，水泥浆通过

(d) 后胶塞坐落到前胶塞顶部，它的翼片由于压力增加被剪切，隔离液通过[15]

图 7.6 双塞法

7.3.3 倒水泥注塞法

倒水泥注塞法采用一种电缆工具，可将少量水泥浆注入所需深度，污染最小。这种方法通常只用于陆上油气井。倒灰筒内装满水泥浆，下入井内。当它到达所需的深度时，通过电信号或通过撞击机械底座打开灰筒盖。当要使用倾倒式灰筒时，通常使用机械底座，如图 7.7 所示。与其他方法相比，该方法的优点是：最大限度地减少污染的影响，成本低廉，作业不需要钻机，水泥塞深度易于控制，作业时间明显缩短。该方法的局限性包括：可能需要用小容量倒灰筒多趟下入，在下入过程中由于倒灰筒内部处于静态，水泥可能会凝固在其内部，以及受泥浆或隔离液去除效果不确定性的影响。需要注意的是，一定避免水泥浆胶凝或不稳定，以确保水泥浆能从倒灰筒中流出。

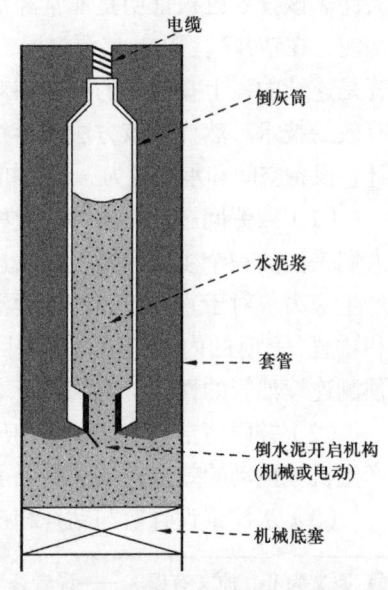

图 7.7 倒水泥注塞法示意图

7.3.4 连续油管注塞法

连续油管是缠绕在卷轴上的长而连续的钢管。下入井筒前先将连续油管矫直,出井后再将其回绕到存放卷轴上。根据管径和卷轴尺寸的不同,连续油管的长度可以从 2000ft 到 15000ft 不等,甚至更长。表 7.1 给出了典型的连续油管尺寸。

表 7.1 迄今可获得的工业连续油管尺寸（材料等级 GT-80,由 global-tubing 提供）

尺寸规格			名义磅级 / (lb/ft)	轴向荷载能力 /lbf [1]		承压能力 /psi		抗扭强度 / (lbf·ft) [2]		管外替量 / bbl	每 1000ft 的内部容量 /bbl
外径 / in	壁厚 / in	内径 / in		屈服载荷 t_{nom}	拉伸载荷 t_{nom}	屈服压力	水压试验 (90%)	扭曲 t_{min}	终值 t_{min}		
1.250	0.190	0.870	2.16	50620	55680	23040	15000	1097	1206	1.52	0.74
1.500	0.087	1.326	1.32	30900	33990	8850	7970	955	1051	2.19	1.71
1.750	0.109	1.532	1.91	44950	49950	9510	8560	1609	1770	2.97	2.28
2.000	0.109	1.782	2.21	51800	56980	8320	7490	2149	2364	3.89	3.08
2.375	0.125	2.125	3.01	70690	77750	7950	7160	3463	3809	5.48	4.39
2.625	0.134	2.357	3.57	83890	92280	7740	6970	4571	5028	6.69	5.40
2.875	0.156	2.563	4.54	106600	117260	8240	7420	6330	6963	8.03	6.38
3.250	0.156	2.938	5.17	121310	133440	7290	6560	8236	9060	10.26	8.39
3.500	0.175	3.150	6.23	146240	160870	7630	6870	10708	11778	11.90	9.64
4.500	0.224	4.052	10.25	240730	264800	7610	6850	22639	24962	19.67	15.95
5.000	0.276	4.448	13.96	327690	360460	8510	7660	34231	37654	24.29	19.22

连续油管用于补救固井始于 20 世纪 80 年代初。从那时起,这项技术受到了相当多的关注。该技术已被证明是非常经济的,可用于封固管外窜槽、封堵射孔层段、射孔段内挤水泥、在钻井过程中封堵漏失层,以及放置水泥斜向器[17]时,注入少量的水泥浆。由于该管是连续的,上扣连接的挑战和对传统钻机的需求被最小化,这意味着该技术是一种经济有效的技术。然而,该方法仍存在一些问题,比如疲劳问题、井眼清洁、特殊的水泥浆设计、设备空间和承载能力、起重机吨位和当地法规等,均限制了连续油管注水泥塞的应用。

（1）疲劳问题。在固井作业中,随着连续油管直径的增加,连续油管的疲劳寿命成为人们关注的一个主要问题。每次连续油管被卷上卷下并经过连续油管的鹅颈装置时,都会产生应力。对于直径较大的连续油管,这一问题更为严重。另一个问题是连续油管在弯曲和矫直[18]时的内部应力。由于目前还没有实用的非破坏性方法来测量损伤累积量,为了预测连续油管的性能,连续油管寿命预测模型应运而生。

（2）井眼清洁。连续油管的尺寸限制了井筒中流体的流动能力,且缺乏通过管柱旋转产生机械搅动的效果,从而降低了大井眼尺寸[19]的井眼清洁效率。

（3）水泥浆设计。与钻杆相比,连续油管的过流能力较低,因此标准的连续油管固井

---

[1] 原文为 lb,原文有误。——译者著
[2] 原文为 ft/lb,原文有误。——译者著

配方与标准的常规固井配方是不同的。由于连续油管提供给水泥浆的混合能量，引起机械加速作用。因此，设计时典型的用于连续油管注入的水泥浆具有较长的稠化时间、较低的黏度和屈服应力[21]。

（4）设备空间和承载能力。在考虑使用连续油管进行固井作业的可行性时，需要对放置连续油管设备（如滚筒、注入头、泵送设备、固井设备和测试设备）的甲板区域进行研究。此外，甲板/底盘结构应该具备承受设备重量的能力，不能由此引发故障风险。对于陆上油井，土壤和施工区域应该能够承受设备重量，对于海上油井，平台、钻井船、船舶、半潜式钻井平台或其他工作装置，必须考虑承载能力。由于使用连续油管进行固井作业需要更大的管径，因此必须增加管道处理设备（例如注入头、卷盘、井控设备等）的尺寸和容量。因此，施工设备的空间和承载能力需要予以特别的考虑。

（5）起重机吨位。在海上作业中，平台起重机必须能够将设备从供应船吊到平台或任何其他海上作业单元[20]上。更大的管径带来的重量和尺寸的增加，需要起重机具有更高的吨位，并带来额外的风险。

（6）当地法规。法规的目的是确保连续油管的安全作业，其中包括连续油管的质量控制、井场安全标准以及工具的安全下入和起出。井控设备（例如防喷器）、连续油管的压力等级、疲劳预测、设备承载能力和起重能力是当地监管机构关注的一些主要问题。然而，不同的监管机构有不同的标准。

7.4 注水泥时的钻井液顶替

在注水泥塞的施工中，除了要保证水泥固化的物理性能外，主要任务是用水钻井液置换钻井液，以建立井屏障并封堵地层压力。在注水泥塞过程中，影响钻井液驱替效率的几个参数包括：井眼形状和井斜角、流量、湍流程度、当量循环密度（ECD）、水泥浆或钻井液和隔离液设计、井眼处理、流变特性、浮力和水泥塞稳定性、管柱起出水泥塞、工作管柱的尺寸和居中度[3, 22-26]。显然，使钻井液驱替和固井作业取得成功，没有任何单项技术有这样的魔力。

（1）井眼形状和井斜。水泥塞位置的裸眼井筒形状，对于钻井液置替和泵入准确的水泥浆量非常重要。当磨铣段（或裸眼井段）的直径固定不变时，这时的井眼称为规则井眼，规则井眼的截面为圆形。但当截面从圆形偏差变形时，称为椭圆形井眼，如图7.8所示。如果磨铣段的直径变化，这时的井眼则称为不规则井眼，是由冲蚀造成的。

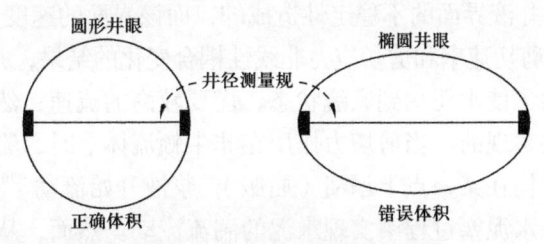

图 7.8 圆形和椭圆形井眼
井径规测井可能无法读取椭圆井眼直径

当冲蚀存在时，环空流速要小于井眼规则部分的流速。如果环空流速足够低，钻井液在冲蚀区就会处于凝胶状态，用水泥清除钻井液就会变得非常困难。冲蚀带来的另一个挑战是，如果井眼尺寸有很大的不确定性，水泥浆体积将被低估，水泥塞长度将小于所需长度。因此，通常需要对井眼进行测量，对其形状进行更好地描述。

在斜井中，重力作用使流体界面不稳定，以及流体污染这些因素，使得在注水泥塞过程中，平衡流体的工作变得非常复杂。在将工作管柱尾管从水泥塞中拔出的过程中，尤其是在斜井段[27]，准确设计的水泥塞也可能会被污染。此外，斜井眼加剧了与自由流体和颗粒分离相关的挑战。

（2）流量。影响驱替过程的另一个主要参数是流量。由于钻井液和水泥浆都是非牛顿流体，它们需要一定的压降来建立显著的流量。非牛顿流体有两种可能的流动型态（图7.9）：层流和湍流。有时段塞流也被定义为另一种流态，但它是一种层流模式。如图7.9所示，总体环空速度分布（虚线）和实际速度分布（实线）并不相等，层流区轴向速度（箭头）在环空的分布不像湍流区那样均匀。轴向速度分布在各流型中心处最大，且高于边界[29]附近流体的轴向速度分布。因此，从边界清除钻井液可能是复杂和无效的。

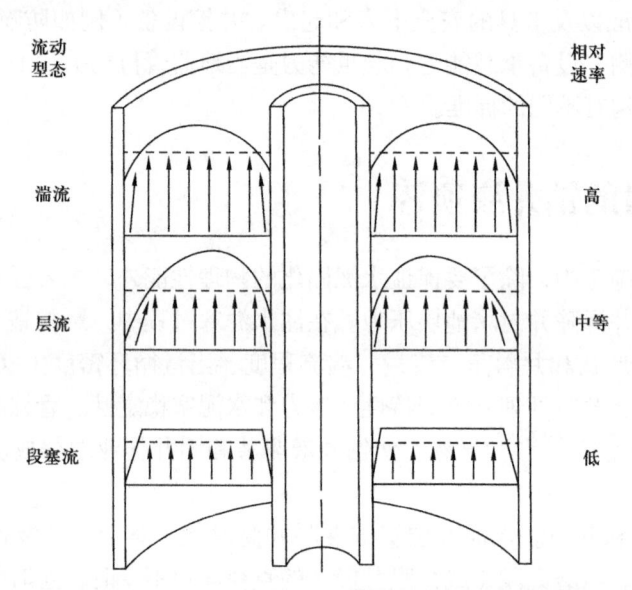

图7.9 非牛顿流体可能存在的不同流动状态（注平衡塞技术）

当钻井液去除效果差时，钻井液更容易污染水泥。Haut和Crook[29]研究表明，污染是由于发生在水泥—钻井液界面的不稳定性造成的，而该界面的速度方向不是严格轴向的。失稳的形成是流体界面剪切速率和剪切应力非线性耦合变化的结果，并导致钻井液窜流。

（3）紊流程度。为了使水泥达到紊流状态，需要较高的流速；然而，如果水泥浆的黏度很高，这可能是无法实现的。当剪切力作用在非牛顿流体上时，流体会抗拒流动并经历弹性变形，直到弹性结构在某一点上崩溃（屈服），浆液开始流动[30]。实际上，由于作业方面的限制，很难在注水泥塞过程中实现水泥的湍流流动。然而，从现实的角度来看，水泥的摩擦压降高于钻井液的摩擦压降是很重要的。

（4）当量循环密度。长期层间隔离需要有效的钻井液驱替，这就需要在固井过程中使用大排量。然而，当考虑到枯竭地层或减产油田时，地层破裂压力低于原始地层破裂压力，因此预期压力窗口较窄，当量循环密度（ECD）应严格控制。因此，固井作业中的排量受到限制。高流量导致高摩阻，这可能超过地层的破裂压力。在枯竭的长水平井中，这种情况变得更加复杂。为了保持较低的当量循环密度，并确保有效的固井作业[31]，需要考虑改变水泥的流变性和优化泵送速率。

（5）水泥/泥浆和隔离液设计。有几种类型的隔离液体系可供选择，包括：冲洗液、凝胶液、水基液、油基液和乳化液（水分布于油中和油分布于水中）。其中，冲洗液主要用于实现紊流，提高钻井液去除效果[32]。隔离液的设计目的是通过水润湿水泥—管壁或水泥—地层界面来改善水泥胶结，同时不会破坏任何敏感区域的稳定，也不会对钻井液或水泥性能产生不利影响。研究表明，为了获得更好的钻井液去除效果，驱替液的密度应至少比被驱替液重10%，驱替液的摩擦压力应至少比被驱替液[13]大20%。当隔离液体系的黏度高于钻井液的黏度且低于水泥浆的黏度时，钻井液去除效果最佳。

通过模拟多相流，可以很好地进行去除钻井液并置替为水泥的分析。在多相流模拟中，水泥与空间液体、隔离液与钻井液之间的界面可通过解控制方程得到[2, 34-37]。

为了最大限度地减少钻井液驱替效果不佳的影响，制定了一份固井检查清单作为指南[24, 38]：

① 根据配浆和泵的能力，确定注水泥塞的排量，以及注塞过程中典型隔离液流变的当量循环密度。

② 选择隔离液并检查与钻井液的匹配性。

③ 隔离液选定后，确定其在井底循环温度（BHCT）和井底压力下的黏性特性。

④ 在注塞施工过程中，通过使用黏度来选择配浆速度、泵速和驱替速率，重新计算当量循环密度。

⑤ 根据多臂井径测井数据计算水泥体积和环空速度。

⑥ 调整钻井液以获得较低的黏度。

⑦ 保持降低固相含量，特别是在大斜度井眼。

⑧ 计算下入工作管柱时的激动压力，并以足够慢的速度下入，以尽量降低地层破裂风险。

⑨ 当工作管柱下到所需深度后，按照计算好的排量开始循环。

（6）井眼处理。由于钻井液的高黏度和高凝胶强度，不适合注水泥塞作业。因此，在裸眼中注水泥塞之前，先对钻井液和井眼进行处理。适当的井眼处理是指，使井眼内没有（金属）碎屑、岩屑、凝胶等，同时井眼内的钻井液处于完全可驱替或可循环的状态。这使得隔离液和水泥浆能够在所需的井段内有效地置换钻井液。在开始打入水泥—钻井液隔离液[39]之前，应具备井眼可循环的条件。此外，井眼处理会调节钻井液，降低钻井液的屈服点，从而在注水泥过程中更有效地去除钻井液。

（7）流变特性。为了提高钻井液去除效率和避免压裂地层，可能需要调节水泥浆性能（先进的工具和技术、熟练的人员是不可或缺的）；可能需要改变密度或改变流变特性。

如果孔隙压力的限制不允许密度的变化，那么建议调整水泥浆的流变特性。例如，可以通过改善水泥浆的触变行为来改变水泥浆的流变性，从而获得更好的钻井液驱替效果[40]。触变性是具有随时间变化的剪切变薄特性的流体的特性。换句话说，当流体处于静止状态时，它会形成凝胶结构。但当流体在恒定的剪切速率下，黏度随着时间的推移而降低，直到达到平衡状态。触变性水泥浆可以在注入过程中形成塞状流动，提高钻井液驱替效率[41]。然而，当将水泥浆替置完成后，将工作管柱从水泥塞中抽出时，触变行为可能会影响水泥塞的稳定性。

（8）浮力和水泥塞稳定性。当水泥浆位于密度较低的钻井液之上时，应防止水泥浆在候凝时往下掉。对置于钻井液上的水泥塞浮力驱动破坏模式的物理研究表明，需要最小的屈服应力来达到水泥塞稳定。钻井液与水泥界面的稳定性受井斜、流体屈服应力、钻井液与水泥密度差、重力和井径的影响[42-43]。发生在两种不同密度流体之间的界面不稳定性称为瑞利—泰勒不稳定性。在斜井中，当水泥浆在比它密度低的流体上时，水泥浆和流体界面的不稳定性会产生三个不同的区域[图7.10（b）]：侵入钻井液的过渡区、交换流区和水泥底部的过渡区。由浮力引起的水泥和钻井液界面的不稳定所引起的流体运动称为坍落运动。在水泥塞的坍落运动中，假定两种流体大多为轴向缓慢运动，但在过渡区存在三维流动。

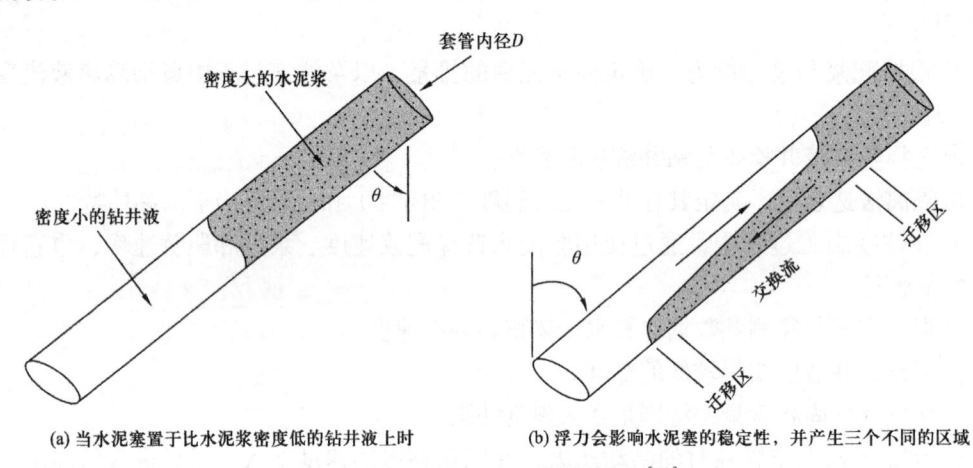

(a) 当水泥塞置于比水泥浆密度低的钻井液上时　　(b) 浮力会影响水泥塞的稳定性，并产生三个不同的区域

图7.10　分层轴向交换流示意图[16]

为了最大限度地减少浮力带来的污染并实现稳定的水泥塞，建议如下：减小水泥浆和钻井液（稠浆）之间的密度差，增加水泥塞预定深度以下钻井液的屈服应力或胶凝强度，在水泥浆和钻井液之间加入反应性凝胶液，以及避免触变性水泥浆以实现注平衡塞[38,44-45]。如果外来搅动超过钻井液的屈服压力（YP），将激活水泥浆与钻井液界面处的浮力和重力运动，污染将加剧，进而影响水泥塞的稳定性。据认为，在使用触变性水泥浆进行注平衡塞的过程中，当按预期注入水泥塞时，水泥浆倾向于停留在尾管的末端。将尾管从静态触变水泥浆中拔出，会对水泥下面的钻井液产生抽吸力，导致钻井液侵入水泥浆，因此水泥浆被污染[45]。然而，使用触变性水泥浆可以快速提高胶凝强度，并在水泥凝固[44]时提高水泥塞的稳定性。

在水泥凝结过程中，减小浮力影响的一种解决方案是安装机械底座，并将水泥浆替置在上面。这样在水泥凝固时气体侵入最少，提高了水泥塞的稳定性。机械底座的局限性就是不能在裸眼井段中使用。

（9）工作管柱的居中。工作管柱与地层或套管之间的偏心环空可以将驱替流体引向环空的宽侧，而将残余钻井液留在窄侧，如图 7.11 所示。然而，驱替流体和被驱替流体之间的密度差异造成了窄侧和宽侧之间的静压力不平衡。一方面，造成的不平衡将较重的流体推到较窄的一侧，从而提高了驱替效率。另一方面，这种现象可能会加剧钻井液污染。

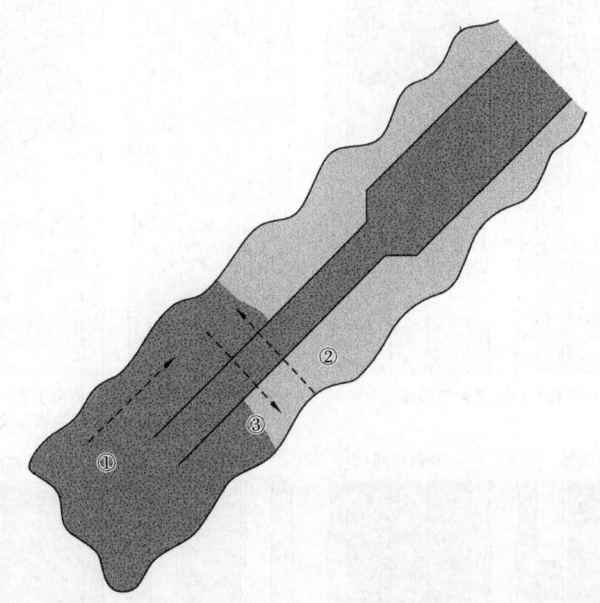

图 7.11 注浆插管不居中引导水泥通过大空间①，重力作用下置换钻井液和水泥浆②和③

Tehrani 等[47]研究了斜井中管柱偏心对钻井液驱替效率的影响。他们的假设包括三维井眼中非牛顿流体在环空的层流驱替。根据他们的研究结果，良好的管柱居中度、钻井液与水泥浆之间的高密度差异，以及正流变层次是改善钻井液驱替的重要因素。

Jakobsen 等[23]考虑了偏心环空中不同密度流体的驱替。他们得出的结论是，当置换流体的重量比被置换流体重 5% 时，较窄部分的较轻流体就会移动到较宽部分的上部。这种由浮力诱导的机制，极大地提高了驱替效率。当湍流或有效层流置换难以实现时，建议采用该工艺。

（10）管柱起出水泥塞。平衡塞计算方法的假设是，当工作管柱从水泥塞中起出时，浆液保持在原位，由于金属被置替引起的空腔造成的流体下降最小。然而，只有当忽略流体与工作管柱之间的阻力作用和附着在工作管柱表面的体积，并且在使用机械底座作为基础时，这种假设才是正确的。为了使搅动影响最小，常采用直径和壁厚较小的尾管或插管❶。由于壁厚更薄，直径更小，所涉及的流体体积更小，因此污染被认为是最小的。然

---

❶ 插管通常由玻璃纤维或铝管制成。

而，Roye 和 Pickett[50]的研究结果表明，当用稠浆垫底，在拔出管柱时，造成搅动，使水泥塞最初从平衡状态下变得不平衡。当将工作管柱从井眼中起出时，靠近地面管柱内的流体被置换，由于插管内被置换的体积应相同（与近地面工作管柱相比，插管的直径较小），因此插管内被置换的流体高度更高。因此，在起出一部分管柱后，插管内的水泥浆完全被隔离液置换，而水泥浆仍留在环空中。这种现象如图 7.12 所示。

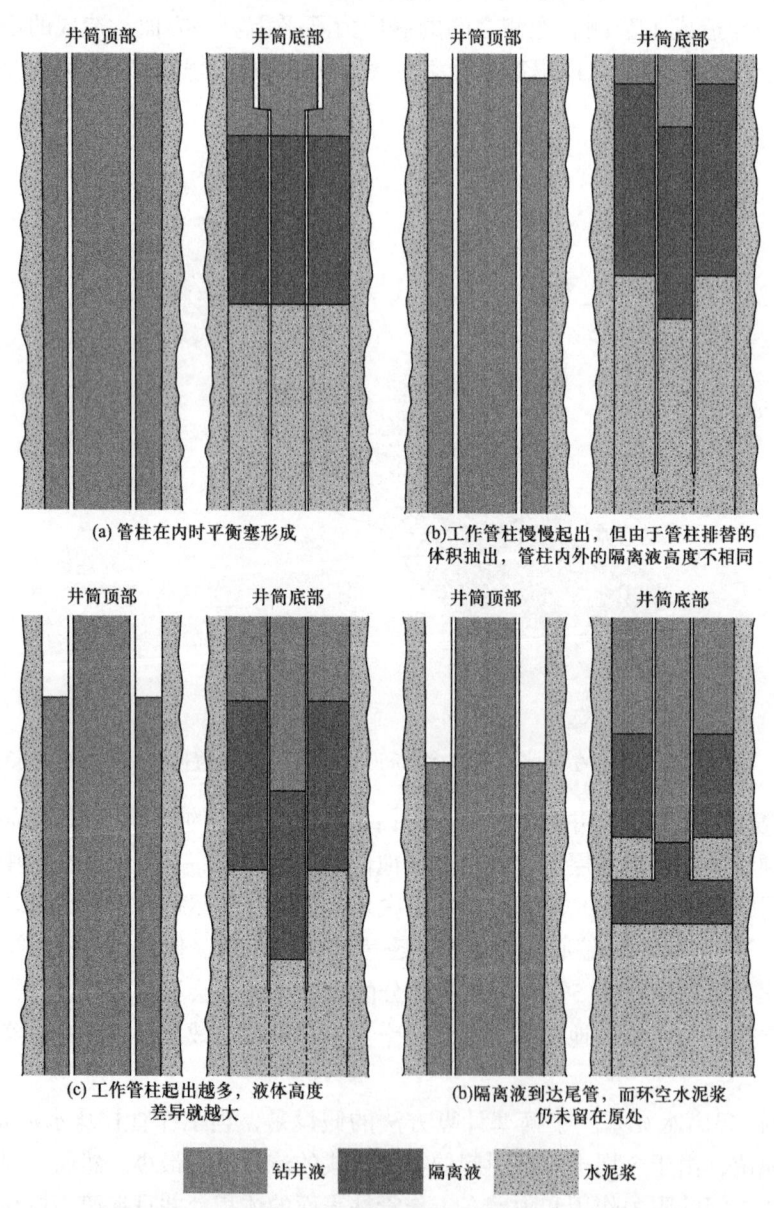

(a) 管柱在内时平衡塞形成

(b)工作管柱慢慢起出，但由于管柱排替的体积抽出，管柱内外的隔离液高度不相同

(c) 工作管柱起出越多，液体高度差异就越大

(b)隔离液到达尾管，而环空水泥浆仍未留在原处

钻井液　　隔离液　　水泥浆

图 7.12　带插管的工作管柱起出水泥塞时的不平衡[50]

有一些替代方案可以使起钻过程中搅动的影响降至最低：使用模型正确计算水泥浆前后的隔离液体积，不使用插管，和（或）在插管[50]上方的钻杆中使用机械装置。为了尽

量减少凝固期间由于浆液移动造成的水泥塞污染，建议使用胶凝液稠浆或机械底座。

（11）注塞作业监控。实时记录压力、水泥浆排量、密度和综合体积（如钻井液返出率与泵排量的比较），可以更好地了解作业执行情况[51-52]。这些数据可以用于分析和其他工作，特别是在注多个水泥塞时。图 7.13 是避免注水泥塞失败的过程控制流程图。

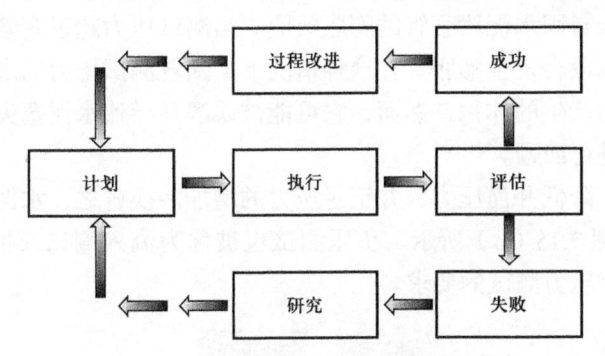

图 7.13　注水泥塞施工的过程控制图[53]

7.5　水泥塞的验证测试

（1）位置验证——当水泥塞被置于所需的井段时，需要验证其深度和密封性。水泥凝固后，修整水泥面，并通过探底确定水泥塞顶面。水泥塞置于机械底座上时，水泥塞的深度已确定，不用探塞面。

（2）密封验证——通过压力测试或基于井眼屏障基本原理的重量测试来评估水泥塞密封能力。

（3）压力测试——在套管内的水泥塞被置于机械底座或稠浆之上，如图 7.14 所示。当使用机械塞作底座并通过压力测试后，通常上面的水泥塞不再进行耐压试验。但是，如果机械塞没有进行压力测试或压力测试失败，对水泥塞必须进行压力测试。

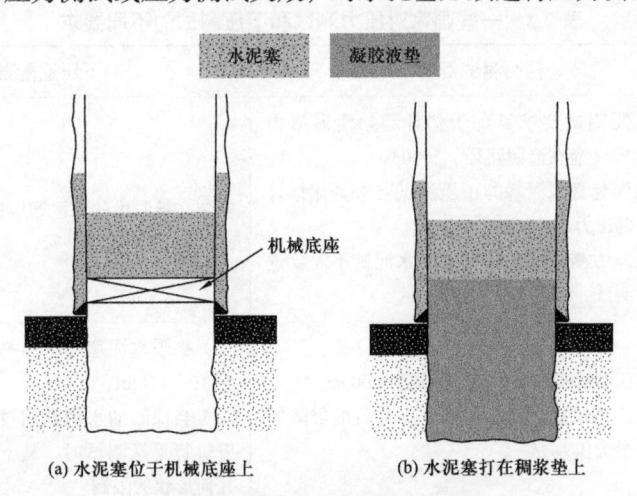

(a) 水泥塞位于机械底座上　　(b) 水泥塞打在稠浆垫上

图 7.14　套管内水泥塞压力测试

当水泥塞在稀浆垫上面时，通过正压或负压测试来评估其密封性。在正压测试中，对井筒施加给定压力，并记录压力的变化。给定的压力高于水泥塞下面的压力，如图 7.15（a）所示。当考虑正压测试时，不能破坏基础水泥环（套管外面的水泥环）、水泥与套管的胶结、套管。为了避免这个问题，试压值应不超过套管强度减去压力摩阻量。正压测试需考虑的另一个因素是未封固水泥段套管的膨胀效应。当测试压力超过套管承压极限时，套管在环空充满液体的区段会发生膨胀。在这种情况下，随着测试压力的增加，一部分注入流体填满了由于膨胀而产生的体积，然而，它可能被误解并导致水泥塞失效。水泥塞的压力测试将在第 9 章中进行回顾。

在负压测试中，降低井筒压力，并记录压力的增加。换言之，水泥塞下方的压力高于其上方的压力，如图 7.15（b）所示。负压测试也被称为流入测试或抽空测试。表 7.2 总结了不同监管机构对压力测试的要求。

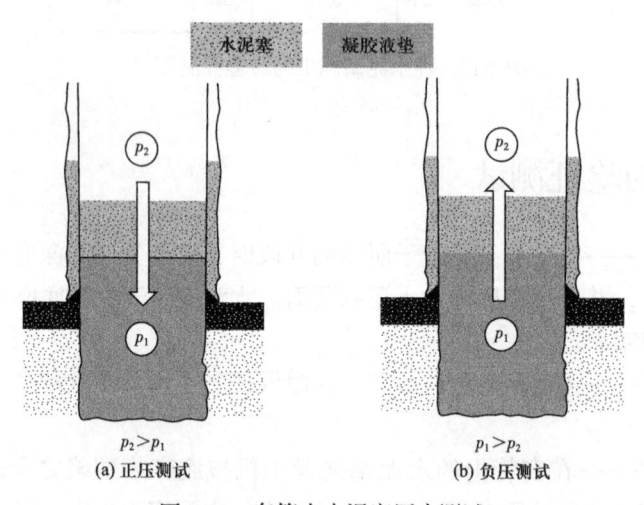

图 7.15 套管内水泥塞压力测试

表 7.2 一些国家对压力测试和下压测试的不同要求

国家	压力测试要求	下压重量测试要求
挪威[54]	（1）正压测试要求是高于估计起始泄漏压力（低于套管/潜在泄漏路径）1000psi； （2）地面套管水泥塞的正压测试要求是比估计起始泄漏压力高 500psi； （3）经压力测试过的基座上的水泥塞不需要进行压力测试	安装在裸眼中的水泥塞应进行下压重量测试
英国[55]	（1）正压测试要求至少高于源压力 500psi； （2）流入测试要求至少是永久弃井后的屏障需承受的最大压差	（1）裸眼水泥塞的下压测试由钻杆进行，一般为 10～15klbf； （2）当裸眼的水泥塞通过电缆、连续油管或插管进行下压测试时，其下压重量会受到工具和几何形状的限制

（4）压重测试——这种方法用于安装在裸眼中的水泥塞，因为裸眼的压力测试没有意义。在这种方法中，修去塞面顶部，并在水泥塞上施加重量，如图 7.16 所示。钻杆、连续油管、插管和电缆都可以用于压重测试，但插管、电缆和连续油管的应用受到工具重量或几何形状的限制。不同的管理机构有不同的重量要求。表 7.2 总结了不同监管机构对重量测试的一些具体要求。在油管内的水泥塞通常通过压力测试和探塞面进行验证。如果水泥塞安装在经过压力测试的桥塞上，则不进行压力测试。由于水泥塞打在试过压的桥塞上，没必要进行位置验证和压力测试。在油管和生产套管之间的水泥塞通过压力测试验证密封性，并通过水泥胶结测井进行位置验证。

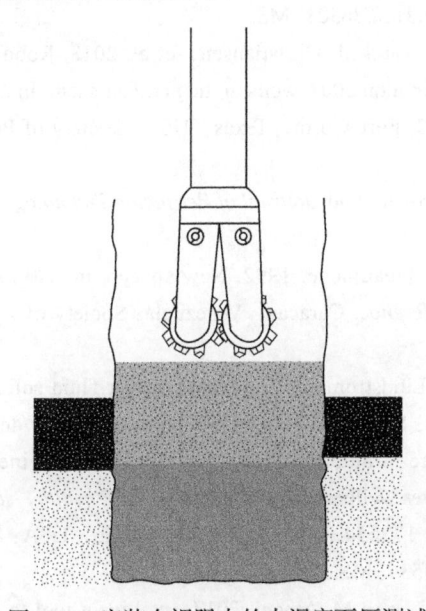

图 7.16 安装在裸眼中的水泥塞下压测试

参考文献

[1] Aranha, P. E., C. R. Miranda, J. V. M. Magalhães, et al. 2011. Dynami caspects governing cement-plug placement in deepwater wells. *SPE Drilling&Completion* 26（03）: 341-351. https://doi.org/10.2118/140144-PA.

[2] Chen, Z., S. Chaudhary, and J. Shine. 2014. Intermixing of cementing fluids: Understanding mud displacement and cement placement. in IADC/SPE drilling conference and exhibition. SPE-167922-MS. Fort Worth. Texas, USA: Society of Petroleum Engineers. https://doi.org/10.2118/167922-MS.

[3] Clark, C. R., and G. L. Carter. 1973. Mud displacement with cement slurries. *Journal of Petroleum Technology* 25（07）: 775-783. https://doi.org/10.2118/4090-PA.

[4] Engelke, B., D. Petersen, and F. Moretti, et al. 2017. New fiber technology to improve mud removal. In *Offshore Technology Conference, OTC Brasil*. OTC-28025-MS. Rio de Janeiro, Brazil. https://doi.org/10.4043/28025-MS.

[5] Guzman Araiza, G., H. E. Rogers, and L. Pena, et al. 2007. Successful placement technique of openhole plugs in adverse conditions. In *Asia pacific oil and gas conference and exhibition*. SPE-109649-MS. Jakarta, Indonesia: Society of Petroleum Engineers. https://doi.org/10.2118/109649-MS.

[6] Kelessidis, V. C., D. J. Guillot, R. Rafferty, et al. 1996. Field data demonstrate improved mud removal techniques lead to successful cement jobs. *SPE Advanced Technology Series* 4 (01): 53-58. https://doi.org/10.2118/26982-PA.

[7] Ford, J. T., M. B. Oyeneyin, and E. Gao, et al. 1994. The formulation of milling fluids for efficient hole cleaning: An experimental investigation. In *European petroleum conference*. SPE-28819-MS. London, United Kingdom: Society of Petroleum Engineers. https://doi.org/10.2118/28819-MS.

[8] Messler, D., D. Kippie, and M. Broach, et al. 2004. Apotassium formate milling fluid breaks the 400°fahrenheit barrier in a deep Tuscaloosa coiled tubing clean-out. In *SPE international symposium and exhibition on formation damagecontrol*. SPE-86503-MS. Lafayette, Louisiana: Society of Petroleum Engineers. https://doi.org/10.2118/86503-MS.

[9] Offenbacher, M., N. Erick, and M. Christiansen, et al. 2018. Robust MMH drilling fluid mitigates losses, eliminates casing intervalon 200+ wells in the permian basin. In *IADC/SPE drilling conference and exhibition*. SPE-189628-MS. Fort Worth, Texas, USA: Society of Petroleum Engineers. https://doi.org/10.2118/189628-MS.

[10] Carney, L. 1974. Cement spacer fluid. *Journal of Petroleum Technology* 26 (08): 856-858. https://doi.org/10.2118/4784-PA.

[11] Labarca, R. A., and J. C. Guabloche. 1992. New spacers in Latin America. In *SPE Latin America petroleum engineering conference*. Caracas, Venezuela: Society of Petroleum Engineers. https://doi.org/10.2118/23733-MS.

[12] Moran, L. K., and K. O. Lindstrom. 1990. Cement spacer fluid solids settling. In *SPE/IADC drilling conference*. Houston, Texas: Society of Petroleum Engineers. https://doi.org/10.2118/19936-MS.

[13] Shadravan, A., G. Narvaez, and A. Alegria, et al. 2015. Engineering the mud-spacer-cement rheological hierarchy improves wellbore integrity. In *SPE E&P health, safety, security and environmental conference-Americas*. SPE-173534-MS. Denver, Colorado, USA: Society of Petroleum Engineers. https://doi.org/10.2118/173534-MS.

[14] Shadravan, A., M. Tarrahi, and M. Amani. 2017. Intelligent tool to design drilling, spacer, cement slurry, and fracturing fluids by use of machine-learning algorithms. *SPE Drilling& Completion* 32 (02): 131-140. https://doi.org/10.2118/175238-PA.

[15] Nelson, E. B., and D. Guillot. 2006. *Well cementing*, 2nd ed. Sugar L and, Texas: Schlumberger. ISBN-13: 978-097885300-6.

[16] Fosso, S. W., M. Tina, and I. A. Frigaard, et al. 2000. Viscous-pill design methodology leads to increased cement plug success rates; application and case studies from Southern Algeria. In *IADC/SPE Asia Pacific drilling technology*. SPE-62752-MS. Kuala Lumpur, Malaysia: Society of Petroleum Engineers. https://doi.org/10.2118/62752-MS.

[17] Portman, L. 2004. Cementing through coiled tubing: Common errors and correct procedures. in *SPE/ICoTA Coiled Tubing Conference and Exhibition*. SPE-89599-MS, Houston, Texas: Society of Petroleum Engineers. https://doi.org/10.2118/89599-MS.

[18] Newman, K. R. and P. A. Brown. 1993. Development of a standard coiled-tubing fatigue test. In *SPE annual technical conference and exhibition*. SPE-26539-MS. Houston, Texas: Society of Petroleum Engineers. https://doi.org/10.2118/26539-MS.

[19] Elsborg, C. C., R. A. Graham, and R. J. Cox. 1996. Large diameter coiled tubing drilling. In *International conference on horizontal well technology*. SPE-37053-MS. Calgary, Alberta, Canada: Society of Petroleum Engineers. https://doi.org/10.2118/37053-MS.

[20] Nick, L., R. Raj, and S. Srisa-ard, et al. 2011. Coiled tubing operations from a work boat. In *SPE/ICoTAcoiledtubing&wellintervention conference and exhibition*. SPE-141234-MS. The Woodlands, Texas, USA: Society of Petroleum Engineers. https: //doi. org/10.2118/141234-MS.

[21] Bybee, K. 2011. Cementing, perforating, and fracturing using coiled tubing. *Journal of Petroleum Technology* 63 (06). https: //doi. org/10.2118/0611-0054-JPT.

[22] Denney, D. 2001. Rheological targets for mud removal and cement-slurry design. *Journal of Petroleum Technology* 53 (08): 65-66. https: //doi. org/10.2118/0801-0065-JPT.

[23] Jakobsen, J., N. Sterri, and A. Saasen, et al. 1991. Displacementsin eccentric annuli during primary cementing in deviated wells. In *SPE production operations symposium*. SPE-21686MS. Oklahoma City, Oklahoma, USA: Society of Petroleum Engineers. https: //doi. org/10. 2118/21686-MS.

[24] Sauer, C. W. 1987. Mud displacement during cementing state of the art. *Journal of Petroleum Technology* 39 (09): 1091-1101. https: //doi. org/10.2118/14197-PA.

[25] Smith, T. R. 1989. Cementing displacement practices: application in the field. In *SPE/IADC drilling conference*. SPE-18617-MS. New Orleans, Louisiana: Society of Petroleum Engineers. https: //doi. org/10.2118/18617-MS.

[26] Smith, T. R. 1990. Cementing displacement practices field applications. *Journal of Petroleum Technology* 42 (05): 564-629. https: //doi. org/10.2118/18617-PA.

[27] Isgenderov, I., S. Taoutaou, and I. Kurawle, et al. 2015. Modified approach leads to successful off-bottom cementing plugs in highly deviated wells in the Caspian Sea. In *SPE/IATMI Asia Pacific oil & gas conference and exhibition*. SPE-176316-MS. Nusa Dua, Bali, Indonesia: Society of Petroleum Engineers. https: //doi. org/10.2118/176316-MS.

[28] Webster, W. W., and J. V. Eikerts. 1979. Flow after cementing: Afield and laboratory study. In *SPE annual technical conference and exhibition*. SPE-8259-MS. Las Vegas, Nevada: Society of Petroleum Engineers. https: //doi. org/10.2118/8259-MS.

[29] Haut, R. C., and R. J. Crook. 1979. Primary cementing: the mud displacement process. In *SPE Annual Technical Conference and Exhibition*. SPE-8253-MS. Las Vegas, Nevada: Society of Petroleum Engineers. https: //doi. org/10.2118/8253-MS.

[30] Barnes, H. A., J. F. Hutton, and K. Walters. 1989. *An introduction to rheology*. Amsterdam, The Netherlands: Elsevier. 0-444-87469-0.

[31] Regan, S., J. Vahman, and R. Ricky. 2003. *Challenging the limits: Setting long cement plugs*. In *SPE Latin American and Caribbean petroleum engineering conference*. SPE-81182-MS. Port-of-Spain, Trinidad and Tobago: Society of Petroleum Engineers. https: //doi. org/10.2118/81182-MS.

[32] Beirute, R. M. 1976. All purpose cement-mud spacer. In *SPE symposium on formation damage control*. SPE-5691-MS. Houston, Texas: Society of Petroleum Engineers. https: //doi. org/10. 2118/5691-MS.

[33] Farahani, H., A. Brandl, and R. Durachman.2014. Unique cement and spacer design for setting horizontal cement plugs in SBM environment: deepwater Indonesia case history. In *Offshore technology conference-Asia*. OTC-24768-MS. Kuala Lumpur, Malaysia: Offshore Technology Conference. https: //doi. org/10.4043/24768-MS.

[34] Enayatpour, S., and E. van Oort. 2017. Advanced modeling of cement displacement complexities. In *SPE/IADC drilling conference and exhibition*. SPE-184702-MS. The Hague, The Netherlands: Society of Petroleum Engineers. https: //doi. org/10.2118/184702-MS.

[35] Frigaard, I. A., M. Allouche, and C. Gabard-Cuoq. 2001. Setting rheological targets for chemical solutions in mud removal and cementslurry design. In *SPEinternational symposium on oilfield chemistry*. SPE-64998-MS. Houston, Texas: Society of Petroleum Engineers. https: //doi. org/10.2118/64998-MS.

[36] Frigaard, I. A., and S. Pelipenko. 2003. Effective and ineffective strategies for mud removal and cement slurry design. In *SPE Latin American and Caribbean petroleum engineeringconference*. SPE-80999-MS. Port-of-Spain, Trinidad and Tobago: Society of Petroleum Engineers. https://doi.org/10.2118/80999-MS.

[37] Li, X., and R. J. Novotny. 2006. Studyon cement displacement by lattice-Boltzmann method. In *SPE annual technical conference and exhibition*. SPE-102979-MS. San Antonio, Texas, USA: Society of Petroleum Engineers. https://doi.org/10.2118/102979-MS.

[38] Smith, R. C., R. M. Beirute, and G. B. Holman. 1984. Improved method of setting successful cement plugs. *Journal of Petroleum Technology* 36 (11): 1897-1904. https://doi.org/10.2118/11415-PA.

[39] Beirute, R. M., F. L. Sabins, and K. V. Ravi. 1991. Large-scale experiments show proper hole conditioning: Acritical requirement for successful cementing operations. In *SPE annual technical conference and exhibition*. SPE-22774-MS. Dallas, Texas: Society of Petroleum Engineers. https://doi.org/10.2118/22774-MS.

[40] Barnes, H. A. 1997. Thixotropy—A review. *Journal of Non-Newtonian Fluid Mechanics* 70 (1): 1-33. https://doi.org/10.1016/S0377-0257(97)00004-9.

[41] Gahlawat, R., S. R. K. Jandhyala, and V. Mishra, et al. 2016. Rheology modification for safe cementing of low-ECD zones. In *IADC/SPE Asia Pacific drilling technology conference*. SPE180523-MS. Singapore: Society of Petroleum Engineers. https://doi.org/10.2118/180523-MS.

[42] Crawshaw, J. P., and I. Frigaard. 1999. Cement plugs: Stability and failure by buoyancy-driven mechanism. In *Offshore Europe oil and gas exhibition and conference*. SPE-56959MS. Aberdeen, United Kingdom: Society of Petroleum Engineers. https://doi.org/10.2118/56959-MS.

[43] Frigaard, I. A., and J. P. Crawshaw. 1999. Preventing buoyancy-driven flows of two Bingham fluids in a closed pipe-fluid rheology design for oilfield plug cementing. *Journal of Engineering Mathematics* 36(4): 327-348. https://link.springer.com/article/10.1023/A:1004511113745.

[44] Bour, D. L., D. L. Sutton, and P. G. Creel. 1986. Development of effective methods for placing competent cementplugs. In *Permian basin oil and gas recovery conference*. SPE-15008-MS. Midland, Texas: Society of Petroleum Engineers. https://doi.org/10.2118/15008-MS.

[45] Heathman, J. F. 1996. Advancesin cement-plug procedures. *Journal of Petroleum Technology* 48 (09): 825-831. https://doi.org/10.2118/36351-JPT.

[46] Harestad, K., T. P. Herigstad, A. Torsvoll, et al. 1997. Optimization of balanced-plug cementing. *SPE Drilling&Completion* 12 (03). https://doi.org/10.2118/35084-PA.

[47] Tehrani, A., J. Ferguson, and S. H. Bittleston. 1992. Laminar displacement in annuli: Acombined experimental and theoretical study. In *SPE annual technical conference and exhibition*. SPE-24569-MS. Washington, D. C.: Society of Petroleum Engineers. https://doi.org/10.2118/24569-MS.

[48] Kroken, W., A. J. Sjaholm, and A. S. Olsen. 1996. Tide flow: Alowrate density driven cementing technique for highly deviated wells. In *SPE/IADC drilling conference*. SPE-35082-MS. New Orleans, Louisiana: Society of Petroleum Engineers. https://doi.org/10.2118/35082-MS.

[49] Carpenter, C. 2014. Stinger or tailpipe placement of cement plugs. *Journal of Petroleum Technology* 65 (05): 3. https://doi.org/10.2118/0514-0147-JPT.

[50] Roye, J., and S. Pickett. 2014. Don'tget stung setting balanced cement plugs: a look at current industry practices for placing cement plugs in a wellbore using a stinger or tail-pipe. In *IADC/SPE drilling conference and exhibition*. Fort Worth, Texas, USA: Society of Petroleum Engineers. https://doi.org/10.2118/168005-MS.

［51］Marriott, T., H. Rogers, and S. Lloyd, et al. 2006. Innovative cement plug setting process reduces risk and lowers NPT. In *Canadian international petroleum conference*. PETSOC-2006-015. Calgary, Alberta: Petroleum Society of Canada. https://doi.org/10.2118/2006-015.

［52］Smith, R. C. 1986. Improved cementing success through real-time job monitoring. *Journal of Petroleum Technology* 38（06）. https://doi.org/10.2118/15280-PA.

［53］Heathman, J. and R. Carpenter. 1994. Quality management alliance eliminates plug failures. In *SPE annualtechnical conference and exhibition*. New Orleans, Louisiana: Society of Petroleum Engineers. https://doi.org/10.2118/28321-MS.

［54］NORSOK Standard D-010. 2013. *Well integrity in drilling and well operations*. Standards Norway.

［55］Oil&Gas UK. 2012. Guidelines for the suspension and aband onment of wells.

开放获取

本章根据知识共享署名4.0国际许可协议（http://creativecommons.org/licenses/by/4.0/）进行授权，允许以任何媒介或格式使用、分享、改编、发布和复制，只要您适当地注明原始作者和来源，提供知识共享许可协议的链接，并指出是否进行了修改。

本章中的图像或其他第三方材料均包含在本章的知识共享许可协议中，除非在材料的版权说明中另有说明。如果您使用的材料不包含在本章的知识共享许可协议中，这是不被法律许可，也超出了允许的使用范围，您需要直接获得版权持有人的许可。

第8章 封堵和弃置的工具和技术

8.1 管切割和拆除技术

永久封堵和弃置需要建立岩石间的屏障。有些情况下，套管水泥环质量差或水泥环缺失。因此，为了建立封堵屏障，在石油工业中已经使用了不同的技术，如切割提拉法、铣削套管法和分段铣削套管法。为此提出了一些新技术，其中一些正在使用，另一些则正在开发中。这些技术包括射孔—洗井—固井、上行分段铣削、井下熔化完井和等离子体铣削。本章将简要地介绍这些技术。

8.1.1 切割提拉套管

在永久封堵和弃置作业中，有些情况下，套管水泥环质量差或水泥环缺失。当有很长的未加固的套管段时，需要进行套管的切割提拉。在这种操作中，在套管接箍上方对套管进行切割，然后在套管内插入矛状器，将套管拉出井眼。矛头可以采用液压方式驱动。在传统的方法中，通常拉力由工作管柱提供给井底组件。井底组件技术的进步衍生出了新一代的工具，如井下液压牵引工具锚，工具可以在不完全利用管柱提拉的情况下产生巨大的牵引力。例如，通过使用1psi的液压动力，井下液压牵引工具锚产生300psi的压力。

理想情况下，切割和拉动操作是一次起下任务。然而，一次起下任务完成作业存在困难，有时可能也需要多次进行起下任务。潜在的风险包括套管后面沉淀的重晶石、水垢沉积、地层塌陷或未知的套管水泥粘结强度。因此，管道回收需要很大的牵引力。牵引力可能超过工作装置或工作管柱的能力，这也会影响到平台的稳定性。因此，通过将套管分段切割进行多次作业。在提拉套管的过程中，当套管在移动时，碎片可能导致套管被卡住，甚至无法取出。在多次起下任务中，施工人员在多次切割和拉动操作中，增加了HSE的风险。此外，回收的管道需要安全处理并妥善处置。

套管的切割可以使用炸药、化学药品、机械切割器或使用铣削切割器来完成。无论使用哪种切割技术，通常都是在套管处于拉伸状态下进行切割。炸药切割的挑战包括运输、搬运和储存、与装置偏心或偏离有关的不确定性以及外壳的损坏，还有其他设备对力的分散，以及切割的形状的问题。径向切割炬是利用铝热剂衍生物在径上行熔化套管，可以切割部分套管或切割套管后面的管道。化学切割是利用与钢铁发生反应的化学品，如三氟化溴，它对周围和人员的健康危害极大，且有不可逆转的影响。化学切割的效率可能会受到水垢、喷射模式或套管的偏心的影响。机械式切割器是指电动管道切割器（图8.1）或液压管道切割器（图8.2）。机械式切割器的优点之一是可以起到扶正作用，它将切割器固定在管道中心，并降低了由于偏心而损坏外壳的风险。

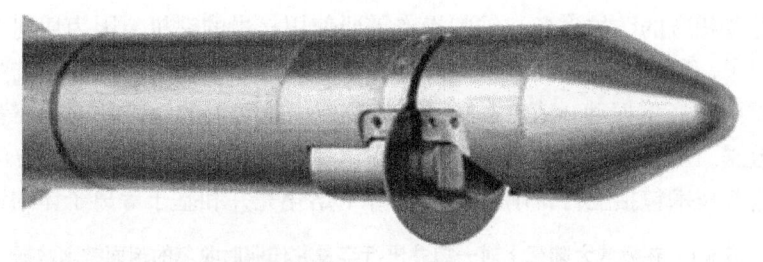

图 8.1　电动管道切割器

对于铣削切割技术，铣削切割颗粒被注入水射流中，磨损生产管、套管、钻杆或钻铤。由于这种技术在切割和清除方面具有优势，特别是井口切割和移除，本章稍后将详细介绍这一技术。

8.1.2　套管铣削

在这种操作中，当需要移除一大段套管时，就会对套管进行铣削。这种情况可能包括开槽回收或侧钻。开窗的过程通常是由磨机完成的，然而，也有人研究过使用磨蚀性流体喷射的铣削方法[2]。在弃置井作业中，所需的长度通常比侧钻所需的长度长。因此，通常采用分段铣削法进行作业。

8.1.3　套管分段铣削

套管水泥质量差或套管未胶结，导致常常无法使用钻机进行封堵和弃置作业。对于传统的做法是对一个窗口进行分段铣削，这种操作被称为分段铣削。分段铣削的目的是磨掉一部分套管和水泥。在对套管进行分段铣削时，需要清除产生的切屑和其他碎屑来保持井眼清洁。（"切屑"是指在套管拆卸过程中，由铣削工具产生的金属填料或切屑。）之后，需要进行扩底作业以暴露新的地层。然后，放置水泥塞。

图 8.2　液压管道切割器

分段铣削是耗时的操作，并且难以安全有效地进行。目前铣削 7in 套管的速度通常为 7~9ft/h，起下钻、井眼清洁和防喷器清洁都需要额外的时间。该操作增加了风险并带来了很多的挑战。为分段铣削设计的液体必须有足够的重量和黏度，以悬浮和输送切屑到表面，同时保持井眼稳定。有时，所设计的液体所需的黏性曲线会增加 ECD，使其超过地层破裂强度，导致地层破裂。这种现象可能会导致流体漏失，并随后出现抽汲效应，造成失控风险。滤失的存在还会导致井眼清洁不良和增加底部钻具组合遇卡的风险，这可能会导致磨铣或扩眼底部钻具组合被卡住。分段铣削也会受到套管接头和套管附件（如扶正器和刮削器）位置的影响。使用目前的磨铣工具，也存在导致套管开裂和屈曲的风险，这会影响磨洗性能和增加失败风险。切屑和刮下的套管碎片也会损坏防喷器，影响其功能。在地面，运输的切屑必须通过相应的设备进行分离和收集。切屑需要妥善处理和处置，由于切屑具有尖锐的表面，这带来了 HSE 方面的挑战。因此，切屑需要一个特殊的处理系统，给处理人员配备相应的防护设备。铣削操作需要使用昂贵的钻机，因为切削工具在铣削几英尺后就磨损了，所以经常需要频繁地起下任务，增加了工作时间。分段铣削的另一个制约条件是工作中会产生振动。表 8.1 显示了从挪威大陆架上的一口井进行弃置作业时收集的剖面铣削数据。由于传统磨削套管有很多的挑战，建议使用一些技术或方法作为替代的解决方案。这些技术包括上行铣削、PWC、井下熔化完井和基于等离子体的铣削。

表 8.1 在挪威大陆架上对一口井进行弃置井作业时收集的剖面铣削数据

套管尺寸 / in	研磨液	窗口长度 / ft	刀具材料	运行次数 / 次	铣削速度 / (ft/h)	移除金属的质量 / (lb/ft)
$13^3/_8$	氯化钾基聚合物液体或 MMH 基液体	164	碳化钨	1~2	8.5	72

8.1.4 上行铣削

分段铣削是一种行之有效的技术，它可以完全暴露原始地层，并制造形成岩石与岩石之间的屏障。然而切屑的运输、处理耗时且昂贵，还增加了 HSE 风险。如果能将切屑留在井筒内，在没有切屑的情况下进行分段铣削，那么分段铣削技术就会大大提高效率。上行铣削是分段铣削的一项新技术，铣削操作是在上行移动时进行的，将切屑切成小块，切屑落入井筒。该系统由锥形铣刀、螺旋钻部分、部分铣刀、紧急释放断开装置、喷射接头、左旋泥浆马达、钻铤、扭矩隔离组件、弹簧加载垫、螺旋稳定器和增强器组成[3-4]。图 8.3 显示了从顶部（组件 1）到底部（组件 11）上行铣底部钻具组合的主要工具。

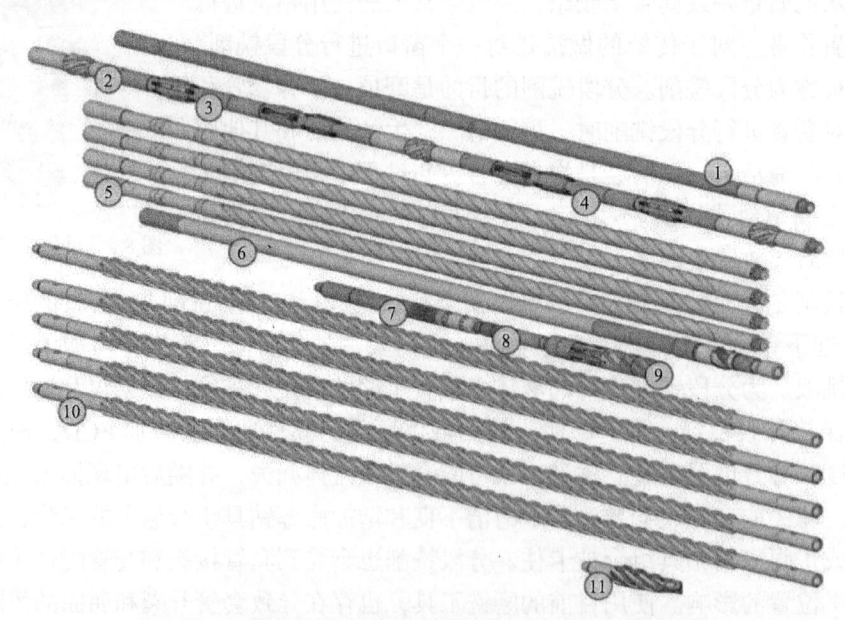

图 8.3 表面无切屑上行铣削底部钻具组合的主要部件[3]
①—增压器；②—螺旋稳定器；③—弹簧垫；④—扭矩隔离器；⑤—钻铤；⑥—左侧泥浆马达；⑦—喷射副；⑧—断开；⑨—断面铣；⑩—螺旋断面；⑪—锥形铣

图 8.3 显示了上行铣削组件的关键部件。在计划中的铣削窗口的底部，该组件打开它的刀具，在套管上形成切口。然后，它上行铣削到所需的深度，最后在窗口的顶部将刀收回。在传统的铣削中，当上行拉动工作管柱时，刀具缩回。然而，上行铣削方法中刀具的收回机制具有潜在问题，因为刀具不能通过上行运动收回。

紧急释放断开系统是系统中设计的一个薄弱环节，用于在刀具无法回收或钻柱遇卡时释放组件。通过用力提拉工作管柱，激活系统，使钻具组合松开。然而，松开底部钻具组合是迫不得已的选择。在启动释放断开系统之前，还要对其他情况进行测试，例如往复移动工作管柱以测试能否收回道具，能否将刀具推回窗口底部。

钻铤是扩孔作业的一部分，必须确保扭矩隔离组件留在套管内。因此，钻铤需要安装在左侧泥浆马达的上方。

增压器由一个液压弹簧构成，用于增加冲击力，同时在上行铣削时，使地面载荷平稳过渡到井下的刀具。

左旋泥浆马达运动轨迹是右旋向上进行铣削，增加了拧松套管接箍的风险，尤其是在未注水泥套管的井段。因此，左旋马达提供了井下左旋旋转以及断面铣刀和螺旋钻所需的扭矩。这种电机特点是高扭矩和低转速，且可以配合连续油管，进行无钻机作业。

喷射接头是在左侧泥浆马达下方位置使用，是为了使钻井液流向环空，同时允许切屑和钻屑落入井内。喷射接头的主要功能是避免流体沿切刀循环，如果流体失去控制，切屑和岩屑可能向上移动并造成严重的挑战和风险。喷嘴设计和喷嘴配置对于打开刀具并产生足够的铣削力至关重要。喷嘴的不同设计可用于不同的流速和流体密度。

扭矩隔离器组件是用于最大限度地减少在分段铣削过程中发生的剧烈振动，尤其是向上的分段铣削。通过使用扭矩隔离器，提供轴向运动和连续的扭转约束。

螺旋钻是为了抑制切屑进入固井口袋和防止桥接，使用螺旋钻部分（图 8.3）。在螺旋钻设计过程中需要考虑套管内径、螺旋钻外径、流体流速、流体密度和系统操作程序等参数，这些参数会影响螺旋钻的效率。

锥形铣刀安装在型钢铣刀下方，用于清理这些切屑桥，因为切屑和岩屑会堵塞落入井筒的路径。

向上铣削时，为了防止套管接箍脱落，必须向左旋转。这可以通过左旋泥浆马达或左旋工作管柱进行地面作业实现。由于切屑或岩屑需要沉积在铣削部分的下方，因此还需要另一条流动路径。表 8.2 显示了上行铣削技术的优点和可能的局限性。

表 8.2 上行铣削技术的优点和可能的局限性

优势	可能的局限性
（1）无与碎屑处理相关的 HSE 问题； （2）节省时间和成本； （3）没有钢铁作为永久屏障的一部分	大斜度会影响钻屑上返

8.2 射孔、洗井和固井技术

8.2.1 技术背景

一般来说,这种技术是在20世纪70年代首次用于建立环形封堵屏障,即对套管进行射孔、洗井和固井[5]。简而言之,射孔枪下至套管后没有固井或固井质量差的封隔层深度。图8.4所示,套管穿孔,将射孔枪留在井中或取出。随后,在井眼下入一个冲洗工具,冲洗射孔套管后面的环形空间,以清除碎屑、沉淀的钻井液和钻井液膜[6-7]。清洗过程需要向下进行几次以获得新的地层。在地面上,可以看到被清除的金属和碎片,并在振动筛上进行监测,从而更好地控制清洗过程。当清洗完成后,进行完整性测试,以检查冲洗和清除区域的质量。如果完整性测试是成功的,洗井工具可以留在底部射孔位置下方,作为一个机械的水泥塞,放置在下一步,或作为固井阶段的底部钻具组合。为了将洗井工具作为基础,封隔器被安装在工具中,封隔器一旦被激活,就会固定在原位。下一步,在射孔处泵入隔离液。如果清洗工具在清洗过程后已经松开,可以使用新的底部钻具组合。泵送隔离液时,将工作管柱从井眼中抽出。这个过程被称为泵拉。隔离液从底部射孔下方,延伸至顶部射孔上方。

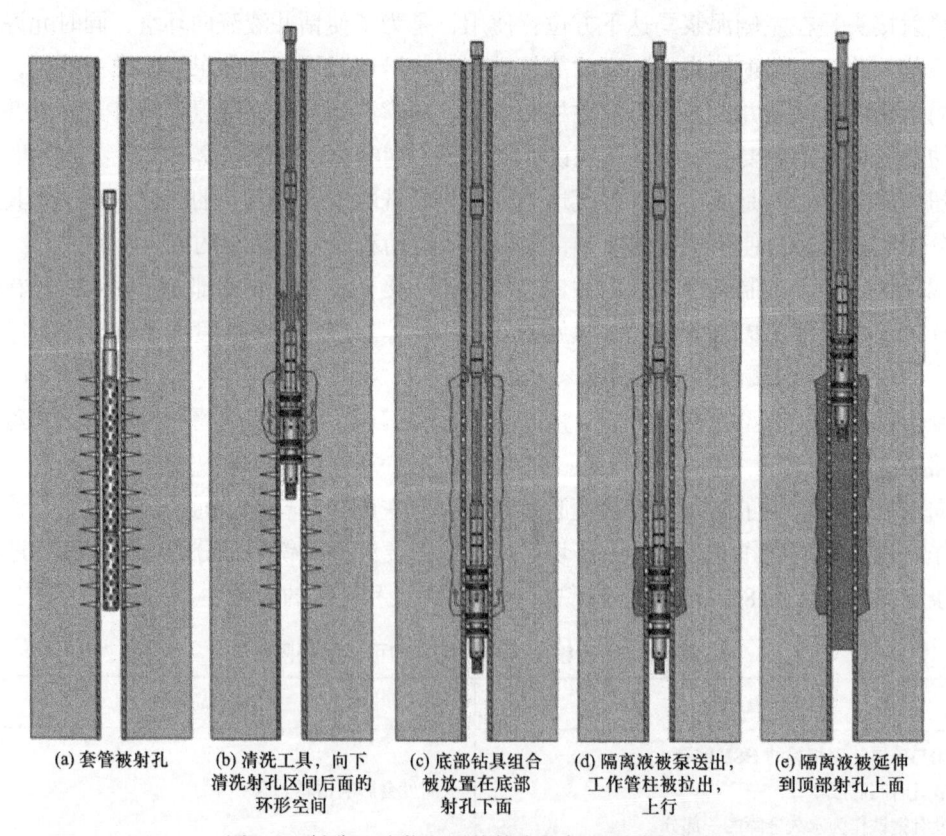

(a) 套管被射孔　　(b) 清洗工具,向下清洗射孔区间后面的环形空间　　(c) 底部钻具组合被放置在底部射孔下面　　(d) 隔离液被泵送出,工作管柱被拉出,上行　　(e) 隔离液被延伸到顶部射孔上面

图8.4　射孔、洗井和固井技术的射孔和清洗部分

第 8 章 封堵和弃置的工具和技术

目前射孔枪和洗井工具都是单趟下入的,当射孔完成后,激活机制启动,将射孔枪丢入井中。这种单趟法节省了时间(图 8.5)。

图 8.5 单起下任务射孔枪和冲洗工具(RIH)

在下一步的操作中,底部钻具组合被放置在底部射孔的下方,并泵入水泥浆(图 8.6)。通过泵送一些体积水泥浆以移除底部钻具组合周围的隔离物之后,在泵送水泥的同时将工作管柱从井中拉出。继续以计算出的速度泵送水泥,同时以最佳速度拉动工作管柱,直到水泥和底部钻具组合到达顶部射孔上方。需要将底部钻具组合从水泥塞中拔出,至少要高出水泥顶部两个立根。同时井眼必须保持循环以维持清洁。

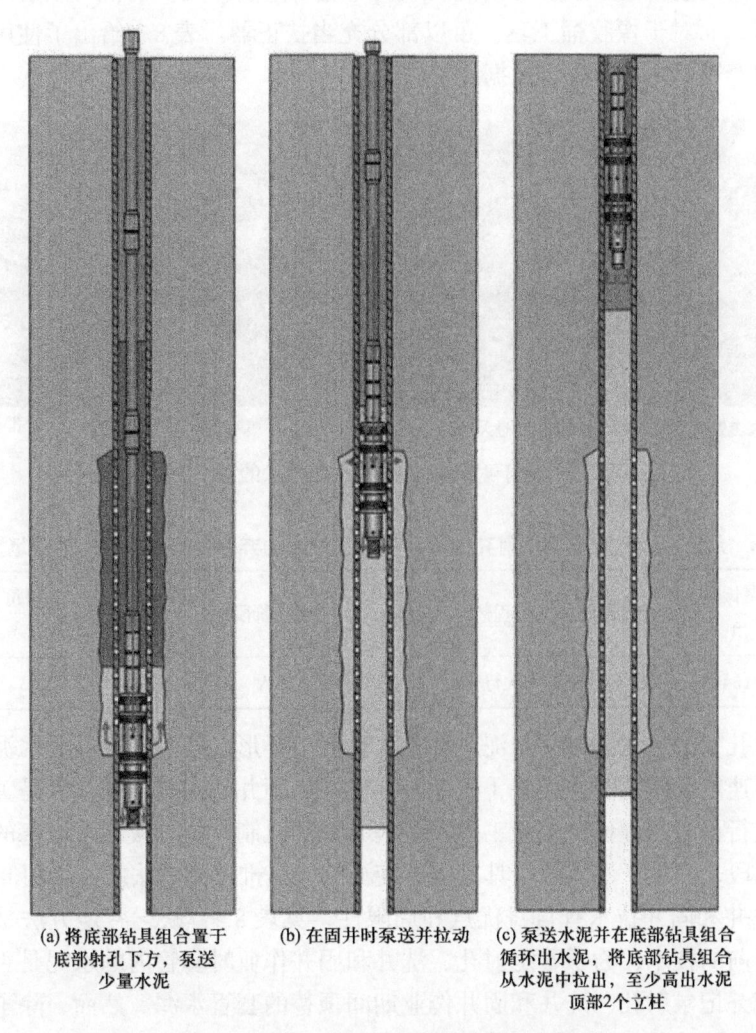

(a) 将底部钻具组合置于底部射孔下方,泵送少量水泥
(b) 在固井时泵送并拉动
(c) 泵送水泥并在底部钻具组合循环出水泥,将底部钻具组合从水泥中拉出,至少高出水泥顶部2个立柱

图 8.6 射孔、洗井和固井技术的固井部分

射孔、洗井和固井技术具有挑战性的部分是清洗操作。清洗的目的是清除射孔套管上的其他材料。洗涤液是一种改良的水基液体，应通过固定的流道，将其他材料从环形空间输送出去。目前，有两种不同的清洗方法：橡胶桶工具和喷射工具。在使用橡胶桶工具时，橡胶塑料被安装在底部钻具组合上的注入喷嘴的下方和上方（图8.7）。橡胶塑料在套管和工作管柱之间形成密封，防止清洗液在套管和工具之间的环形空间内流动，如图8.8（a）所示，清洗液穿过射孔进入套管后的环空并向上移动。

图 8.7　射孔、洗井和固井技术中使用的拭子杯工具

喷射工具法是使用喷射工具，通过喷射清洗液来清洗和清理碎屑［图8.8（b）］，喷射喷嘴的角度和清洗液的出口速度对清洗的成功率起着重要作用。清洗时喷射工具的居中可能是一个问题，而对于橡胶桶工具，可以部分充当扶正器。表8.3给出了使用射孔、洗井和固井技术的弃置井作业的现场数据。

(a) 拭子杯在套管内形成密封，迫使清洗液进入射孔 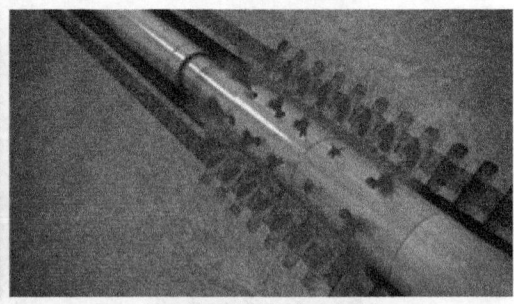　　(b) 喷射工具将清洗液喷入射孔

图 8.8　用于射孔、洗井和固井技术的清洗工具

表 8.3　从挪威大陆架上使用射孔、洗井和固井技术的弃置井操作中获得的现场数据

套管尺寸/in	窗口长度/ft	清洗工具	行程数	射孔大小/in	射孔阶段	移除金属的重量占比/%	井斜角/(°)	使用时间/h
$9^5/_8$	164	拭子杯	单次行程	>1	NA	2	63	36

当通过射孔泵送水泥浆时，水泥应填充射孔后的环形空间。隔离液和水泥的置换效率与套管的出口速度和倾角密切相关（图8.9）。洗井和固井期间的驱替效率是关注和研究的问题，应该进行更多的理论和实验工作来了解其中的机制。为了改善水泥塞的放置和泵送水泥通过射孔段，设计了不同的工具，创造旋流效应是推荐的方法之一（图8.10）。

射孔、洗井和固井技术有自身优点和局限性，见表8.4，缺乏鉴定方法是其中一个局限性。利用当前的技术，为了鉴定射孔、洗井和固井作业时套管内的水泥是否被挤出，一般通过声波测井记录射孔、洗井和固井作业期间顶替的套管水泥。然而，除了与声波测井和一般测井数据解释相关的不确定性之外，应对射孔过程中产生的孔洞也是测井数据可靠性的挑战。如果环形屏障合格，则在套管内注入水泥塞，当水泥凝固时，对其进行压力测试并做好标记。

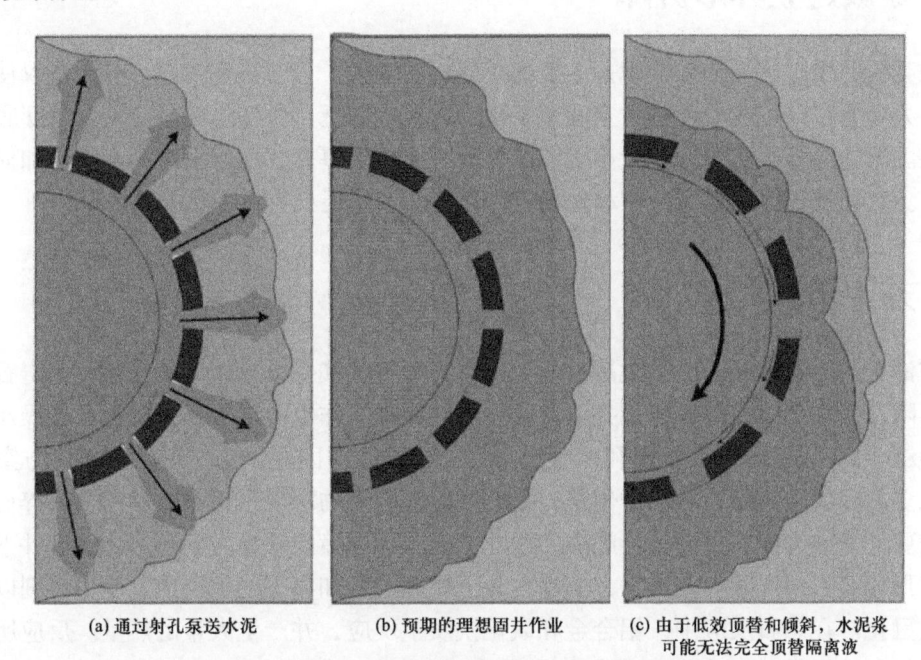

(a) 通过射孔泵送水泥

(b) 预期的理想固井作业

(c) 由于低效顶替和倾斜，水泥浆可能无法完全顶替隔离液

图 8.9　射孔、洗井和固井技术中射孔套管的固井

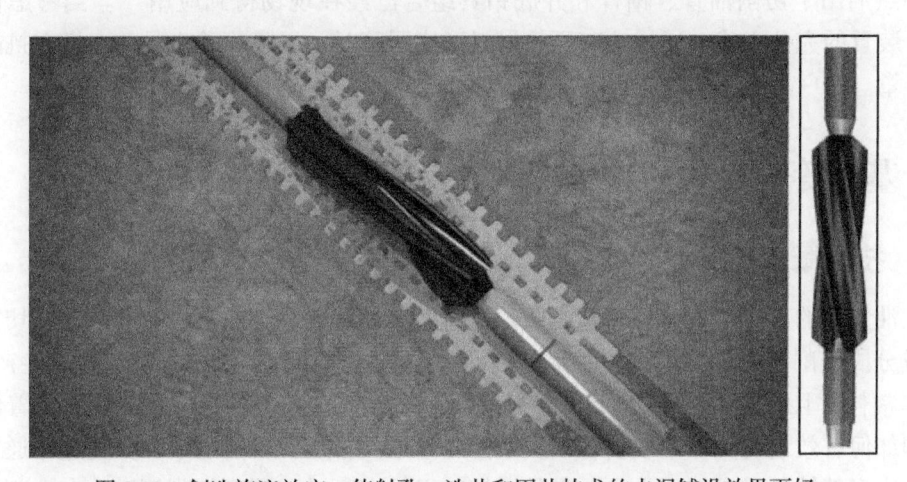

图 8.10　创造旋流效应，使射孔、洗井和固井技术的水泥铺设效果更好

表 8.4　射孔、洗井和固井技术的优势和可能的局限性

优势	可能的局限性
（1）节约时间和成本； （2）无需铣削； （3）金属被留在原位	（1）必须验证洗井的有效性； （2）没有简易的工具或技术来检测环空屏障； （3）有效射孔尺寸和相位需要更多的理论和实践研究； （4）洗井和固井时套管偏心

8.3 爆破建立环形屏障

在弃置井中，建立环形屏障是主要的挑战之一。为了应对这一挑战，有人建议使用炸药来扩大套管，以创造一个密封空间或基础来放置水泥塞。所用炸药量应使套管膨胀但不会破裂。因为经受了腐蚀，套管串壁厚可能没有原来的厚度，所以技术难点在于如何选择装药量。这项技术已经在实验室和现场进行了测试，但还没有在现场应用。

8.4 井下熔化完井

与油井的弃置相关的又一挑战是如何进行套管拆除和井下封堵，以建立一个岩石对岩石的屏障，也称为横截面屏障。井下完井作业的回收工作也会增加作业时间，使操作人员面临 HSE 风险，还会带来处理和回收设备有关的成本。因此，一个可能的解决方案是将尽可能多的金属装置留在井下。但是，在需要建立屏障的深度是否有足够的金属碎屑也是一个需要考虑的因素。一种可能解决问题并形成永久屏障的解决方案是熔化所有井下完井装置并形成岩石间屏障。在这种方法中，井下完井装置和周围的地层通过使用热剂以可控的方式融化。在热石反应中，铝合金和氧化铁发生反应，并产生大量的热量。反应所需的氧气由氧化铁提供[8]。参见第 4 章中铝热剂的反应和反应机理。

铝热剂用于切割油管、钻杆和井底钻具组合已经在现场得到应用[9]。当考虑使用熔化井下装置的完井方式，通过改变原位材料形成屏障时，屏障检验也是一个潜在挑战，详见第 9 章。

8.5 基于等离子体的铣削

8.5.1 技术概况

在油气井的永久堵塞和废弃过程中，由于生产油管的存在，给后续的测井、切割提拉套管或分段铣削生产油管带来了挑战。因此，在传统的弃置方法中，需要收回生产油管，过程非常耗时且成本巨大，而且伴随着风险。切割提拉套管的局限性主要围绕着两个问题，即如何有效地切割和回收套管以及如何处理地面管道。目前封堵和弃置过程通常需要至少两次底部钻具组合的下入，一次是用切割组件在所需的深度切割管道，在切割处上方再进行一次下入来打捞管道。有一些工具可以在一次运行中完成切割和拉动，但还没有实现时间的大幅减少。许多情况下，即使切割完全成功，也无法收回管材。在这种情况下，可能需要进行分段铣削。本章已经讨论了分段铣削带来的挑战，包括生产设施的类型和用于弃置井的工作装置都增加了与段铣相关的挑战。对于海上弃置作业，使用轻型井施工船的无钻机弃置是一个目标，原因是可以大幅降低日租金成本。基于等离子体切削技术可以解决其中的一些问题。基于等离子体的切削技术为过油管井废弃提供了一种潜在的解决方案。一般来说，基于等离子体的铣削技术旨在将钢材分解成小颗粒，并将颗粒运送至地面[10]。

8.5.2 技术背景

在 20 世纪 20 年代，欧文－朗缪尔描述了一种物质的基本状态，与其他三种物质的基本状态不同，它不是自由存在的，在这种状态下，电离的气态物质变得高度导电。在这种状态下，物质的状态被长距离的电场和磁场所支配。1928 年，欧文为这种新的物质状态创造了一个术语"等离子体"。闪电和火是等离子体的例子。等离子体可以将一些气体置于强磁场中或通过加热来人为地产生[11-12]。用于产生等离子体的最常见的气体包括：空气、氩气、氮气、氢气和二氧化碳。等离子体喷射可用于不同的工艺，如等离子体切割、等离子体弧焊、等离子体喷涂等。等离子体切割是利用具有巨大动能的过热电离气体等离子体，通过加速喷射来切割导电材料的过程[12]。图 8.11 显示了基于阴极电离气体流的热等离子体直流焊炬的示意图。

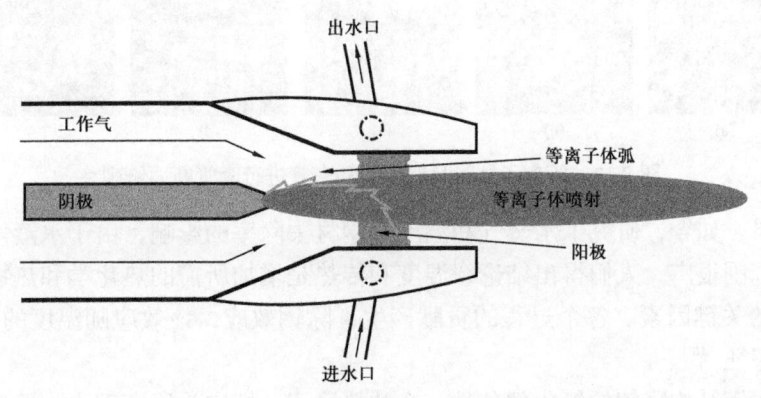

图 8.11 基于热阴极的非转移式等离子切割器

井下工作条件和不同装置的材质意味着，基于等离子体的铣削技术不能利用最先进的传统等离子炬技术。与传统的等离子体割炬技术相比，最重要的区别是温度为数万开尔文的电弧可以直接加热目标材料的表面。此外，它的辐射可更有效地对中间气体进行集中加热。传统等离子炬中的中间气体流降低了传入岩石的热量效率。此外，电弧在整个材质表面的螺旋电弧中产生了区域范围的相对均匀的热流，以进行高强度的解体过程。

图 8.12 显示了使用等离子体工具进行油管和套管断面铣削的过程。工具通过油管被部署到要设置水泥塞的目标区域［图 8.12（a）］。电弧被点燃，产生等离子体，工具在铣削油管时上行移动［图 8.12（b）］。铣完油管后，工具回到起始位置，然后去除套管［图 8.12（c）］。在取出油管和套管后，工具被拉出井眼［图 8.12（d）］。然后，该段就可以进行注水泥塞工作了［图 8.12（e）］。

高温大截面等离子体火炬和旋转电弧的组合是另一代等离子体发生器，可能是一种有效的铣削套管工具。使用等离子体技术的过程是基于混合等离子体、化学和热化学的过程，使金属快速降解和清除。高温氧化可以促使金属熔化和蒸发，会影响钢铁降解和去除

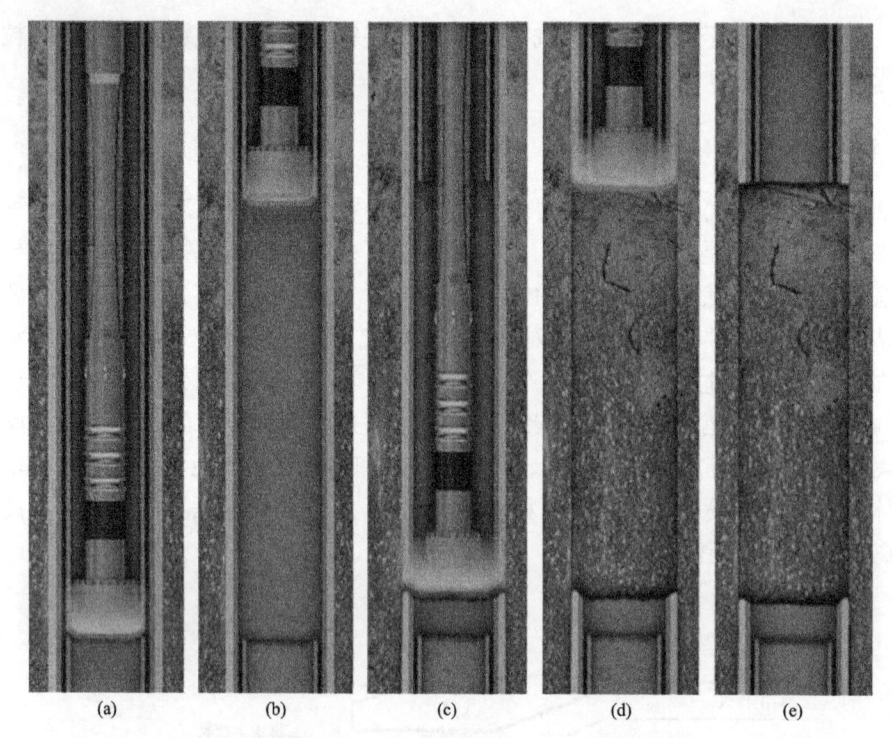

图 8.12 等离子体工具对油管和套管进行套管断面铣削

的速度和效果。如今，研究了水蒸气和温度对钢材去除率的影响，由于水蒸气和温度可以设置参数的范围很广，人们得出结论，温度和传热是增加所需的热化学和热物理过程所需的恒定速率的关键因素。各个过程的贡献产生了除钢效应，该效应随温度的变化而变化，有以下基本特征[10]：

（1）目标钢结构降解的氧化部分是一个放热过程，即它为所有钢去除子过程提供额外的能量。

（2）钢的氧化和蒸发率随着等离子体温度、通过等离子体钢界面的单位面积的功率密度和等离子体焓的增加而提高。

（3）从能量的角度来看（与其他工业气体相比），钢在水蒸气和空气蒸气混合物中的氧化和蒸发速率是最有效的。

（4）在 3055~3390℃ 范围内有一个狭窄的温度窗口，氧化过程释放的焓增加了 3 倍。这意味着在不增加等离子体发生器的外部功率的情况下，向钢铁去除过程提供 3 倍的能量。这个窗口应该适用于所有类型的钢铁合金，因为在如此高的温度下，所有的化合物都处于气态。

（5）超过 6100°F 的钢铁表面温度，就会发生完全的离解和蒸发。等离子体颗粒以活性离子原子的形式冲击钢铁表面，造成金属蚀刻效应。另外，在熔化和蒸发过程中，氧化作用仍然是活跃的。

由于钢的氧化过程，大量的能量在氧化反应过程中被释放，并被循环到钢的去除过程中。在封闭容器条件下，除钢的总能耗比熔炼钢所需的理论值至少低 30%~40%。钢铁降解过程和环境中的总功率与渗透速度密切相关[10,13]。理论上，通过增加输入功率，钢铁去除率会呈现略微线性增加，直到其饱和点，但是这只有通过实验才能得到。

图8.13显示了一个基于等离子体的工具，该工具作用于多层套管的样品。如图8.13所示，在所选择的断面上，内层套管和水泥层已被完全清除。实验证明，3.5in的工具能够铣削的套管尺寸包括 $4\frac{1}{2}$in、$5\frac{1}{2}$in 和 7in[14]。

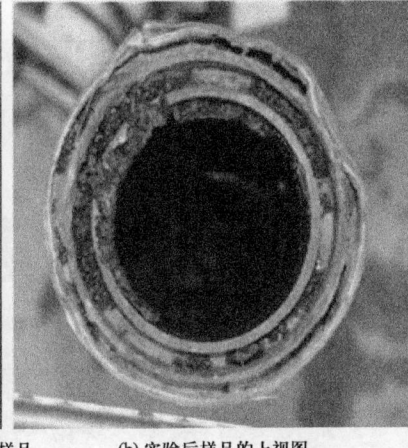

(a) 等离子体的工具切割多管柱套管样品　　(b) 实验后样品的上视图　　(c) 为了显示套管的去除采用对角剖面图

图 8.13　等离子体工具工作照片[14]

据报道，在压力高达 1450psi 的条件下进行了规模化测试。基于分段铣削面临的挑战，分析了等离子铣削过程中的 ROP、钢材类型和等离子铣削过程中的切割物类型。在不同边界条件下进行的实验表明，可以用一个特殊的参数（ε）来经验地表征切割钢的效率，该参数描述了在物理条件下，完全去除钢所需的能量。这个参数具有统计学特征，因为它概括了来自铁的放热氧化过程释放的能量和提供给等离子体发生器的实际电能。很明显 ε 总是低于消耗的电能。研究还发现 ε 与钢的氧化程度、氧化类型和水动力环境有关。为了确定机械钻速，用等离子发生器对两种钢进行了测试：碳钢 S355 及含 20% Cr 和 12% Ni 的合金钢。ε 计算式为[14]：

$$\varepsilon = \frac{UIt}{m} \tag{8.1}$$

式中　UI——等离子体发生器的电功率；
　　　m——样品板上去除的钢的质量；
　　　t——过程的时间。

已有报告指出，钢材去除率（SRR [kg/h]）与等离子体电压 U [V]、电流强度 I [A]、等离子体炬效率 h [0~1] 和每单位质量的去除钢材所需的净能量 ε [MJ/kg] 之间存在函数关系，即：

$$SRR = \frac{3.6 \times 10^{-3} UI}{\varepsilon} h \tag{8.2}$$

在真实套管条件下，在低压的水环境中，发现 ε 的值在 3～4MJ/kg 之间。当考虑到功率输出为 250kW，等离子体割炬效率为 70%，每单位质量的去除钢的净能量需求为 3MJ/kg 时，SRR 的值为 210kg/h[14]。这个值意味着 $9\frac{5}{8}$in 的套管部分铣削的 ROP 为 2.0～4.5m/h（取决于壁厚）。这种机械钻速可与当今的分段铣削技术相媲美，但是真正的区别在于等离子工具能够使用一种工具铣出各种尺寸的套管（以及多根管柱）。这意味着可以减少起下任务次数和显著提高整体效率。

对于 S355 钢，扫描电子显微镜（SEM）分析清楚地表明，铁（Ⅱ）的氧化物在岩屑中占主导地位（图 8.14）。结构分析表明，岩屑中形成的氧化金属层和扩散金属层之间存在非均质性。这导致了金属和氧化物层边界处金属—氧化物体系热膨胀系数的差异。因此，水动力去除这种弱化的多层膜相对容易实现。

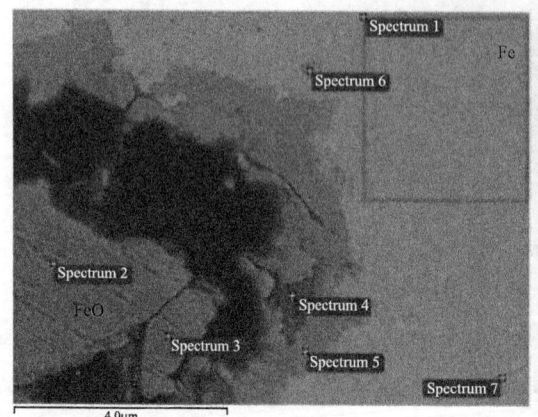

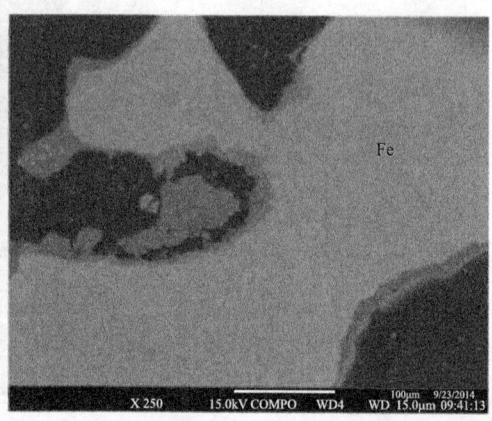

频谱	研究状态①	元素含量 /%									总计
		氧（O）	钠（Na）	铝（Al）	硅（Si）	钾（K）	钙（Ca）	锰（Mn）	铁（Fe）	
频谱 1	Y	1.26							98.74	100.00
频谱 2	Y	43.60	1.47	6.94	14.36	1.41	1.61	2.61	28.00	100.00
频谱 3	Y	40.06	0.28	1.23	12.99	0.25	0.48	4.67	40.05	100.00
频谱 4	Y	46.90	1.74	11.08	15.98	2.22	2.22	1.17	18.69	100.00
频谱 5	Y	35.04							64.96	100.00
频谱 6	Y	20.47							79.53	100.00
频谱 7	Y	25.11			6.91			14.34	53.63	100.00

① Y—该数据用分析或决策支持。

图 8.14 S355 钢等离子体脱钢过程中切割材料的 SEM 图像和能量色散 X 射线能谱（EDX）分析
资料来源：GA Drilling

在合金钢的情况下，上述金属—氧化物多层膜的热膨胀性能差异明显更高，这是由于组织中的化学非均质程度较高。图 8.14 为 S355 钢等离子体脱钢过程中切割材料的 SEM 图像和能量色散 x 射线能谱（EDX）分析。

显然，基于等离子体的技术能够去除碳钢以及钢合金。最近，有人提出了在高压环境下的等离子体铣削。随后，研究了等离子体的铣削生产油管和套管的工艺有关的以下课题[15]：

（1）在高达 6000psi 的高压（HP）环境下，等离子体对水泥的径向覆盖范围；

（2）水基流体对 3600psi 水压下的铣削过程的影响；

（3）油基钻井液（OBM）对 3600psi 水压下的铣削过程的影响；

（4）测试在 3600lb/in² 的高压下铣削偏心管时可能对套管造成的损害。

在实验室内，已经对使用电等离子体在高达 42MPa 压力下去除水泥进行了测试。在对水基或油基液体，未报告对铣削过程有干扰的情况，但由于钻井液会污染水泥，去除过程似乎得到了加强。由于目前材料的导热性能不同，降解加剧。很可能存在与等离子体形成介质的化学反应更显著，钻井液的降解性能更强，或者钻井液被等离子体形成介质实施过程中的动态冲刷更明显。此外，当工艺在"泥泞"环境中进行时，可以检索电解增加的数据。水基钻井液和油基钻井液的电解水平增加是不同的。这为了解铣削套管的结构提供了重要的信息。

实验表明，基于等离子体的铣削技术可以用控制线和夹具去除生产油管，相较于传统技术，该技术具有优势。

一个有据可查的优点是在铣削过程中产生的是小颗粒而不是切屑。图 8.15（a）显示了铣削过程后从套管中收集的钻屑。使用概率分析，对岩屑干燥后的尺寸分布进行了评价，如图 8.15（b）所示。

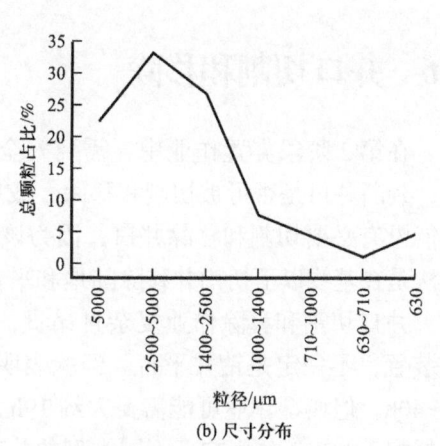

(a) 钻屑颗粒　　(b) 尺寸分布

图 8.15　水环境等离子铣削过程中产生的钻屑颗粒[16]

较小的颗粒是由不规则形状的氧化颗粒的小碎片形成的。较大的颗粒中较多的是具有光滑表面的球状颗粒。每个尺寸组的水泥颗粒的比例大致相同。对每个尺寸组都进行了 SEM-EDX 分析，得出氧化过程渗透钢体的结论。图 8.16（a）显示了被确定为铁氧体材料的球形颗粒，结构中含有少量的氧。较高含量的氧化物显示在颗粒的黑色部分。图 8.16（b）和图 8.16（c）显示了可见氧化物碎片的内部结构。表 8.5 中列出了等离子铣削技术的优点和可能的局限性。

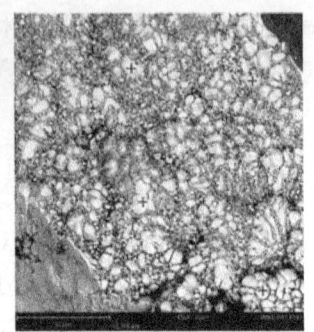

(a) 球形切割颗粒 (b) 切割物表面(1) (c) 切割物表面(2)

图 8.16 具有铁氧体结构的球形切割颗粒和氧化的切割物表面 SEM 照片

表 8.5 等离子铣削技术的优点和可能的局限性

优势	可能的局限性
（1）由于该系统被设计为连续油管部署解决方案，因此无须铣削； （2）机械钻速高，效益高； （3）无碎屑产生； （4）非接触式方法可以最大限度地减少工具的磨损或与卡钻相关的问题，提高了可靠性； （5）可实现全自动连续油管铣削可以提高操作人员的安全； （6）不需要移走井口	（1）尚未经过现场验证，因此无法商业化； （2）等离子钻头需要特制的 CT 卷轴输送； （3）能够通过输电线输送足够的电力

8.6 井口切割和移除

在第 3 阶段弃置作业中，需要安全并有效地处理井口。需要根据井位置和相应的规定，判断井口是否可被切割和移除，或用井盖保护留在原地。考虑到深水或超深水下油井可能没有必要切割和移除井口，因为该区域可能没有其他活动（如渔业）。然而，通常的做法是在基线以下切割并移除陆地和平台井的井口。

井口切割和移除作业复杂且昂贵，尤其是对于水下井，因为需要使用移动式海上钻井装置，不一定是钻井平台。经验表明，水下井机械移除井口所花费的总时间可能需要 6~40h，但典型作业可能需要大约 19h。因此，有必要考虑井口切割和移除及其对预算支出授权（AFE）的影响。不同类型的井口切割包括爆炸切割、热切割、机械切割、铣削切割和激光切割。这些技术中有些已经投入现场，还有一些是新生的技术。本节将介绍这些技术。

8.6.1 爆炸切割

爆炸技术已被用于控制喷井、清除管柱、移除平台桩，以及移除可能对航行和渔业造成危害的钻井装置碎片[17]。在这种技术中，聚能射孔弹切割器不是以传统方式产生孔眼而是用于产生槽形切口。通常，锥形内衬聚能射孔弹用于在完井时产生射孔。聚能射孔弹切割器和锥形内衬聚能射孔弹的原理是一样的,但聚能射孔弹切割器提供的是线性切割作用(图8.17)。为了适应于圆形几何形状材料(如管道和井口)的切割,需要使用圆形切削齿,该切削齿由两个180°密封装药元件组成(图8.18)。圆形弹药可以用于圆形几何形状材料的内部或外部。

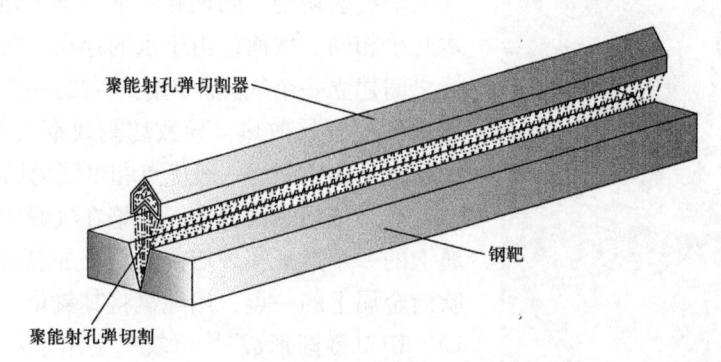

图 8.17　聚能射孔弹切割器工作示意图[17]

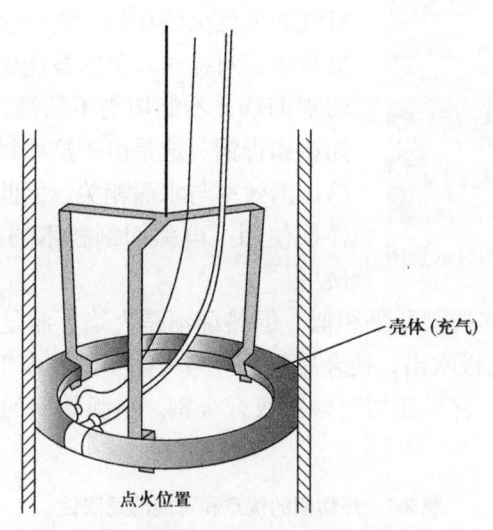

图 8.18　圆形切割器内部结构示意图[17]

一般来说,炸药切割系统由三个主要部分组成:指挥单元、雷管和炸药。指挥单元通过电缆向雷管发送信号,雷管直接或通过皮质连接来启动炸药。使用炸药切割进行井口切割和清除的优点和可能的局限性见表8.6。图8.19所示为炸药造成的不规则切口。

表 8.6　使用爆炸切割进行井口切割和拆除的优势和可能的局限性

优势	可能的局限性
(1)易于操作和安装; (2)切割尺寸不限; (3)切削速度块	(1)不能保证完全切割; (2)无法控制切割阶段; (3)可能出现环境问题; (4)由于不清洁的切割,井口的移除过程可能会很困难; (5)存在相关安全问题

8.6.2 热切割

石油工业有很多成熟的热切割方法，包括氧气切割、氧弧切割、热喷枪、等离子弧切割、热技术切割和火焰喷射切割。陆地和水下（湿）切割的热切割技术几乎相同。然而，由于水的存在，需要在焊炬和目标之间建立一个气囊。创建气穴的一个主要原因是水比空气更容易散热，导致切割效率大大降低。表8.7中列出了热切割的一般优点和可能的局限性。

在火焰切割过程中，火焰在气囊中燃烧，加热金属上的一个点来实现切割。位于加热火焰中心的纯氧吹向金属上的一点，用纯氧将其氧化。随着焊枪的移动，切口逐渐形成[18]。氢气是用于水下切割的主要燃料气体。氧气—乙炔火焰是另一种类型的火焰，与氧气和氢气火焰相比，它产生的热量更大。这种设备更笨重，对操作人员的技能要求更高。此外，它只能切割钢铁，不能切割不锈钢，也不能切割有色金属，如铝和青铜。这是由于这些材料的氧化程度较低。火焰切割效率与水深相关。因此，该技术并不像以前那样被使用。电弧切割技术的进步减少了火焰切割的使用。

图8.19 炸药造成的不规整切口示意图

电弧切割技术与火焰切割几乎相似，但热源不是火焰，而是等离子电弧。电弧对金属进行加热，氧气通过电极吹出，使金属氧化。与火焰切割技术相比，电弧切割更快，更容易处理和使用。然而，它只能切割碳钢或合金钢。电弧切割的一个变种是等离子电弧切割。

表8.7 热切割的优点和可能的局限性

优势	可能的局限性
（1）易于操作和安装；	（1）需要操作员；
（2）在所有切割阶段可以完全控制；	（2）有环保问题；
（3）切割尺寸不受限制；	（3）切割性能差；
（4）保证完全切割	（4）存在燃料和气体爆炸相关的安全问题

等离子电弧切割可以产生大量的热量，作用于钢材表面的一个点。气流将熔化的金属吹走，如图8.20所示。等离子弧能够高速切割厚的金属器件。它可以切割钢、铝、铜和不锈钢合金、水泥和多种套管。

8.6.3 机械方法

一般来说，机械切割有局限性，特别是当导体和套管串之间的环形空间没有水泥的情况下。油管的后期移动给下面一根油管的切割带来了挑战。机械切割分为不同的类别，包括金刚石线切割系统、铣刀、锯切（闸刀锯）和磨削。

8.6.3.1 金刚石线切割系统

该系统利用一系列机器，通过远程操作进行外部切割。该系统使用金刚石嵌入线（如类似链锯的机制）进行切割。金刚石线切割系统由夹紧架、带有线驱动滑轮和电机的切割架、送线系统、线张紧系统、控制管缆组件和金刚石线电缆组成。由于切割操作是机械的，所以没有关于水深的操作限制。此外，该系统的其他优点还包括不污染环境、可以完全控制切割操作、不限制切割尺寸和快速切割等。该系统的主要限制之一是只能进行外部切割（图8.21）[19]。此外，在切割不稳定的结构时，钢丝会被卡住。这些类型的切割器大多只可以在基线、海床或地面之上切割。

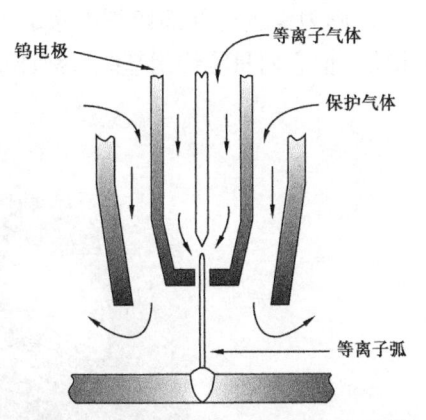

图8.20 等离子电弧切割钢材示意图[18]

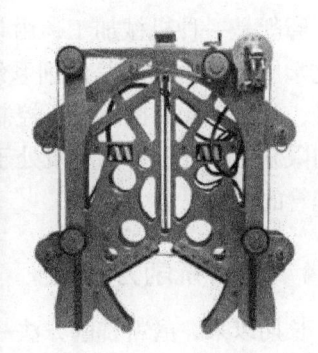

图8.21 金刚石线锯

8.6.3.2 铣刀切割系统

在铣削加工中，液压驱动的铣刀被激活，在旋转的同时切削（图8.2）。机械铣刀配备有硬质合金尖端的钨钢刀片。当尝试切割多根固井套管串时，刀片可能会被磨损，需要起下来更换。管串的偏心会导致切割不完整。但是这种方法易于操作，切割速度快。然而，会产生大量的切屑，更换刀片很费时，而且过大的扭矩可能会导致工具卡在管柱中。

8.6.3.3 锯切（闸刀锯）

闸刀式管锯是为冷切割而设计的，最常见的类型是带自动进给的往复式液压驱动锯（图8.22）。这种类型的切割机可以在干燥和潮湿的环境下工作，并且可以远程控制操

- 175 -

作[20]。闸刀锯进行外部切割不稳定的结构时，刀片会被卡住。这些类型的切割器切割速度很快，但它们只能切割基线、海床或地面以上的管道。

图 8.22　闸刀锯进行表面切割

8.6.3.4　磨削

磨削是一种机械加工，由切削工具去除目标层。切削工具的硬度明显高于目标材料。电化学研磨切割系统是磨削系统的一种类型。电化学研磨切割系统由泵、直流（DC）发电机、驱动单元和操纵器、控制管缆和刀具组成。研磨刀具环保，安全可靠，不受切割尺寸的限制。此外，切割阶段处于完全控制之下。但该方法工作温度高，过程缓慢，容易受到套管的挤压。

8.6.4　磨料铣削方法

长期以来，磨料铣削方法一直被用于工业和制造过程，在岩石、钢铁和钢筋混凝土中形成切割[21]。石油工业中用于制造切割的铣削方法被分为砂切割和磨料水射流切割。这种分类的依据是，产生切口所用的压力。在砂切割技术中，在低压下泵送大量的砂砾；然而，在磨料水射流切割中，是在高压下泵送少量固体颗粒[22]。

8.6.4.1　砂切割技术

由高速沙子造成的油管侵蚀涉及井筒的完整性问题。在 20 世纪 60 年代，移动式、高压式、大马力泵送设备的发展，以及对砂浆流变行为的控制，随之产生了砂切割技术[23]。在这种技术中，含有铣削体的流体通过一组具有高压差的喷嘴泵送。压差通常在 14～28MPa，流速在 350～450L/min 之间。当研磨性固体通过喷嘴时，压力转化为动能，从而将高速传递给固体。具有高速度的固体撞击套管、水泥或地层，并有序地侵蚀目标材料。砂切割装置工作原理如图 8.23 所示。该设备包括高压泵、带捕砂罐的混合装置、喷砂工具和带喷嘴的刀头。切割性能取决于喷嘴压差、砂粒浓度、喷嘴距离和回压。

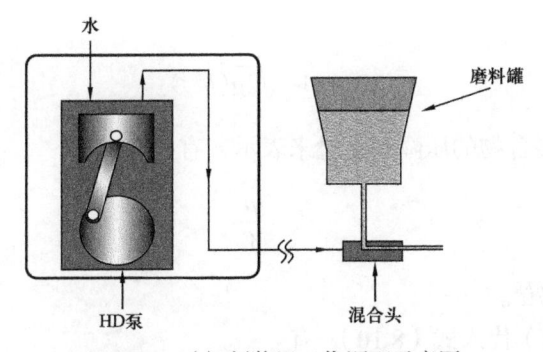

图 8.23 砂切割装置工作原理示意图

喷嘴理论功率（P）可表示为[24]：

$$P=QWh \tag{8.3}$$

式中　Q——砂液混合物的流量，ft^3/s；
　　　W——砂流体混合物的密度，lb/ft^3；
　　　h——跨越喷射喷嘴的压头降，ft。

设定砂—液体混合物的质量，包括砂和液体的质量。有：

$$W=W_s+W_f \tag{8.4}$$

式中　W_s——每立方英尺的砂—流体混合物的质量；
　　　W_f——每立方英尺的砂流体混合物的载体流体的质量。

通过将式（8.4）代入式（8.3），得：

$$P=Q(W_s+W_f)h \tag{8.5}$$

可以假设，在砂切割过程中，由于砂的存在，射流传给套管和水泥的能量是可以忽略不计的，携带液的能量可以忽略不计。所以，W_f 可以设为零。因此，单位时间的能量或由喷射流中的砂产生的功率由式（8.6）给出：

$$P=QW_sh \tag{8.6}$$

喷嘴的流量，Q 可以表示为：

$$Q=Av \tag{8.7}$$

式中　v——喷射流的速度，ft/s；
　　　A——喷嘴孔的面积，ft^2。

代入 $v=\sqrt{2gh}$，则式（8.7）可写成：

$$Q=A\sqrt{2gh} \tag{8.8}$$

将式（8.8）代入式（8.6），可得到的功率为：

$$P=A\sqrt{2gh}W_sh \tag{8.9}$$

或

$$P = AW_s\sqrt{2g}(h^{3/2}) \tag{8.10}$$

压头可以用流砂混合物的压降和重量来表示，有：

$$h = \frac{p}{W} \tag{8.11}$$

式中　p——压降，lbf/ft^2。

因此，将式（8.11）代入式（8.10），有

$$P = W_s A\sqrt{2g}\left(p/W\right)^{3/2} \tag{8.12}$$

[**例 8.1**] 假设使用带有单喷嘴的砂切割机切割套管。穿过喷嘴的压降从 1000psi 增加到 2000psi。计算出砂液流的理论切割功率。

解：理论切割功率随着喷嘴压降的 3/2 次方而变化。因此，对于恒定的 A、W_s 和 W，将穿过喷嘴的压降从 1000psi 增加到 2000psi 会将砂液流的切割能力增加 $2^{3/2}=2.83$ 倍。

砂切割是一种经济、快速、有力的环保技术。但是很难监控进度，并且需要大量的沙子或矿渣。切割多管柱套管也具有挑战性。因此，在后续研究中衍生出了磨料水射流切割。

8.6.4.2　磨料水射流切割

磨料水射流切割（AWJC）技术是在喷嘴处使用高压力，流体中加入少量的流沙。喷嘴的压力范围为 48～250MPa，流量范围为 40～100L/min。磨料水射流切割技术的原理与砂切割相同，即利用高速喷射载液携带的磨粒侵蚀目标材料。载流体中的磨粒速度和磨粒分布是切削过程效率的重要参数。与铣削切割相关的挑战之一是过大的磨粒颗粒堵塞喷嘴。为了尽量减少风险，要始终保持一定的流量，以防止喷嘴堵塞。此外，还可选择使用聚合物添加剂来悬浮磨粒。如果地面设备发生故障，泵送作业停止，则可将载液中的磨粒分离率降至最低。

传统的磨料水射流切割装置由切割工具、操纵器、磨料混合或分配装置、高压水泵、空气压缩机、液压动力装置、控制面板和切割监控系统组成（图 8.24）。操纵器控制喷嘴的定位和移动。喷嘴和目标材料之间的间隙中存在水，通过吸收颗粒的动能降低了切割效率。因此，空气压缩机被用来吹送空气，并在喷气机周围创造一个气体空间。在切割深度增加的情况下，在喷嘴周围创建气体屏障更具挑战性。

在井口回收操作中，切割工具被下入到井中，集中起来并锚定在所需深度。磨料水射流切割装置可以放在船上或移动式海上钻井装置上用于海上活动。磨料流体由水泵泵送到喷嘴，水泵通常由柴油机驱动。随着操纵器旋转喷嘴，进行切割。磨料水射流切割技术提供了一种冷切割解决方案，包括无冲击切割，工具和目标材料之间无扭矩，以及成熟的远程操作。然而，顶部支持设备的尺寸、对延伸范围的控制、平台上承载的磨料体积以及操作所需的数量是磨料水射流切割技术的一些限制。

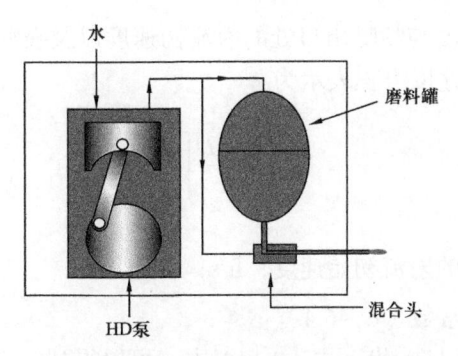

图 8.24 磨料水射流切割工作原理示意图

在考虑铣削切割器的穿透速度时,功率和喷射流的速度是起作用的参数。因此,功率方程和速度方程综述如下。

功率方程式在磨料水射流切割技术中,液压射流的穿透速率与磨料流体以及目标界面处射流的功率或能量成正比。射流的能量随着离喷嘴出口的距离增加而减小。随着喷嘴出口和目标点之间的距离增加,能量减少到等于临界切割功率的值。因此,该现象可以表示为:

$$\frac{dL}{dt} = K_p \left(P_L - P_{th} - P_{losses} \right) \quad (8.13)$$

式中　dL——喷嘴出口到目标点之间的距离,ft❶;

P_L——L 点的喷射流所包含的功率,(ft·lbf)/s 或 hp;

P_{th}——临界切割功率,(ft·lbf)/s 或 hp;

P_{losses}——由套管、切割限制和回压造成的水力损失,(ft·lbf)/s 或 hp;

K_p——功率方程的比例常数,是从实验数据中得到的,1/lbf。

在距离喷嘴出口 L 点的喷射流中包含的功率表示为:

$$P_L = \frac{1}{2} \overline{m}_L \overline{v}_L^2 \left[\frac{ft \cdot lbf}{s} \right] \quad (8.14)$$

式中　$\overline{m}_L$——喷流的质量率,lb/s;

v_L——在距离 L 处的喷流速度,ft/s。

由于射流随距离扩散,质量率与喷嘴出口处的初始质量率成正比。质量率也与喷嘴直径与有关点离喷嘴出口的距离之比成正比。因此,质量率表示为:

$$\overline{m}_L = C_m \overline{m}_0 \frac{D}{L} \left[\frac{lb}{s} \right] \quad (8.15)$$

式中　$\overline{m}_0$——零距离的初始质量率,lb/s;

D——喷嘴开口直径,ft 或 in;

L——喷嘴出口到问题点的距离,ft 或 in;

C_m——无量纲经验常数(C_m=5.2)。

---

❶ 原单位为 ft/s,原书有误。——译者注

在距离 L 处的射流速度与喷嘴出口处的射流初速度以及喷嘴直径与问题点距离喷嘴出口的比率成正比。因此，速度方程表示为：

$$\bar{v}_L = \frac{C_v \bar{v}_0 D}{L} \left[\frac{\text{ft}}{\text{s}}\right] \tag{8.16}$$

式中　$\bar{v}_0$——喷嘴出口处的射流初始速度，ft/s；

C_v——无量纲经验常数（C_v=6.4）。

将式（8.16）和式（8.15）代入式（8.14）中，可以得到：

$$P_L = \frac{C_m C_v^2 \bar{m}_0 \bar{v}_0^2 D^3}{2gL^3} \tag{8.17}$$

式中　g——转换常数，$\dfrac{\text{lb} \cdot \text{ft}}{\text{lbf} \cdot \text{s}^2}$。

根据连续性方程，可以得出：

$$\bar{m}_0 = \rho A \bar{v}_0 \tag{8.18}$$

其中 A 是喷嘴的面积，可写成：

$$A = \frac{\pi D^2}{4} \tag{8.19a}$$

$$\bar{v}_0 = \sqrt{2g\frac{\Delta p}{\rho}144} \tag{8.19b}$$

通过将式（8.18）和式（8.19）代入式（8.17），可以得出：

$$P_L = \frac{BD^5 (\Delta p_0)^{\frac{3}{2}}}{L^3 \rho^{1/2}} \tag{8.20}$$

$$B = 3\pi C_m C_v^2 (2g)^{\frac{1}{2}}$$

式中　Δp_0——跨越喷嘴的压力差，psi；

ρ——流体密度，lb/ft^3。

将式（8.20）和式（8.13）结合起来就可以得出：

$$\frac{dL}{dt} = K_p \left(\frac{BD^5 (\Delta p_0)^{\frac{3}{2}}}{L^3 \rho^{1/2}} - P_{\text{th}} - P_{\text{losses}}\right)\left[\frac{\text{ft}}{\text{s}}\right] \tag{8.21}$$

速度方程：水力喷射的穿透速度 dL/dt 与流体和目标材料界面处的铣削流体速度成正比。因此，就速度而言，钻速可以表示为：

$$\frac{\mathrm{d}L}{\mathrm{d}t} = k'_\mathrm{v}\left(v_\mathrm{L} - v_\mathrm{th} - \Delta v_\mathrm{bp}\right)\left[\frac{\mathrm{ft}}{\mathrm{s}}\right] \tag{8.22}$$

式中 v_L——流体和目标材料界面的铣削液速度，ft/s；
v_th——临界速度或产生切割所需的最小速度，ft/s；
Δv_bp——铣削液回流造成的喷射损失速度，ft/s；
k'_v——速度方程的比例常数，通过实验获得。

通过将式（8.16）代入式（8.22），有：

$$\frac{\mathrm{d}L}{\mathrm{d}t} = k'_\mathrm{v}\left(\frac{C_\mathrm{v}\bar{v}_0 D}{L} - v_\mathrm{th} - \Delta v_\mathrm{bp}\right) \tag{8.23}$$

通过重新排列式（8.23）并求解 dt，有：

$$\mathrm{d}t = \frac{k_\mathrm{v} L \mathrm{d}L}{C_\mathrm{v}\bar{v}_0 D - L v_\mathrm{th} - L \Delta v_\mathrm{bp}}[\mathrm{s}] \tag{8.24}$$

其中 k_v 是 k'_v 的倒数，所以，式（8.24）积分，得到[23]（图 8.25）：

$$t = k_\mathrm{v}\left[\frac{C_\mathrm{v}\bar{v}_0 D}{\left(v_\mathrm{th} + \Delta v_\mathrm{bp}\right)^2}\ln\left(\frac{C_\mathrm{v}\bar{v}_0 D}{C_\mathrm{v}\bar{v}_0 D - \left(v_\mathrm{th} + \Delta v_\mathrm{bp}\right)L}\right) - \frac{L}{\left(v_\mathrm{th} + \Delta v_\mathrm{bp}\right)}\right] \tag{8.25}$$

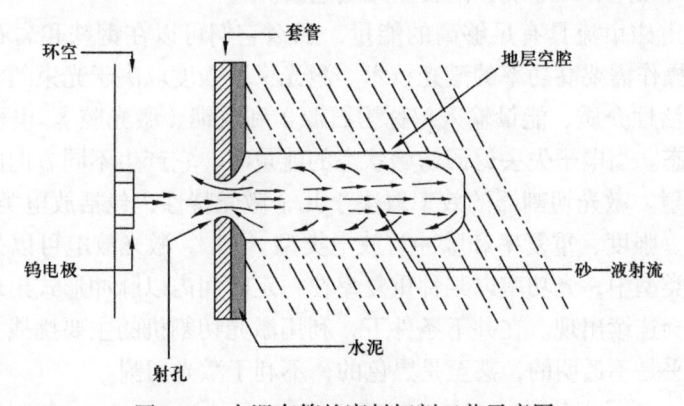

图 8.25　水泥套管的磨料切割工艺示意图

研究工作表明，临界切削速度与目标材料的硬度成正比，有：

$$v_\mathrm{th} = cH \tag{8.26}$$

和

$$H \propto \frac{1}{L_\mathrm{max}} \tag{8.27}$$

其中

$$L_{\max} = \frac{C_v D \bar{v}_0}{v_{th} + \Delta v_{bp}} = \frac{C_v D \bar{v}_0}{cH + \Delta v_{bp}} \qquad (8.28)$$

式中　c——比例常数；

　　　v_0——喷嘴出口处的平均流体速度，ft/s；

　　　$L_{\max}$——最大穿透深度，ft；

　　　H——材料的相对磨损硬度，与最大穿透力的倒数成正比。

在考虑磨料水射流切割时，尽管套管回压和射流切割机产生的开口尺寸对切割效率有显著影响，但水力射流间距、砂浓度以及由诱导裂缝或地层渗透率引起的材料连通效应是重要参数。

磨料水射流切割的优点包括但不限于：与其他切割方法相比，切割性能快，环境友好，不需要特别许可就可以进行，工具和目标之间没有扭矩。然而，缺点是对切割范围（切割长度）的控制有限，随着水深的增加而减少，与其他切割方法相比需要大量的切削液以及很多操作人员，顶部会出现大量的扩散。

8.6.5　激光切割

戈登·古尔德（Gordon Gould）在1957年提出了受激发射放大的光，也就是广为人知的激光。一般来说，激光器是将不同种类的能量转换成单色波和相干波的电磁束的装置。单色意味着输出的电磁波有一个单一的输出波长，或者换句话说，它意味着一种颜色的输出。相干的意思是所有的波都是彼此相通的。产生的波跨越了不同的区域，包括伽马、X射线、紫外线、可见光、红外线、微波和无线电波。

如果产生的电磁束流具有足够高的能量，那么它们可以在钢铁和岩石样品上形成切割。然而，这种操作需要高功率的激光技术。激光束的强度取决于光束的波长。激光器的常见组成部分是活性介质、能量输入（称为石源）和反馈（激光腔）。电子被泵入高激发态并跃迁到亚稳态。当电子失去返回初始状态的能量时，它产生不同方向的光子。这个过程被称为自发发射。激光切割器的效率取决于几个激光特性，包括放电类型、峰值功率、波长、平均功率、强度、重复率和脉冲与放电类型[25,27]。激光放电可以是脉冲式或连续式。在脉冲放电类型中，光功率以某种重复率在一定时间内以脉冲形式出现。在连续放电类型中，光功率会连续出现。在井下条件下，利用激光切割机的主要挑战是井筒流体的存在。井下流体几乎是不透明的，甚至是黑色的，不利于激光切割。

参　考　文　献

[1] Hartman, C. J., J. L. Cullum, and J. E. Melder. 2017. Efficient and safe casing removal with downhole hydraulic pulling assembly. In *Offshore technology conference*, OTC-27618-MS. Houston, Texas, USA: Offshore Technology Conference. https://doi.org/10.4043/27618-MS.

[2] Vestavik, O. M., T. H. Fidtje, and A. M. Faure. 1995. Casing window milling with abrasive fluid jet. In *SPE annual technical conference and exhibition*, SPE-30453-MS. Dallas, Texas: Society of Petroleum Engineers. https://doi.org/10.2118/30453-MS.

[3] Joppe, L. C., A. Ponder, and D. Hart, et al. 2017. Create a rock-to-rock well abandonment barrier without swarf at surface！In *Abu Dhabi international petroleum exhibition & conference*, SPE-188332-MS. Abu Dhabi, UAE: Society of Petroleum Engineers. https: //doi. org/10.2118/188332-MS.

[4] Nelson, J. F., J.-T. Jørpeland, and C. Schwartze. 2018. Case history: a new approach to section milling: leaving the swarf behind！In *Offshore technology conference*, OTC-28757-MS. Houston, Texas, USA: Offshore Technology Conference. https: //doi. org/10.4043/28757-MS.

[5] Garcia, J. A., and C. R. Clark. 1976. An investigation of annular gas flow following cementing operations. In *SPE symposium on formation damage control*, SPE-5701-MS. Houston, Texas: Society of Petroleum Engineers. https: //doi. org/10.2118/5701-MS.

[6] Ansari, A. A., D. Ringrose, and Z. Libdi, et al. 2016. A novel strategy for restoring the well integrityby curing high annulus-B pressure and zonal communication. In *SPE Russian petroleum technology conference and exhibition*, SPE-181905-MS. Moscow, Russia: Society of Petroleum Engineers. https: //doi. org/10.2118/181905-MS.

[7] Ferg, T. E., H.-J. Lund, and D. T. Mueller, et al. 2011. Novel approach to more effective plug and abandonment cementing techniques. In *SPE Arctic and extreme environments conference and exhibition*, SPE-148640-MS. Moscow, Russia: Society of Petroleum Engineers. https: //doi. org/10.2118/148640-MS.

[8] Hay, E., and R. Adermann. 1987. Thermite sparking in the offshore environment. In *Offshore Europe*. Aberdeen, United Kingdom: Society of Petroleum Engineers. https: //doi. org/10.2118/16548-MS.

[9] Cole, J. F. 1999. Pyro technology for cutting drill pipe and bottomhole assemblies. In *SPE/IADC drilling conference*, SPE-52824-MS. Amsterdam, Netherl ands: Society of Petroleum Engineers. https: //doi. org/10.2118/52824-MS.

[10] Kocis, I., T. Kristofic, and M. Gajdos, et al. 2015. Utilization of electrical plasma for hard rock drilling and casing milling. In *SPE/IADC drilling conference and exhibition*, SPE-173016-MS. London, England, UK: Society of Petroleum Engineers. https: //doi. org/10.2118/173016-MS.

[11] Ebersohn, F. H., J. P. Sheehan, A. D. Gallimore, et al. 2017. Kinetic simulation technique for plasma flow in strong external magnetic field. *Journal of Computational Physics* 351: 358-375. https: //doi. org/10.1016/j. jcp.2017.09.021.

[12] Krajcarz, D. 2014. Comparison metal water jet cutting with laser and plasma cutting. *Procedia Engineering* 69: 838-843. https: //doi. org/10.1016/j. proeng.2014.03.061.

[13] Gajdos, M., I. Mostenicky, and I. Kocis, et al. 2016. Plasma-based milling tool for light well intervention. In *SPE/IADC middle east drilling technology conference and exhibition*, SPE-178179-MS. Abu Dhabi, UAE: Society of Petroleum Engineers. https: //doi. org/10.2118/178179-MS.

[14] Gajdos, M., T. Kristofic, and S. Jankovic, et al. 2015. Use of plasma-based tool for plug and abandonment. In *SPE offshore Europe conference and exhibition*, SPE-175431-MS. Aberdeen, Scotland, UK: Society of Petroleum Engineers. https: //doi. org/10.2118/175431-MS.

[15] Kristofic, T., I. Kocis, and T. Balog, et al. 2016. Well intervention using plasma technologies. In *SPE Russian petroleum technology conference and exhibition*, SPE-182120-MS. Moscow, Russia: Society of Petroleum Engineers. https: //doi. org/10.2118/182120-MS.

[16] Gajdos, M., I. Kocis, and I. Mostenicky, et al. 2015. Non-contact approach in milling operations for well intervention operations. In *Abu Dhabi international petroleum exhibition and conference*, SPE-177484-MS. Abu Dhabi, UAE: Society of Petroleum Engineers. https: //doi. org/10.2118/177484-MS.

[17] De Frank, P., R. L. Robinson, and B. E. White, Jr. 1966. Explosive technology a new tool in offshore operations. In *Fall meeting of the society of petroleum engineers of AIME*, SPE-1602MS. Dallas. Texas, USA: Society of Petroleum Engineers. https: //doi. org/10.2118/1602-MS.

[18] Mishler, H. W., and M. D. Randall. 1970. Underwater joining and cutting-present and future. In *Offshore technology conference*, OTC-1251-MS. Houston, Texas: Offshore Technology Conference. https://doi.org/10.4043/1251-MS.

[19] Brandon, J. W., B. Ramsey, and J. W. Macfarlane, et al. 2000. Abrasive water-jet and diamond wire-cutting technologies used in the removal of marine structures. In *Offshore technology conference*, OTC-12022-MS. Houston, Texas: Offshore Technology Conference. https://doi.org/10.4043/12022-MS.

[20] Olstad, D., and P. O'Connor. 2010. Innovative use of plug-and-abandonment equipment for enhanced safety and efficiency. In *IADC/SPE drilling conference and exhibition*, SPE-128302MS. New Orleans, Louisiana, USA: Society of Petroleum Engineers. https://doi.org/10.2118/128302-MS.

[21] Huang, Z., G. Li, and M. Sheng, et al. 2017. *Abrasive water jet perforation and multi-stage fracturing*, 2nd edn. Gulf Professional Publishing. 9780128128077.

[22] Sorheim, O.-I., B. T. Ribesen, and T. E. Sivertsen, et al. 2011. Abandonment of offshore exploration wells using a vessel deployed system for cutting and retrieval of wellheads. In *SPE Arctic and extreme environments conference and exhibition*, SPE-148859-MS. Moscow, Russia: Society of Petroleum Engineers. https://doi.org/10.2118/148859-MS.

[23] Brown, R. W., and J. L. Loper. 1961. Theory of formation cutting using the sand erosion process. *Journal of Petroleum Technology* 13 (05): 483-488. https://doi.org/10.2118/1572-G-PA.

[24] Pittman, F. C., D. W. Harriman, and J. C. St. John. 1961. Investigation of abrasive-laden-fluid method for perforation and fracture initiation. *Journal of Petroleum Technology* 13 (05): 489-495. https://doi.org/10.2118/1607-G-PA.

[25] Adeniji, A. W. 2014. The applications of laser technology in downhole operations-areview. In *International petroleum technology conference*, IPTC-17357-MS. Doha, Qatar: International Petroleum Technology Conference. https://doi.org/10.2523/IPTC-17357-MS.

[26] Batarseh, S. I., B. C. Gahan, and B. Sharma. 2005. Innovation in wellbore perforation using highpower laser. In *International petroleum technology conference*, IPTC-10981-MS. Doha, Qatar: International Petroleum Technology Conference. https://doi.org/10.2523/IPTC-10981-MS.

[27] Pooniwala, S. A. 2006. Lasers: the next bit. In *SPE Eastern regional meeting*, SPE-104223-MS. Canton, Ohio, USA: Society of Petroleum Engineers. https://doi.org/10.2118/104223-MS.

开放获取

本章根据知识共享署名4.0国际许可协议（http://creativecommons.org/licenses/by/4.0/）进行授权，允许以任何媒介或格式使用、分享、改编、发布和复制，只要您适当地注明原始作者和来源，提供知识共享许可协议的链接，并指出是否进行了修改。

本章中的图像或其他第三方材料均包含在本章的知识共享许可协议中，除非在材料的版权说明中另有说明。如果您使用的材料不包含在本章的知识共享许可协议中，这是不被法律许可，也超出了允许的使用范围，您需要直接获得版权持有人的许可。

第 9 章 井屏障的验证

封堵和弃置作业的主要目标是通过建立有效井屏障来恢复覆盖岩层功能。井屏障建立后，需要对其功能进一步验证。有不同的测试程序来验证永久井屏障的完整性。有些用于验证环形井屏障（套管和地层之间的屏障），有些用于验证套管内的永久塞，还有一些用于验证裸眼中的井屏障。井屏障验证存在的主要挑战是实验室验证手段和现场性能测试缺乏直接的关系。在水泥的实验室测试时，评估参数有：机械性能（例如抗压强度、抗拉强度、杨氏模量等）、剪切粘结强度、水力粘结强度和抗拉粘结强度、流体迁移分析、静态凝胶强度分析等。此外，大多数实验室实验是在水泥浆污染方面最理想的情况下进行。然而，在预期井况条件下，没有简单的方法可以准确地测试这些参数。事实上，现场可用于验证水泥塞仅有的方法就是通过液体试压、承重测试和作业管柱探界面。环形井屏障是通过测井间接评估的。本章将对这些现场测试方法进行回顾。

9.1 环形井屏障的验证

截面井屏障的概念已经在前面的章节中定义过。为了验证截面井屏障，就需要在有套管的地方验证套管后面的井屏障。评定环形井屏障的完整性有不同的方法。如声波测井、被动噪声测井、温度测井和液体试压都是最常用的验证方法。

9.1.1 环形井屏障声波测井

环形井屏障声波测井技术是石油工业中验证套管水泥胶结质量的主要方法，也适用于其他屏障材料。因此，我们将对该技术进行更详细的讨论。

在声波测井时，声波信号由换能器发出，发出的信号经过套管内流体、套管钢材、套管后面的屏障、相邻地层，一直返回到两个接收器，如图 9.1 所示。接收器接收反射的声波信号后，工程师对收集到的数据加以处理，以检查环形井屏障的质量。

声波测井的历史可以追溯到 20 世纪 50 年代，当时在使用声波测井对裸眼和套管井进行地层评价时，发现周期波跳跃的现象[1]。从那以后，该技术不断进

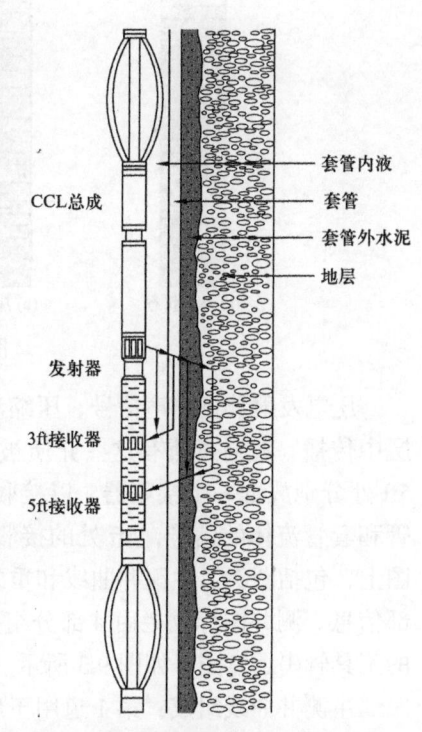

图 9.1 水泥胶结测井（CBL）和变密度测井（VDL）工具

步，超声波工具已被开发出来并投入使用。目前，水泥胶结测井可用于评估水泥与套管、水泥与地层的胶结情况，以及评估水泥状况。水泥状况的评估包括检测窜槽、受损水泥（由于气侵、脱水等）、水泥顶面和微环空。

声波测井是记录地层和井眼某些声学特性的过程。该过程的结果展示在声波测井资料上，反映了声波传播时间与井眼深度的关系。环形屏障声波测井可以使用声波和超声波（脉冲反射波）两种测量方法。

9.1.1.1 声波测量

声波工具的工作频率范围为10~30kHz。电信号被发送到压电换能器，换能器产生全向声波信号。压电换能器能够接收电信号并转换为声波信号，反之亦然。声信号是声波，分为压缩波（P波）、剪切波（S波）和板波。如图9.2所示。压缩波（有时称为纵波）是一种运动方向与波传播方向相同或相反的波。压缩波可以在固体、液体和气体中传播。剪切波（有时称为弹性S波）是一种运动方向垂直于波传播方向的波。大振幅剪切波只能通过固相传播。平板波（有时称为兰姆波）在固体板中传播，但其速度略慢于钢板中的压缩波速度。

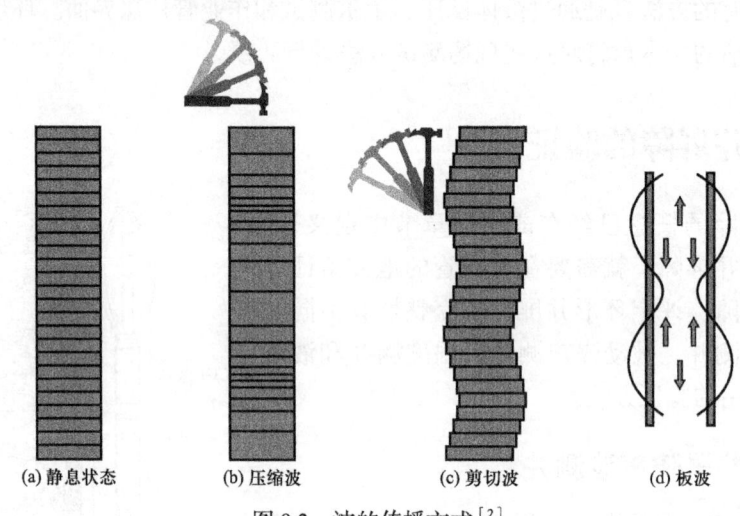

(a) 静息状态　　(b) 压缩波　　(c) 剪切波　　(d) 板波

图9.2　波的传播方式[2]

压电发射器发出声信号、压缩波，波在套管流体、套管钢、套管后面的屏障材料和地层中传播。波通过所有这些介质被反射回接收器（两个压电接收器）。距离发射器3ft和5ft处分别放置一个接收器，以接收反射信号，如图9.1所示。3ft处的接收器接收来自套管和套管流体的信号，5ft处的接收器接收经过地层反射的信号。记录的数据显示在测井图上，包括图头、主测井曲线和重复段、测井压力、测量校准前后和参数框以及测井图尾部信息。测井图标题栏由4部分组成：API标题、备注、井况示意图和具备一定探测距离的工具管串示意图，如图9.3所示。

主测井曲线组成：第1道用于质量控制，第2道显示水泥和套管之间的粘结质量，第3道显示声波到达的地层信息（图9.4）。测井时，根据所用测井工具，可以识别更多的信息，如图9.4所示。

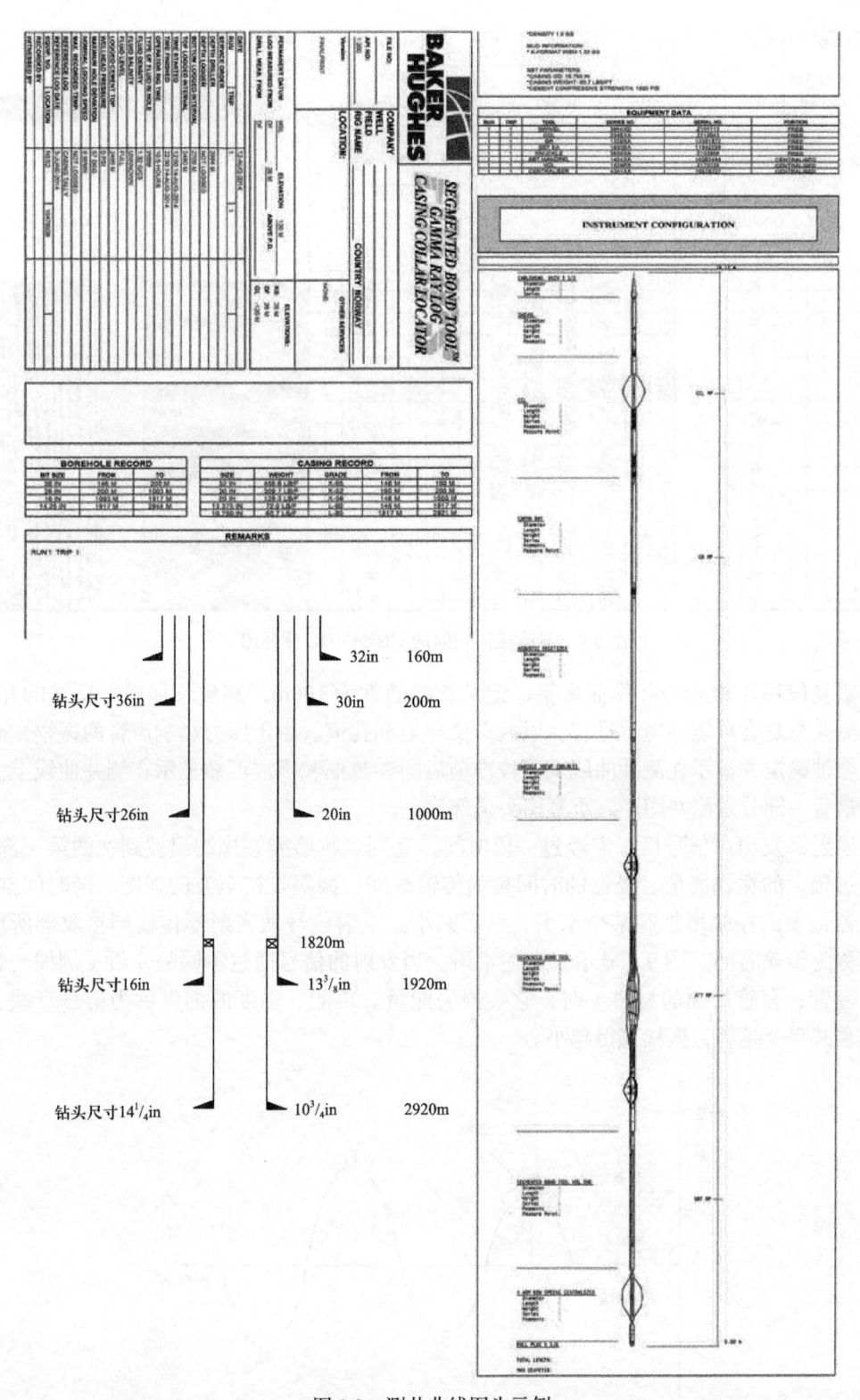

图 9.3 测井曲线图头示例

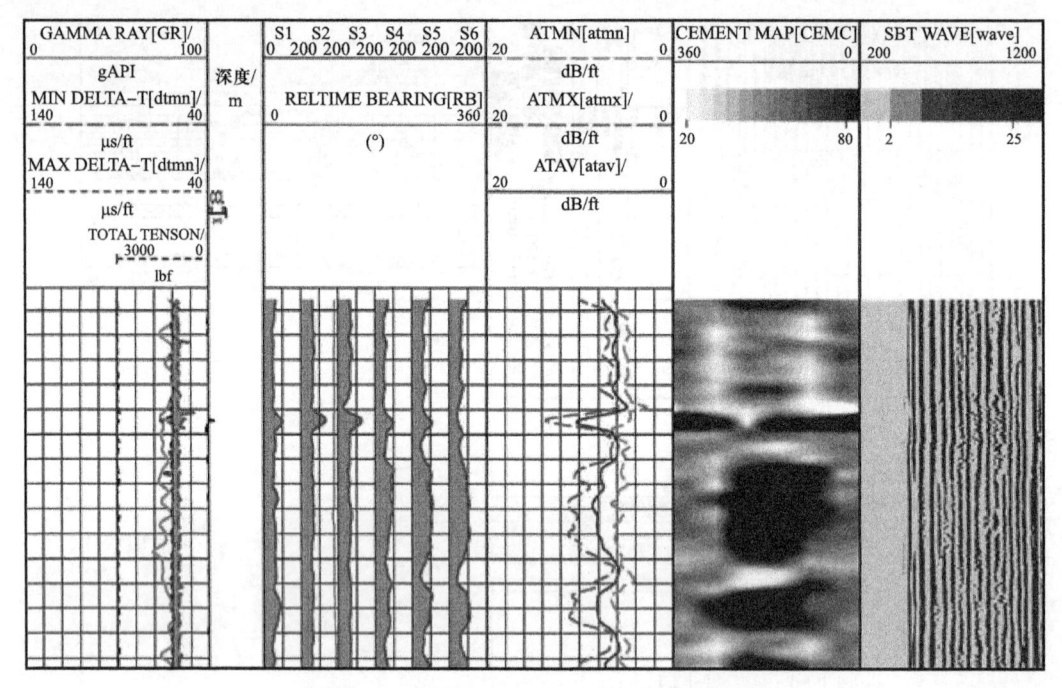

图 9.4　具有径向映射的 CBL-VDL 测井图

重复段用于检查测井作业质量，记录长度通常为 100m，测量预期密封良好的井段。声波测井总是在承压环境下进行，以区分微环空和孔道。由于压力影响声音的振幅，测井压力会被确定并显示在测井曲线上。校准前后的参数框和声波汇总显示在测井曲线上。测井图最后一部分是测井图尾，重复图头顶部信息。

发射器发出声信号后，需经过一段时间，直到接收器能够检测出波到达的第一部分，这超过预设的振幅阈值。经过的时间称为传输时间。振幅是初至波的强度。随时间推移，接收器记录的振幅增加到某个水平，然后减小。发射信号从发射器传输到接收器所用的时间称为传输时间。图 9.5 显示了上述术语。当发射的信号通过不同的介质（例如套管流体、套管、套管后面的材料）时，它会损失能量。声能、强度的损失称为信号衰减。因此，衰减程度越高，振幅变得越小。

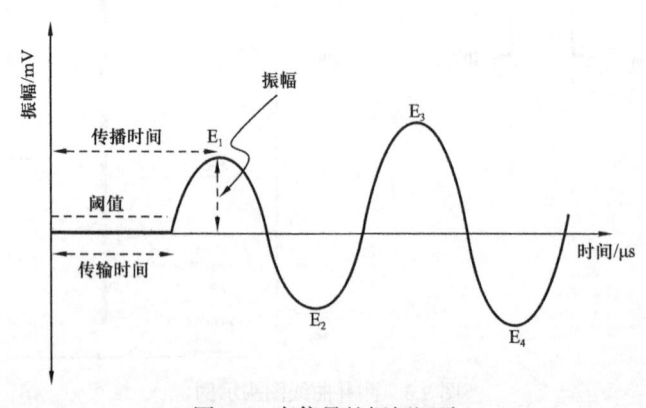

图 9.5　声信号的振幅记录

声波测井工具串可以配置一些功能互补的测井工具。最常见的互补工具包括套管接箍定位器（CCL）和伽马射线测井仪（GR）。图9.6展示了配备CCL、GR探测器和扶正器的两套声波测井组合；然而，在井斜小于50°的井内工具才能居中。CCL用于定位套管接箍以进行深度校准。GR探测器也用于深度和地层校准。事实上，第1道没有提供任何关于水泥质量的信息，而是用于质量控制。

发射器发射压缩波，如球形发散状传播。压缩波一部分沿着套管内流体向下传播，一部分到达套管并沿着套管向下传播。另一部分进入套管钢，进一步向套管后的物质和地层传播。如果套管后面有固体物质，则在套管和固体物质的界面处会产生剪切波。就这样，产生的剪切波和压缩波继续沿着套管后面的固体物质、地层传播，同时向下传播。但如果套管后面没有固体物质，则不会产生剪切波，只有纵波会穿过套管后面的环空到地层并且向下传播。为了得到波在套管板内的传播，声波以预定的临界角度发射。

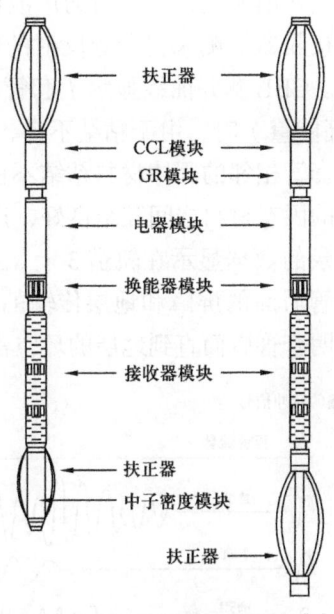

图9.6 水泥胶结测井工具串[3]

[**例9.1**] 为了理解套管声波测井背后的概念，请做一项实验。拿一个陶制或钢制的咖啡杯和一个茶匙。让一名助手拿着杯子的把手位置，不要用手捂住杯子，然后用茶匙从内测敲击杯子，听发出的声音，参照图9.7（a）。第二次，让助手用手紧紧握住杯子，再次用茶匙从杯子内测敲击，仔细听声音，如图9.7（b）所示。现在假设杯子是套管，茶匙是发射器，捂杯子的手相当于套管后面的水泥。根据实验解释你的观察结果。

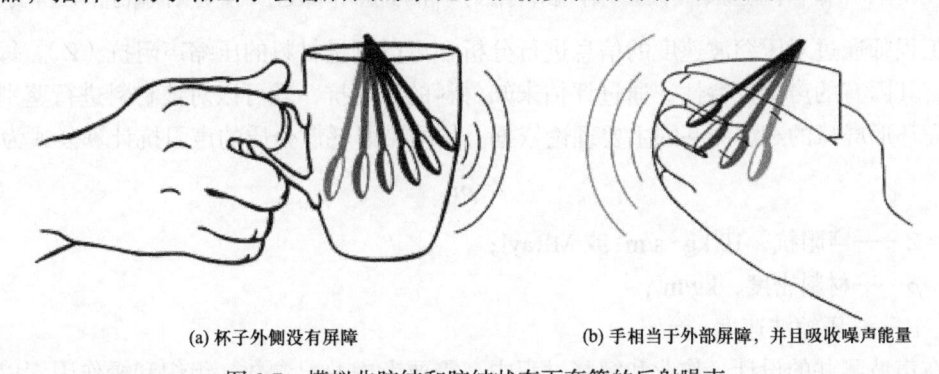

(a) 杯子外侧没有屏障　　(b) 手相当于外部屏障，并且吸收噪声能量

图9.7 模拟非胶结和胶结状态下套管的反射噪声

解：当从杯柄拿起杯子，用茶匙敲击杯壁时，声音能量较高。换句话说，反射的声音具有较高的能量，这被称为振铃现象。当套管处于自由状态时，也会出现同样的现象，套管发生振铃现象。

当双手紧握杯子时，发出的声音被手吸收，较低的声能被反射。当套管后面有固体屏障时，发出的声音传播得更远，只有较少的能量被反射回来。

如前所述，发射后的声波信号被两个接收器获取：分别位于3ft和5ft的位置。3ft处的接收器探测来自套管反射的信号，并显示于测井曲线图第2道，这就是所谓的CBL测井。CBL测井曲线显示了套管与其背后材料之间的粘结质量。当CBL测井显示出高振幅（高能量）时，由于粘结不良，套管会反射大部分传输的声音。换言之，套管振铃是因为与套管相邻的固体材料粘结不良，而声音没有被吸收。但是，如果套管和套管后面的环空中的固态材料之间胶结良好，声波信号会进一步向地层传播，并由5ft处的接收器探测到。记录的数据显示在轨道3上，称为VDL曲线。VDL测井记录了通过套管内流体、套管、套管后面的屏障和地层传输的声音的振幅（图9.8）。当VDL测井显示声波到达地层时，说明套管后面直到地层的环空都充满固态物质。

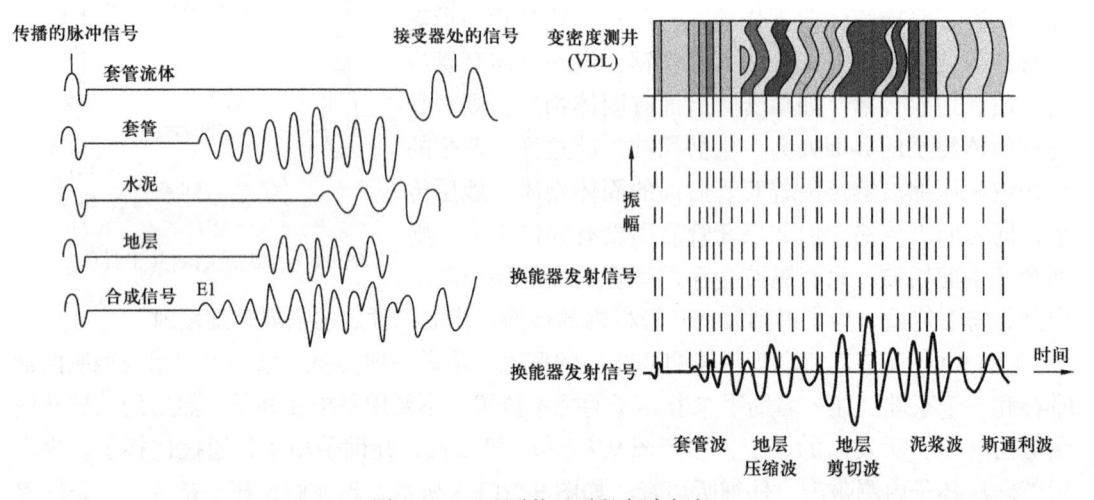

图9.8 VDL测井显示的复合振幅

因为声音在液体中传播速度较慢，经套管内流体传播的声信号到达时间最迟，而经套管传播的信号最早到达

工程师通过对压缩波速度的信息进行分析，可以测量材料的压缩声阻抗（Z）。每种材料都有其固有的声阻抗特性，通过评估未知材料的声阻抗，就可以对该材料进行鉴别。这是验证环形屏障的声波测井的主要理论依据。均质、非耗散介质的声阻抗计算公式为：

$$Z = \rho v_P \tag{9.1}$$

式中　Z——声阻抗，10^6 kg·s/m^2 或 MRayl；

　　　ρ——材料密度，kg/m^3；

　　　v_P——压缩波速度，m/s。

在声波测井的设计、作业和解释过程中，需要考虑井况参数、组织和操作因素以及人为因素，这些因素都会影响最终结果。井况参数包括但不限于：温度和压力、井筒流体性质、套管尺寸和厚度、水泥厚度和周围地层。组织和操作因素可包括服务提供商的选择、作业前会议及讨论、地表压力（使用的设备和作业程序）、探测设置和测井质量控制程序。所有这些因素都会影响最终测井及其解释的可靠性。

考虑到封堵和弃置过程中使用声波测井工具验证环形屏障时，如果测井工具根据初次固井的井况进行校准，其可靠性可能会受到质疑。这是由于随着时间的推移，环空屏障的状况会发生改变，套管厚度变化和地层沉降。因此，需要根据当前井况对测井参数进行校准和重新评估。声波测井工具自开发和使用以来一直在不断改进。使用最新改进的声波测井工具重新评估初次固井后的环空屏障，可以更好地了解环空屏障的状况。

[例 9.2] 近年来，PWC（射孔、洗井、固井）技术已得到发展并避免了分段磨铣。用PWC 建立屏障后，钻除内部水泥，并用声波测井工具检测环形屏障。射孔过的套管如何给声波测井带来困难和不确定性呢？

解：套管经过射孔后，板波不能有效地穿过套管，除非射孔密度非常低。此外，套管与水泥界面处剪切波的产生也会被干扰。因此，由于射孔过程中产生的孔洞，声波的衰减将会增加。一种可能的解决方案是在快速傅里叶变换处理过程中消除射孔孔眼带来的影响。

声波测井具有以下优点：电缆作业、检测无损伤以及操作安全。然而，声波工具的使用存在一些限制。声波测井可以提供水泥质量的定性评价，但不能显示异常的方向。换句话说，CBL-VDL 图表显示了井筒周边测量的平均值。这些工具对充满液体的微环空也比较敏感。因此，超声波工具应运而生，它比声波工具更常用。

9.1.1.2　超声波测量

20 世纪 80 年代初，超声波脉冲回波（PE）技术被引入用于水泥评价。这些水泥评价工具的工作频率比声波工具高得多，通常为 200～700kHz[2, 4-5]。超声波技术的原理是使套管的一小部分区域在其厚度上产生共振。在脉冲回波技术中，安装在旋转头中的换能器既充当发射器又充当接收器，发出超声波短脉冲，并接收包含共振的回波（图 9.9）[6]。由于超声波工具进行了圆周旋转，因而生成了一个径向图（图 9.4 中的第 4 道），可以区分缺陷位置。为了对阻抗计算进行实时修正，超声波工具可以实时测量内置泥浆分析单元中的流体阻抗。套管后面如果是液体，那么共振衰减会慢些；如果是水泥，就会更快地抑制共振[7]。

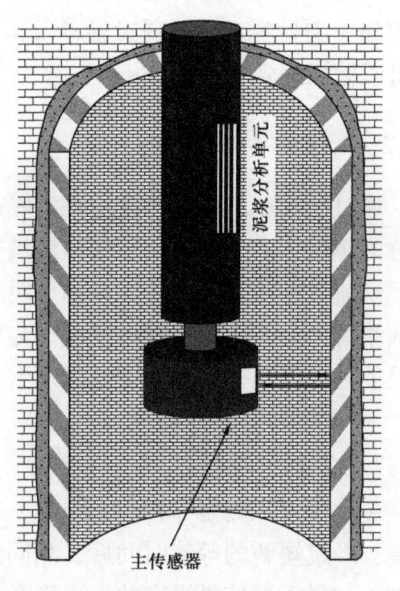

图 9.9　用于超声波测量的脉冲技术示意图

超声波脉冲回波测井的一个局限是，它们只能探测单层套管后面是否存在水泥。另一个已知缺陷是其对小气泡的敏感性[8]。

Viggen 等[9]试图对过油管测井方式中的超声波一发一收测量模式进行建模。这种技术中，有一个发射传感器和一个或多个接收传感器。他们使用了一个带有双接收器装置的双层套管几何结构的有限元模型。在研究中，他们发现在两层套管上都出现了由泄漏的波前锋引起的泄漏的弯曲兰姆波包的级联。他们的研究表明来自第二波包的脉冲信号包含关于外环空中的粘结材料以及水泥和地层之间的界面的信息。

Viggen 等[10]尝试通过模拟穿过油管的超声波脉冲回波测量的方法来分析外套管回波。他们的工作验证了一个假设，即第二层套管柱后面的异常会导致脉冲回波显著变化。他们的发现表明，外套管界面回波随外套管厚度和 B 环空材料的变化可能太过细微，无法可靠地应用于过油管测井。此外，他们还发现套管的偏心度和传感器角度会影响界面回波的传播时间。

最近的一项发展的技术方向是利用电磁声波换能器（EMAT）在套管中产生定向声波[11]。这项技术中，洛伦兹力❶用于直接产生和测量声波。EMAT 模块由一个线圈、一块磁铁和一个导电外壳组成，它既可以作为发射器也可以作为接收器。EMAT 产生两种基本波：剪切波（水平方向）和兰姆波（板波）。在剪切水平波模式下，质点运动垂直于波的传播方向；然而，在兰姆波弯曲模式下，质点运动垂直于套管表面。通过对这些波模式的研究，可以直接测量套管后面固体材料的剪切模量，与传统声波技术相比，分辨率更高，同时消除了对井筒流体的敏感性，也不需要传感器与套管直接接触[12]。

9.1.2 噪声测井

当水泥有缺陷并发生泄漏时，可能会产生噪声，这取决于缺陷的尺寸和几何形状、泄漏率和周围材料。无论通过被动噪声测井还是主动噪声测井，如果产生的噪声高于阈值，就可以被探测到并进行分析。

9.1.2.1 被动噪声测井

通过泄漏处的流体流动会产生噪声，具有两个可测量的参数：强度和频率。噪声强度也称为声强，定义为单位面积声波携带的能量。在泄漏情况下，噪声强度取决于流体流量和驱动流体的压差，而噪声频率取决于泄漏通道的几何形状。根据经验，当流体轻松流过大面积时，会产生低频噪声，而当流体难以通过狭窄空间时，则会产生高频噪声。有多种工具能够在宽频范围内记录泄漏产生的噪声，且分辨率和灵敏度很高。

9.1.2.2 主动噪声探测

主动噪声探测是一种声学技术，在被检测区域发射非常短的声波脉冲，然后记录反射信号。经过短暂的等待时间后，相同的区域再次由相同的信号检测，然后将两个反射信号相减。如果反射信号没有差异，则意味着套管后的材料没有运动或其他变化。换言之，在发射的第一信号和第二信号期间材料中的运动将导致相同深度处的信号不一致。与常规噪声测井相比，该技术的优势在于它对更大范围的流速敏感，可以对流速进行定量评估，可以估算到通道的距离，还可以检测到通道中气体通过液柱的迁移。

9.1.3 温度测井

温度测井用于检测水泥水化或流体泄漏引起的套管后面的温度异常。在温度测井中，

---

❶ 这是一种电磁力，它作用在以一定的速度通过电磁场的带电粒子上。

水泥水化检测、泄漏点探测器、径向温差、主动式温度测井和分布式温度传感是最广为人知的温度测井技术[8]。

9.1.3.1 水泥水化检测

温度测井用于检测水泥水化或流体泄漏引起的套管后面的温度异常。水泥水化发生在水泥初始混合后的6~12h内，是一种放热化学反应，会产生相当大的热量。来自水泥的热量经套管传递使井内温度升高，这很容易被温度测井探测到。在适当时间点记录的温度测井数据可用于检测水泥顶面（TOC），然而，完全验证一次固井作业的密封质量具有挑战性。检测水泥水化作用必须在水化引起的温度升高消散之前进行，因此该技术不适用于油井寿命后期检查套管水泥。

9.1.3.2 找窜探测

当流体通过缺陷处泄漏时，周围环境的温度会受到影响。在热力学中，焦耳－汤姆逊效应描述了真实气体或液体在被迫通过狭小通道时的温度变化。焦耳－汤姆逊效应的一个条件是焓 H 保持恒定：

$$H=U+pV \tag{9.2}$$

式中 U——内能；
p——压力；
V——体积。

根据焦耳－汤姆逊效应，pV 的变化显示了流体所做的功。当流体通过缺陷处时，pV 增大，为了保持 H 恒定，U 减小。这意味着如果发生气体流动，预计会因膨胀而冷却。传统的温度测井方法是测量井内的流体温度，并将记录的数据绘制成与深度的关系图。通过将获得的数据与地热温度梯度进行比较，可以确定异常深度，这些异常可能与水泥中的缺陷处的流体泄漏有关。注入流体在通道中流动时也可造成温度梯度的差异。

9.1.3.3 径向温差

径向温差（RDT）测井是常规温度测井的改良版，用于检测窜通孔道。该方法利用两个传感器（井中心还有一个传感器）来测量其周围的管壁表面温度。测量套管壁与管道中心传感器之间的温度差，并绘制出随深度变化的曲线。记录到的温度与地热温度之间的偏差可用于定位套管附近的窜通孔道。

9.1.3.4 主动式温度测井

主动式温度测井利用套管内金属的短期局部感应加热，为储层流体提供可在生产过程中检测到的热特征。由于套管的感应加热，井筒内和在套管后面流动的流体中都会产生热异常，一旦流体进入井内，传感器就可以检测到这种热异常。图9.10是一种主动温度测井仪，配备了感应器和分布式温度传感器（T_1、T_2 和 T_3）、接箍定位器、伽马射线探测器和水电阻率记录仪。

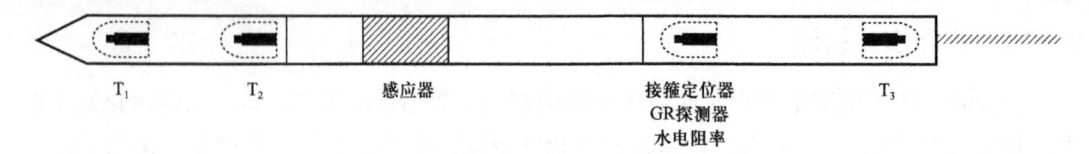

图 9.10　有源温度测井仪及其感应加热器

9.1.3.5　分布式温度传感—光纤传感

激光器发出的光脉冲通过光纤时在光纤壁反复反射。光纤及其涂层形成具有全内反射的波导，使光波通过光纤壁时不会有损失。可以在光纤上连接单个传感器或传感器组合，记录各种测量值，例如：压力、温度、地震、机械应力、化学物质和流量[13-14]。图 9.11 显示了三种主要类型的光纤传感器布置：单点传感器、多点准分布式传感器和分布式传感器。单点传感器通常在光纤末端空间中的单个点测量有价值的参数。多点准分布式传感器在沿着单根光纤电缆的多个固定、离散点处测量各项待测值。分布式传感器在沿光纤电缆的任意点以一定的空间分辨率测量各项待测值。在后一种情况下，光缆本身就是传感器，反向散射光携带信息。分布式传感有可能识别泄漏路径，从而识别水泥缺陷。两种不同的分布式传感系统是分布式温度传感（DTS）和分布式声学传感（DAS）。

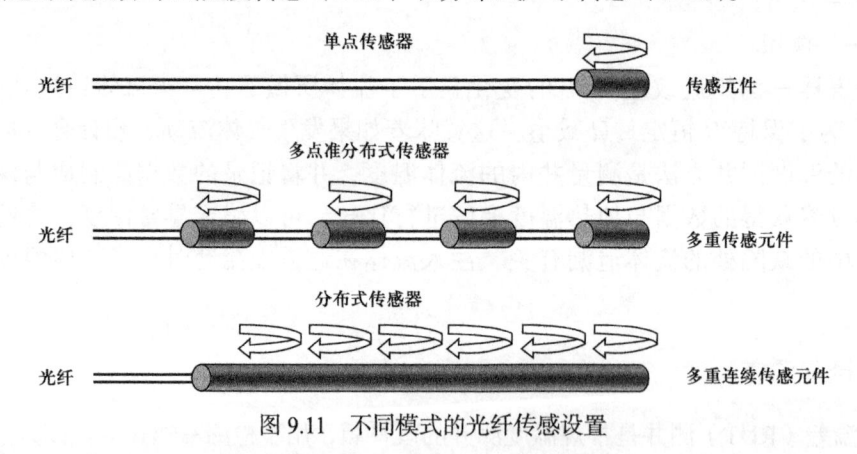

图 9.11　不同模式的光纤传感设置

在 DTS 系统中，短脉冲光被发射到光纤中。向前传播的光在沿光纤的所有点产生两种不同波长的拉曼反向散射光，如图 9.12 所示。这两种波长被称为斯托克斯光和反斯托克斯光，是由于光子的非弹性散射而产生的。反斯托克斯光受温度影响较大，而斯托克斯光受温度影响较弱。光纤的局部温度由斯托克斯和反斯托克斯探测光的振幅之比计算得到。

温度测井工具面临的挑战之一是高温，在高温井中，水泥水化过程中产生的温度或泄漏引起的温度异常很难从较高的地热温度背景下识别出来。

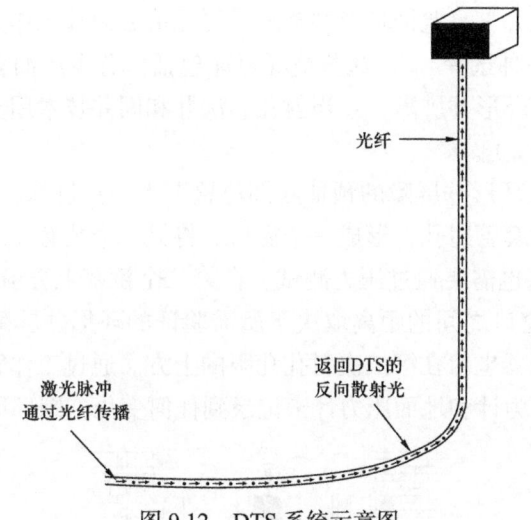

图 9.12　DTS 系统示意图

9.1.4　液压测试

目前声波测井技术面临的主要挑战之一是无法对第二层管柱后面的环空进行测井[图 9.13（a）]。因此，为了检查环形井屏障，使用钻机可能不可避免，如图 9.13（a）中的实线框所示。因此，需要用钻机起出生产油管，才可以对生产套管后面的环形井屏障进行测井，如图 9.13（b）中的实线框所示。但是由于技术限制，穿过尾管[图 9.13（b）中的虚线框]对生产套管后面的环形井屏障测井的问题仍未解决。

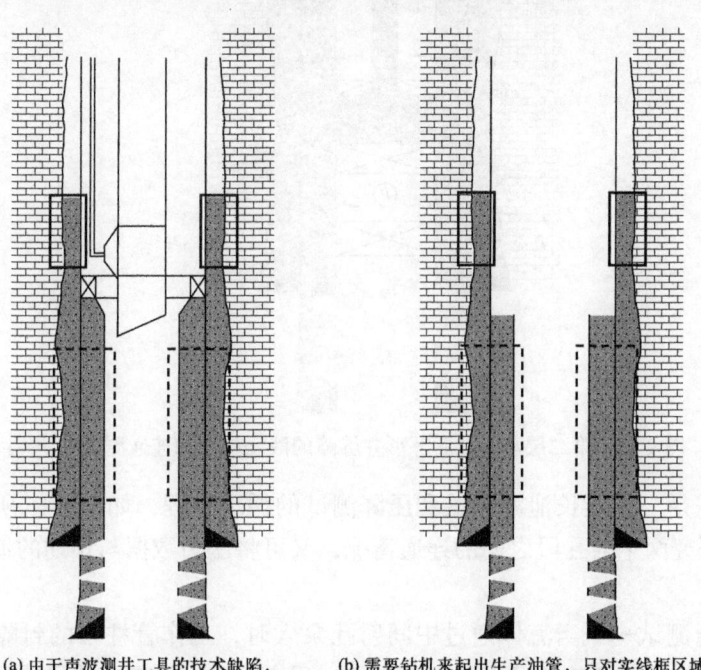

(a) 由于声波测井工具的技术缺陷，无钻机作业是不可能的
(b) 需要钻机来起出生产油管，只对实线框区域测井。即使在移除生产油管后，也无法对虚线框区域进行验证

图 9.13　声波测井仪无法通过双层管柱进行测井

当无法使用声波测井工具验证环形井屏障或可能造成额外工作量时，液压测试（也称为连通测试）可能是一种选择[15]。这些情况可能包括：有生产油管时验证套管水泥、验证第二层套管柱后面的环形井屏障，或当射孔、洗井和固井技术用于同时建立内部和外部井屏障时[16][图9.13（a）]。

在液压测试时，在环形井屏障的预估底部位置下入一只桥塞。然后对桥塞进行试压，合格后，在桥塞上方对套管射孔，形成一个窗口。将另一个装有无线压力计的桥塞坐封在射孔位置上方。该桥塞也需要通过压力测试。在第二个桥塞上方射孔形成一个新的窗口，如图9.14所示。射孔窗口之间的距离取决于所需验证的环形井屏障的长度。下入带有封隔器的工作管柱，封隔器坐封在第二次射孔孔眼的上方。通过工作管柱泵入流体，并监测压力变化。如果井下压力计和地面压力计未记录到任何变化，则环形井屏障合格。

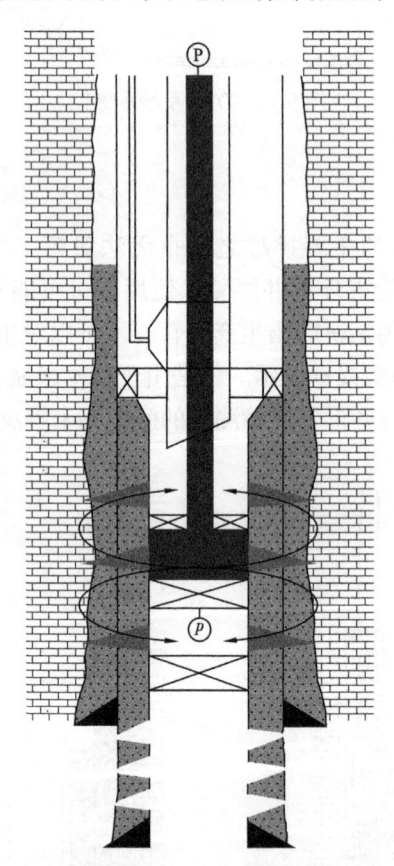

图9.14　第二层套管柱后环形井屏障的液压测试和连通测试

这种压力测试是一个延长泄漏测试和压降测试的循环过程，如图9.15所示。压力测试数据既可用于研究两个射孔段之间的连通情况，又可将压力数据与预期的地层强度对应起来。

（1）水力连通测试——当流体通过中间射孔泵入时，工作管柱带的封隔器以上或桥塞之间的任何压力变化都意味着环形井屏障失效。反之，压力没有变化说明环形井屏障完好，通过了验证。

（2）延长泄漏测试——延长泄漏测试是为了确保射孔通道到达相邻地层。这可以通过提高注入压力直到发生泄漏来验证。如果泄漏压力和破裂压力与预期的地层强度相对应，则意味着射孔穿透地层。此外，延长泄漏试验还可以确认环形井屏障能够承受最大预期压力。

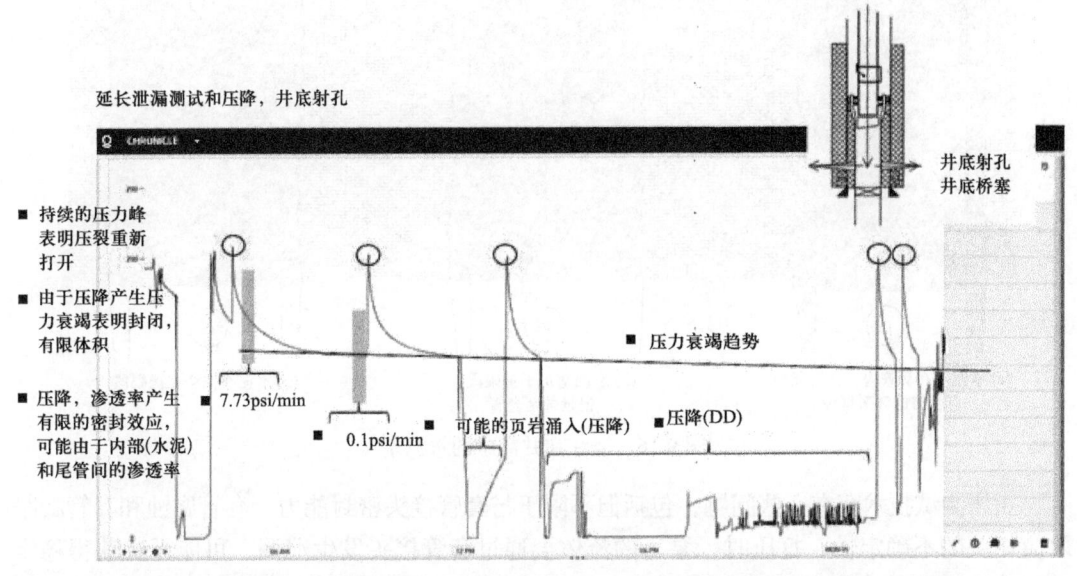

图9.15 通过水压试验验证环形井屏障的延长泄漏试验和压降试验（如图9.14所示）

9.2 内部井屏障验证/裸眼或套管内的水泥塞

9.2.1 液压测试

压力测试适用于浇注在套管内的水泥塞、延伸到套管段的裸眼水泥塞或完全在裸眼段的水泥塞（图9.16）。压力测试还有其他名称，如泵压测试和液压测试。如果使用机械桥塞作为水泥塞的基础底座，并且试压合格，那么对水泥塞试压无意义。

对通过压力测试获得的信息存在误解。压力测试可深入了解水泥塞的密封性能以及水泥塞与相邻材料[17]界面的密封能力。但是，并不需要提供关于整个插塞长度的水力结合强度的信息（有关水力结合强度方面的更多信息，请参阅第3章）。

根据施加压力的方向，可以分为正压测试和负压测试。

9.2.1.1 正压测试

正压测试中，流体由地面泵入，而水泥塞上方的压力高于下方的压力，p_1高于p_2（图9.16）[18]。当压差（Δp）达到主管部门要求时，监测压力几分钟，如果压力读数稳定，则水泥塞合格。正压测试适用于在套管内部并穿过合格环空井屏障的水泥塞、在裸眼内但延伸到套管柱的水泥塞[图9.16（a）和图9.16（b）]。对完全下在裸眼段中的水泥塞

- 197 -

试压无意义 [图 9.16(c)]。原因是，当流体注入裸眼段时可以穿透周围的地层，如图 9.17 所示。

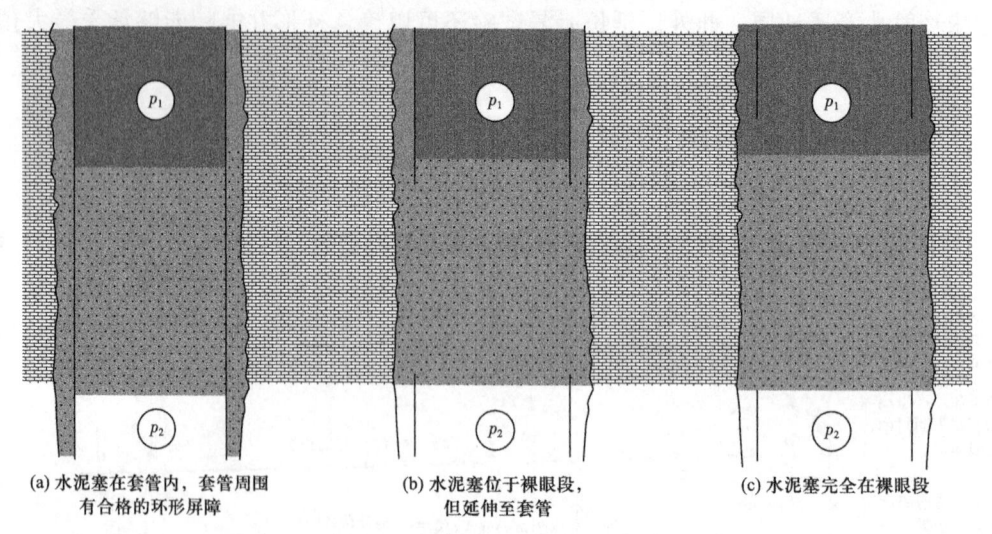

(a) 水泥塞在套管内，套管周围有合格的环形屏障

(b) 水泥塞位于裸眼段，但延伸至套管

(c) 水泥塞完全在裸眼段

图 9.16 浇注在井筒中的水泥塞

正压测试技术存在一些问题，包括但不限于与套管接头密封能力、套管腐蚀和套管膨胀效应相关的不确定性。打压时，泵入的流体会通过套管接头发生泄漏，可能无法获得稳定的压力读数（图 9.18）。在这种情况下，很难确定泄漏源，是套管接头还是水泥塞失效。如果套管出现由腐蚀或机械磨损引起的小孔洞，则液体通过套管泄漏，压力监测无法显示稳定读数。当套管后面的环形空间中有液体且套管壁厚受多年影响后，很容易发生膨胀效应。在这种情况下，如果施加的压力超过套管设计标准（如弹性），套管就会膨胀（图 9.19）。

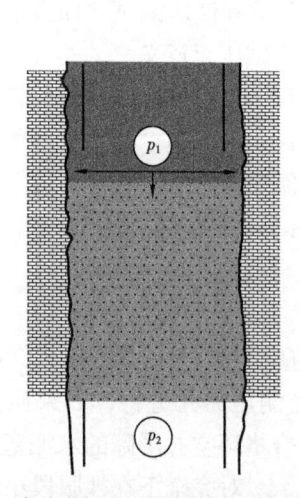

图 9.17 完全位于裸眼段的水泥塞试压示意图 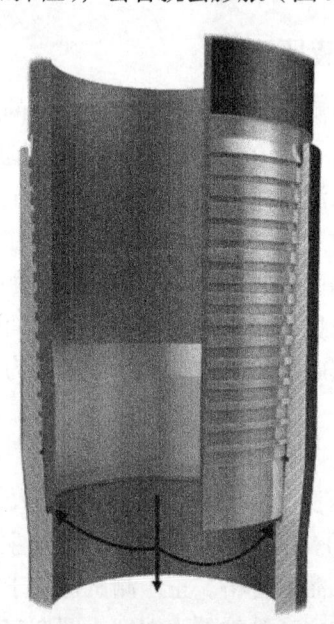　　图 9.18 正压测试中螺纹处潜在泄漏路径

正压测试也可用于通过式（9.3）估算水泥塞和相邻材料之间的剪切粘结强度：

$$剪切粘结强度 \geqslant \frac{p_p A_p}{\pi D_i L_p} \quad (9.3)$$

式中 p_p——泵压；

A_p——水泥塞的表面积；

D_i——水泥塞截面的内径；

L_p——水泥塞长度。

然而，只有当材料（套管等）密封性和机械强度高于整个塞子的剪切粘结强度时，式（9.3）才有效。

9.2.1.2 负压测试

在负压测试（也称为流入测试）中，降低水泥塞上方的静液压力，使水泥塞下方的压力（p_2）高于水泥塞上方的压力（p_1）（图9.16），然后记录压力变化。压力稳定说明水泥塞密封良好。如果在水泥塞顶部替入透明液体，则可以利用井下摄像机直接看到可能的泄漏位置。当螺纹连接或水泥塞上方套管的完整性受到质疑且无法进行正压测试时，可采用负压测试。此外，水泥塞完全处于裸眼段时，正压测试不可行，可用负压测试的方法。这种方法对应的挑战是，水泥塞下方的当前压力可能低于预期的最终压力。因此，水泥塞是否合格，不是根据预估的未来压力，而是根据当前压力来判定的。

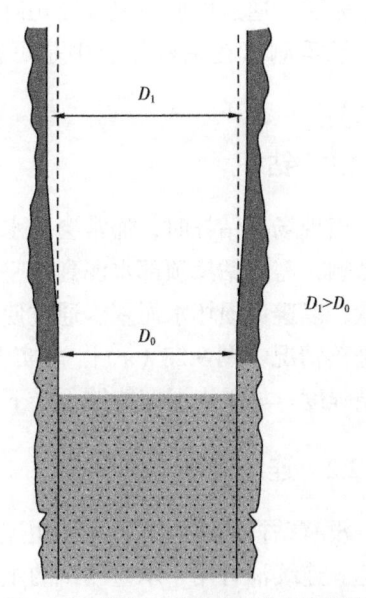

图9.19 进行正压试验时套管的膨胀
D_0——原始套管直径；D_1——扩张后的套管直径

9.2.2 承重测试

水泥塞注入后，必须保持其位置，且不能因其下方压力增加而移动。承重测试是一种检测水泥在相邻材料上的附着状况和粘结强度的方法，同时确定水泥塞顶面深度。当水泥塞完全在裸眼内时，不能进行正压测试，有时甚至不能进行负压测试。因此，承重测试可以检查水泥塞的坐落状况，但不能提供任何有关水泥塞水力密封性能的信息。

承重测试可以检测水泥塞与相邻材料的剪切粘结强度。因此，在承重测试期间由钻杆测得的所需剪切粘结强度，定义为钻杆下探重量 W_{dp} 除以水泥塞的圆周面积，有：

$$剪切粘结强度 \geqslant \frac{W_{dp}}{\pi D_i L_p} \quad (9.4)$$

估算剪切粘结强度的主要挑战是水泥塞长度，理论上的水泥塞长度与被污染后保留的水泥塞长度是不同的。

研究表明，当放置在小直径几何结构内时，短水泥塞可获得更大的剪切粘结强度。研究还表明，通过增加固定直径几何结构内的水泥塞长度，所需的剪切粘结强度会降低。

承重测试在钻机作业中是可行的，但在无钻机作业中也可以使用连续油管或电缆进行。

9.2.2.1 钻杆

当现场有钻杆时，通常会对水泥塞进行承重测试。为了避免水泥塞顶部受污染的水泥的影响，需要钻掉顶部水泥到达坚硬的水泥面，这种操作被称为修整塞面。仔细计算所需重量，以避免损坏水泥塞。通过使用一部分钻杆重量，即预先确定的重量，测试出水泥塞的坐落情况［图9.20（a）］。事实上，承重测试提供了水泥塞和相邻接触材料之间的剪切粘结强度。如果水泥塞能够承受下压的重量而不移位，则其浇注就是合格的。

9.2.2.2 连续油管

没有钻杆的情况下，可使用连续油管来进行承重测试。为了修整塞面，可以使用井下马达。连续油管用于承重测试的主要局限之一是可产生的最大重量。此外，连续油管可能容易出现螺旋状或迂回弯曲［图9.20（b）］，很难施加更大的重量。

9.2.2.3 电缆

在没有钻杆或连续油管装置的情况下，电缆也可用于承重测试。使用井下马达修整塞面，然后在水泥塞上施加有限的重量，但不能增加额外的重量［图9.20（c）］。与钻杆和连续油管相比，由于施加重量有限，很多监管机构不接受使用电缆进行承重测试。然而，电缆可用于确认水泥顶部的深度。

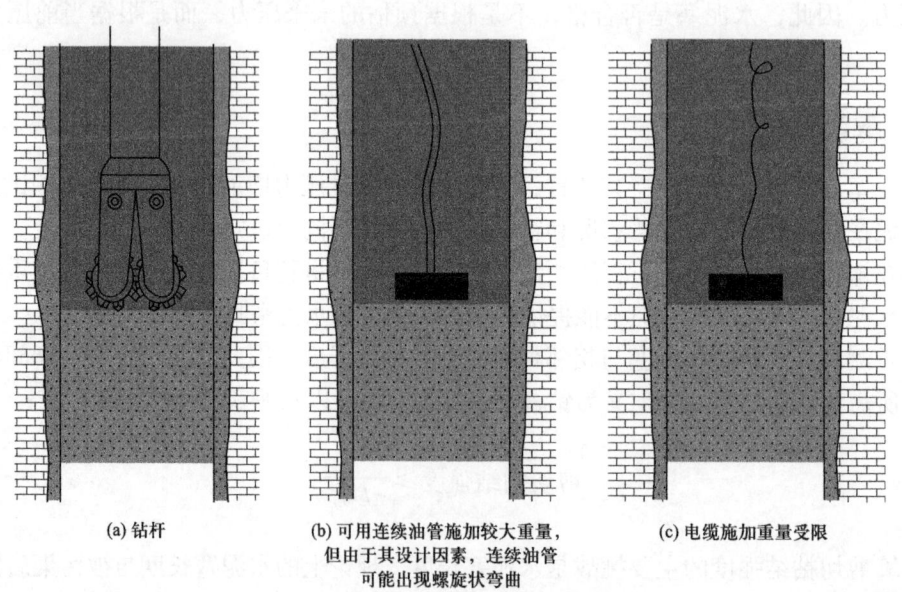

(a) 钻杆　　(b) 可用连续油管施加较大重量，但由于其设计因素，连续油管可能出现螺旋状弯曲　　(c) 电缆施加重量受限

图9.20　套管内水泥塞的承重测试

9.3 钻杆下压重量的等效液压

如前所述，在某些情况下很难进行正压测试，需要进行承重测试。实际上，承重测试和正压测试都是在水泥塞顶部施加力的作用：承重测试是机械方式，正压测试是液压方式。因此，可以估算出钻杆下压重量的等效液压。式（9.3）和式（9.4）可以相等，有：

$$\frac{p_p A_p}{\pi D_i L_p} = \frac{W_{dp}}{\pi D_i L_p} \tag{9.5}$$

化简方程式得：

$$p_p = \frac{W_{dp}}{\frac{\pi \times D_i^2}{4}} \tag{9.6}$$

从式（9.6）可以看出，估算钻杆下压重量所需的泵压和等效泵压与水泥塞长度无关。

参 考 文 献

[1] Tixier, M. P., R. P. Alger, and C. A. Doh. 1959. *Soniclogging*. Society of Petroleum Engineers.

[2] Nelson, E. B., and D. Guillot. 2006. *Well cementing*, 2nd ed. Sugar Land, Texas: Schlumberger. ISBN-13: 978-097885300-6.

[3] Rouillac, D. 1994. *Cement evaluation logging handbook*. Saint-Just-la-Pendue, France: Editions Technip. 2-7108-0677-0.

[4] Gong, M., and S. L. Morriss. 1992. Ultrasonic cement evaluation in inhomogeneous cements. In *SPE annual technical conference and exhibition*. SPE-24572-MS. Washington, D. C.: Society of Petroleum Engineers. https://doi.org/10.2118/24572-MS.

[5] Havira, R. M. 1982. Ultrasonic cement bond evaluation. In *SPWLA 23rd annual logging symposium*. SPWLA-1982-N. Corpus Christi, Texas: Society of Petrophysicists and Well-Log Analysts.

[6] Acosta, J., M. Barroso, and B. Mandal, et al. 2017. New-generation, circumferential ultrasonic cement-evaluation tool for thick casings: case study in ultradeepwater well. In *OTC*. OTC28062-MS. Rio de Janeiro, Brazil: Offshore Technology Conference. https://doi.org/10.4043/28062-MS.

[7] Foianini, I., B. Mandal, and R. Epstein. 2013. Cement evaluation behind thick-walled casing with advanced ultrasonic pulse-echo technology: Pushing the limit. In *SPWLA 54th annual logging symposium*. SPWLA-2013-RRR, New Orleans, Louisiana: Society of Petrophysicists and Well-Log Analysts.

[8] Khalifeh, M., D. Gardner, and M. Y. Haddad. 2017. Technology trends in cement job evaluation using logging tools. In *Abu Dhabi international petroleum exhibition & conference*. SPE-188274-MS, Abu Dhabi, UAE: Society of Petroleum Engineers. https://doi.org/10.2118/188274-MS.

[9] Viggen, E. M., T. F. Johansen, and I. A. Merciu. 2016. Simulation and modeling of ultrasonic pitch-catch through-tubing logging. *Geophysics* 81（04）: 383-393. https://doi.org/10.1190/geo2015-0251.1.

[10] Viggen, E. M., T. F. Johansen, and I. A. Merciu. 2016. Analysis of outer-casing echoes in simulations of ultrasonic pulse-echo through-tubing logging. *Geophysics* 81（06）: 679-685. https://doi.org/10.1190/geo2015-0376.1.

[11] Kamgang, S., A. Hanif, and R. Das. 2017. Breakthrough technology overcomes long stand ing challenges and limitations in cement integrity evaluation at downhole conditions. In *Offshore technology conference*. OTC-27585-MS, Houston, Texas, USA: Offshore Technology Conference. https: //doi. org/10.4043/27585-MS.

[12] Patterson, D., A. Bolshakov, and P. J. Matuszyk. 2015. Utilization of electromagnetic acoustic transducers in downhole cement evaluation. In *SPWLA 56th annual logging symposium*. SPWLA-2015-VVVV, Long Beach, California, USA: Society of Petrophysicists and Well-Log Analysts.

[13] Lumens, P. G. E. 2014. Fibre-optic sensing for application in oil and gas wells. Department of Applied Physics. Eindhoven, The Netherlands: Technische Universiteit Eindhoven. http: //dx. doi. org/10.6100/IR769555.

[14] Rambow, F. H. K., D. E. Dria, and B. A. Childers, et al. 2010. Real-time fiber-optic casing imager. SPEJ 15（04）: 1089-1097. https: //doi. org/10.2118/109941-PA.

[15] Abdel-Mota'al, A. A. 1983. Detection and remedy of behind-casing communication during well completion. In *Middle east oil technical conference and exhibition*. SPE-11498-MS. Manama, Bahrain: Society of Petroleum Engineers. https: //doi. org/10.2118/11498-MS.

[16] Delabroy, L., D. Rodrigues, and E. Norum, et al. 2017. Perforate, wash and cement PWC verification process and an industry standard for barrier acceptance criteria. In *SPEBergen one day seminar*. SPE-185938-MS. Bergen, Norway: Society of Petroleum Engineers. https: //doi. org/10.2118/185938-MS.

[17] CSI-Technologies. 2011. Cement plug testing: weight vs. pressure testing to assess viability of a wellbore seal between zones. https://www. bsee. gov/sites/bsee. gov/files/tap-technicalassessment-program//680aa. pdf.

[18] Bois, A.-P., M.-H. Vu, and K. Noël, et al. 2018. Cement plug hydraulic integrity-the ultimate objective of cement plug integrity. In *SPE norway one day seminar*. SPE-191335-MS. Bergen, Norway: Society of Petroleum Engineers. https: //doi. org/10.2118/191335-MS.

开放获取

本章根据知识共享署名4.0国际许可协议（http: //creativecommons. org/licenses/by/4.0/）进行授权，允许以任何媒介或格式使用、分享、改编、发布和复制，只要您适当地注明原始作者和来源，提供知识共享许可协议的链接，并指出是否进行了修改。

本章中的图像或其他第三方材料均包含在本章的知识共享许可协议中，除非在材料的版权说明中另有说明。如果您使用的材料不包含在本章的知识共享许可协议中，这是不被法律许可，也超出了允许的使用范围，您需要直接获得版权持有人的许可。

单位换算

1ft=30.48cm

1in=2.54cm

1ft^2=0.093m^2

1in^2=6.45cm^2

1K=−273.15℃

1lb=453.59g

1bbl=0.16m^3

1psi=6.89kPa

1bar=10^{5}Pa

1cP=1mPa·s